会声会影 2018 完全自学宝典
（全彩图解、高清视频）

凤舞柏松 编著

电子工业出版社
Publishing House of Electronics Industry
北京·BEIJING

内 容 简 介

本书为一本会声会影 2018 超值速成宝典，书中通过 5 大案例完全实战＋130 多个专家指点放送＋190 多个技能实例奉献＋330 分钟语音视频演示＋1100 款超值素材赠送＋1900 多张图片全程图解，帮助读者快速从入门到精通软件，从新手成为视频编辑高手。

全书分为 7 部分：基础与模板篇、捕获与调色篇、编辑与剪辑篇、滤镜与转场篇、覆叠与字幕篇、音频与输出篇、边学与边用篇。前面 6 篇介绍了会声会影的核心功能，第 7 篇讲解了手机旅游视频——《黄山美景》、延时视频——《落日黄昏》、电商视频——《广告宣传》、儿童相册——《快乐成长》、婚纱影像——《永结同心》等内容，读者学后可以融会贯通、举一反三，制作出更多更加精彩、漂亮的效果。

随书赠送下载资源，包括 3 块内容：

（1）所有实例的素材与效果文件，共 540 多个。

（2）所有实例的视频文件，共 220 多段，时长 330 分钟。

（3）赠送 1100 款超值媒体素材，其中包括 80 款片头片尾模板、110 款儿童相册模板、120 款标题字幕特效、210 款婚纱影像模板、230 款视频边框模板、350 款画面遮罩图像等。

本书结构清晰、语言简洁，适合会声会影的初、中级读者阅读，也可作为各类计算机培训中心、中职中专、高职高专等院校相关专业的辅导教材。

未经许可，不得以任何方式复制或抄袭本书之部分或全部内容。
版权所有，侵权必究。

图书在版编目（CIP）数据

会声会影 2018 完全自学宝典：全彩图解、高清视频/凤舞，柏松编著. —北京：电子工业出版社，2019.2
ISBN 978-7-121-35441-0

Ⅰ. ①会… Ⅱ. ①凤… ②柏… Ⅲ. ①视频编辑软件 Ⅳ. ①TN94

中国版本图书馆 CIP 数据核字（2018）第 248195 号

策划编辑：李　洁
责任编辑：刘真平
印　　　刷：北京虎彩文化传播有限公司
装　　　订：北京虎彩文化传播有限公司
出版发行：电子工业出版社
　　　　　北京市海淀区万寿路 173 信箱　邮编 100036
开　　本：787×1 092　1/16　印张：31.75　字数：812.8 千字
版　　次：2019 年 2 月第 1 版
印　　次：2021 年 12 月第 4 次印刷
定　　价：118.00 元

凡所购买电子工业出版社图书有缺损问题，请向购买书店调换。若书店售缺，请与本社发行部联系，联系及邮购电话：（010）88254888，88258888。

质量投诉请发邮件至 zlts@phei.com.cn，盗版侵权举报请发邮件至 dbqq@phei.com.cn。

本书咨询联系方式：lijie@phei.com.cn。

前言 Preface

软件简介

会声会影 2018 是 Corel 公司推出的专为个人及家庭设计的影片剪辑软件，不论是入门级新手，还是高级用户，均可以通过捕获、剪辑、转场、特效、覆叠、字幕、刻录等功能，进行快速操作、专业剪辑，完美地输出影片。随着会声会影版本的升级与功能的日益完善，它在数码领域、相册制作及商业领域的应用越来越广，深受广大数码摄影者、视频编辑者的青睐。

写作思路

现在的年轻人，经常会随手拍摄一些身边的生活、旅游视频，然后在朋友圈发布，这已经成为一种时尚，而视频的拍摄与后期处理也成为了人们的刚需知识。因此，本书从实用角度出发，全面系统地讲解了会声会影 2018 的所有应用功能，帮助读者快速从初学到精通软件，从菜鸟成为视频编辑达人。

特色亮点

（1）**完备的功能查询**：工具、按钮、菜单、命令、快捷键、理论、实战演练等应有尽有，内容详细、具体，是一本自学手册。

（2）**丰富的案例实战**：本书安排了 190 多个技能实例，对会声会影软件各功能进行了非常全面、细致的讲解，读者可以边学边用。

（3）**细致的操作讲解**：130 多个专家指点放送，1900 多张图片全程图解，让读者可以掌握软件的核心与各种音乐处理的高效技巧。

（4）**超值的资源赠送**：330 分钟所有实例操作重现的视频，540 多个与书中同步的素材与效果文件，1100 款海量超值资源赠送。

细节特色

（1）**7 大篇幅内容安排**：本书主要篇幅内容包括基础与模板篇、捕获与调色篇、编辑与剪辑篇、滤镜与转场篇、覆叠与字幕篇、音频与输出篇、边学与边用篇，系统而全面地讲解了会声会影 2018 的全部功能，帮助读者轻松掌握软件使用技巧，以做到学用结合。

（2）**130 多个专家指点放送**：作者在编写时，将平时工作中总结的各方面软件的实战技巧、设计经验等毫无保留地奉献给读者，不仅大大地丰富和提高了本书的含金量，更方便读者提升软件的实战技巧与经验，从而大大提高读者的学习与工作效率。

（3）**190 多个技能实例奉献**：本书通过大量的技能实例来辅讲软件，共计 190 多个，帮助读者在实战演练中逐步掌握软件的核心技能与操作技巧，与同类图书相比，读者可以省去学习无用理论的时间，更能掌握超出同类图书大量的实用技能和案例，让学习更高效。

（4）330分钟语音视频演示：本书中的软件操作技能实例，全部录制了带语音讲解的演示视频，时间长度达330分钟（5个半小时），重现了书中所有实例的操作，读者可以结合书本，也可以独立观看视频演示，像看电影一样进行学习，让学习变得更加轻松。

（5）540多个素材效果奉献：随书赠送资源包含了380个素材文件，160个效果文件。其中素材涉及各类美食、四季美景、全家影像、成长记录、节日庆典、烟花晚会、专题摄影、旅游照片、婚纱影像、家乡美景、特色建筑及商业素材等，应有尽有，供读者使用。

（6）1100款超值素材赠送：为了使读者将所学的知识技能更好地融会贯通于实践工作中，本书特意赠送了80款片头片尾模板、110款儿童相册模板、120款标题字幕特效、210款婚纱影像模板、230款视频边框模板、350款画面遮罩图像等，帮助读者快速精通会声会影2018软件的实践操作。

（7）1900多张图片全程图解：本书采用了1900多张图片，对软件的技术、实例的讲解、效果的展示进行了全程式的图解，通过大量清晰的图片，让实例的内容变得更通俗易懂，读者可以一目了然、快速领会、举一反三，制作出更多动听的专业歌曲文件。

本书内容

篇　　章	主　要　内　容
第1~2章	专业讲解会声会影2018的新增功能、熟悉会声会影2018的工作界面、掌握项目文件的基本操作、布局软件界面与样式、下载与调用视频模板、掌握常用的媒体视频模板及运用影音快手制作视频等知识内容
第3~4章	专业讲解通过复制的方式获取DV视频、获取移动设备中的视频、从U盘捕获视频、导入图像和视频素材、运用会声会影处理视频画面色彩色调及运用Photoshop进行素材后期处理等内容
第5~6章	专业讲解编辑与处理视频素材、制作图像摇动效果、制作视频运动与马赛克特效、应用360视频编辑功能、按场景分割视频技术、多重修整视频素材、使用多相机编辑器剪辑合成视频及应用时间重新映射精修技巧等内容
第7~8章	专业讲解了解视频滤镜、掌握滤镜的基本操作、使用滤镜调整视频画面色调、制作常见的专业视频画面特效、转场效果简介、转场的基本操作、设置转场切换属性、制作影视单色过渡画面及制作视频转场画面特效等内容
第9~10章	专业讲解覆叠动画简介、覆叠效果的基本操作、制作覆叠遮罩效果、制作覆叠合成特效、制作画面同框分屏特效、标题字幕简介、添加标题字幕、编辑标题属性及制作影视字幕运动特效等内容
第11~13章	专业讲解添加背景音乐、编辑音乐素材、混音器使用技巧、制作背景音乐特效、输出常用视频与音频格式、将视频刻录为DVD光盘、将视频刻录为AVCHD光盘、将视频刻录为蓝光光盘、在网站中分享成品视频及手机视频的拍摄技巧等内容
第14~18章	精讲5大案例：手机视频、延时视频、电商视频、儿童相册及婚纱影像，精心挑选素材并制作大型影像案例：《黄山美景》《落日黄昏》《广告宣传》《快乐成长》《永结同心》，让读者能从新手快速成长为影像编辑高手

读者定位

本书结构清晰、语言简洁，适合会声会影的初、中级读者阅读。包括：

（1）广大DV爱好者、数码工作者、影像工作者、数码家庭用户。本书提供捕获

DV 媒体素材、将视频刻录为 DVD 光盘、混音器使用技巧、视频常用格式输出等实用技巧，帮助用户逐步掌握软件的核心技能与操作技巧。

（2）新闻采编用户、节目栏目编导、影视制作人、婚庆视频编辑及音频处理人员。本书专业讲解了视频滤镜的基本操作、使用滤镜调整视频画面色调、制作专业视频画面特效、制作视频转场画面特效、制作影视字幕运动特效、在网站中分享视频等内容，读者可以一目了然、快速领会、举一反三，制作出更多炫目多彩的精彩视频。

（3）也可作为各类计算机培训中心、中职中专、高职高专等院校相关专业的辅导教材。本书专业讲解了项目文件的基本操作、下载调用视频模板、导入图像和视频素材、编辑和处理视频素材、使用多相机编辑器剪辑合成视频、滤镜转场使用等内容，以及制作大型影像案例，帮助读者从新手快速成长为影像编辑高手。

作者售后

本书由凤舞、柏松编著，参与本书编写的人员还有谭俊杰、徐茜、刘嫔、苏高、刘胜璋、刘向东、刘松异、刘伟、卢博、周旭阳、袁淑敏、谭中阳、杨端阳、李四华、王力建、柏承能、刘桂花等人。

由于作者知识水平有限，书中难免有错误和疏漏之处，恳请广大读者批评、指正。如果遇到问题，可以与我们联系，作者微信号：157075539，摄影学习号：goutudaquan，视频学习号：flhshy1。

版权声明

本书及视频文件中所采用的图片、模型、音频、视频和赠品等素材，均为所属公司、网站或个人所有，本书引用仅为说明（教学）之用，绝无侵权之意，特此声明。

视频文件请读者登录相关网站：www.hxedu.com.cn（华信教育资源网），在搜索框中输入书号"35441"，单击"封面图片"，在图书主页中单击"重要说明"中的链接即可免费下载。

特别提醒

本书采用会声会影 2018 软件编写，请用户一定要使用同版本软件。直接打开视频文件中的效果时，会弹出重新链接素材的提示，如音频、视频、图像素材，甚至提示丢失信息等，这是因为每个用户安装的会声会影 2018 及素材与效果文件的路径不一致，发生了改变，这属于正常现象，用户只需将这些素材重新链接素材文件夹中的相应文件，即可链接成功。用户也可以将视频文件复制到计算机中，需要某个 VSP 文件时，第一次链接成功后，就将文件进行保存，后面打开就不需要再重新链接了。

编著者
2018 年 8 月

目录
Contents

基础与模板篇

第 1 章　会声会影 2018 快速入门　1

1.1　了解会声会影 2018 的新增功能　2
- 1.1.1　视频编辑快捷键功能　2
- 1.1.2　简化时间线编辑功能　3
- 1.1.3　分屏模板创建器功能　4
- 1.1.4　镜头校正功能　6
- 1.1.5　3D 标题编辑器功能　8
- 1.1.6　摇动和缩放功能　9

1.2　熟悉会声会影 2018 的工作界面　12
- 1.2.1　了解菜单栏　12
- 1.2.2　了解步骤面板　16
- 1.2.3　了解选项面板　17
- 1.2.4　了解预览窗口　18
- 1.2.5　了解导览面板　18
- 1.2.6　了解素材库　18
- 1.2.7　了解时间轴面板　19

1.3　掌握项目文件的基本操作　19
- 1.3.1　启动会声会影 2018　19
- 1.3.2　退出会声会影 2018　20
- 1.3.3　新建项目文件　21
- 1.3.4　打开项目文件　21
- 1.3.5　保存项目文件　22
- 1.3.6　加密打包项目文件　24

1.4　布局软件界面与样式　26
- 1.4.1　自定义界面　26
- 1.4.2　调整界面布局　27
- 1.4.3　恢复默认界面布局　28
- 1.4.4　设置预览窗口的背景色　29

本章小结　31

第 2 章　会声会影 2018 模板应用　32

2.1　下载与调用视频模板　33
- 2.1.1　掌握下载模板的多种渠道　33
- 2.1.2　将模板调入会声会影使用　35

2.2　掌握常用的媒体视频模板　37
- 2.2.1　运用图像模板制作视频　37
- 2.2.2　运用视频模板制作视频　38
- 2.2.3　运用即时项目模板制作视频　39

2.3　影片模板的编辑与装饰处理　41
- 2.3.1　在模板中删除不需要的素材　41
- 2.3.2　将模板素材替换成自己的素材　42
- 2.3.3　在素材中添加画中画对象　44
- 2.3.4　为素材添加边框装饰对象　46
- 2.3.5　在素材中使用 Flash 模板　47

2.4　运用影音快手制作视频　48
- 2.4.1　选择高清影片动画样式　49
- 2.4.2　制作视频每帧动画特效　50
- 2.4.3　输出与共享影视文件　51

本章小结　53

捕获与调色篇

第 3 章　捕获与导入视频素材　54

3.1　通过复制的方式获取 DV 视频　55
- 3.1.1　连接 DV 摄像机　55
- 3.1.2　获取 DV 摄像机中的视频　55

3.2 获取移动设备中的视频 56
- 3.2.1 捕获安卓手机视频 56
- 3.2.2 捕获苹果手机视频 57
- 3.2.3 捕获 iPad 平板电脑中的视频 58
- 3.2.4 从 U 盘捕获视频 59

3.3 导入图像和视频素材 61
- 3.3.1 格式 1：导入图像素材 61
- 3.3.2 格式 2：导入透明素材 62
- 3.3.3 格式 3：导入视频素材 64
- 3.3.4 格式 4：导入动画素材 66
- 3.3.5 格式 5：导入对象素材 69
- 3.3.6 格式 6：导入边框素材 70

本章小结 73

第 4 章 画面色彩调整与后期处理 74

4.1 运用会声会影处理视频画面色彩色调 75
- 4.1.1 技巧 1：改变视频素材整体色调 75
- 4.1.2 技巧 2：调整视频素材画面亮度 76
- 4.1.3 技巧 3：增强视频画面的饱和度 76
- 4.1.4 技巧 4：调整视频画面的对比度 78
- 4.1.5 技巧 5：制作视频画面钨光效果 79
- 4.1.6 技巧 6：制作视频画面日光效果 79
- 4.1.7 技巧 7：制作视频画面荧光效果 80
- 4.1.8 技巧 8：制作视频画面云彩效果 81

4.2 运用 Photoshop 进行素材后期处理 82
- 4.2.1 技巧 1：对画面进行二次构图调整 82
- 4.2.2 技巧 2：将画面裁剪为 4∶3 或 16∶9 尺寸 83
- 4.2.3 技巧 3：修复画面中的污点图像完善画质 84
- 4.2.4 技巧 4：使用"亮度/对比度"调整图像色彩 85
- 4.2.5 技巧 5：使用"色相/饱和度"调整图像色相 86
- 4.2.6 技巧 6：使用"色彩平衡"调整图像偏色 88
- 4.2.7 技巧 7：使用"替换颜色"替换图像色调 89
- 4.2.8 技巧 8：使用"渐变映射"制作彩色渐变效果 90

本章小结 91

编辑与剪辑篇

第 5 章 编辑与制作视频运动特效 92

5.1 编辑与处理视频素材 93
- 5.1.1 处理 1：对视频画面进行变形扭曲 93
- 5.1.2 处理 2：调整视频素材整体的区间 94
- 5.1.3 处理 3：单独调整视频的背景音量 95
- 5.1.4 处理 4：分离视频画面与背景声音 96
- 5.1.5 处理 5：制作视频的慢动作和快动作播放 97
- 5.1.6 处理 6：制作视频画面的倒播效果 98
- 5.1.7 处理 7：从视频播放中抓拍视频快照 101
- 5.1.8 处理 8：调节视频中某段区间的播放速度 102
- 5.1.9 处理 9：将一段视频剪辑成多段单独视频 105
- 5.1.10 处理 10：为视频中的背景音乐添加音频滤镜 107

5.2 管理视频素材 108
- 5.2.1 移动与删除不需要使用的素材 108
- 5.2.2 制作重复的视频素材画面 110
- 5.2.3 在时间轴面板中添加视频轨道 110
- 5.2.4 删除不需要的轨道和轨道素材 111
- 5.2.5 组合与取消组合多个素材片段 111
- 5.2.6 应用轨道透明度制作视频效果 113

5.3 制作图像摇动效果 115
- 5.3.1 效果 1：添加自动摇动和缩放动画 115
- 5.3.2 效果 2：添加预设摇动和缩放动画 116
- 5.3.3 效果 3：自定义摇动和缩放动画 117

5.4 制作视频运动与马赛克特效 121
- 5.4.1 特技 1：让素材按指定路径进行运动 121
- 5.4.2 特技 2：制作照片展示滚屏画中画特效 123
- 5.4.3 特技 3：在视频中用红圈跟踪人物动态 126
- 5.4.4 特技 4：在人物中应用马赛克特效 128
- 5.4.5 特技 5：遮盖视频中的 LOGO 标志 128

5.5 应用 360 视频编辑功能 130
- 5.5.1 打开 360 视频编辑窗口 130
- 5.5.2 添加关键帧编辑视频画面 131

本章小结 134

第 6 章 掌握视频素材的剪辑技术 135

6.1 掌握剪辑视频素材的技巧 136
- 6.1.1 技巧 1：剪辑视频片尾不需要的部分 136
- 6.1.2 技巧 2：剪辑视频片头不需要的部分 137
- 6.1.3 技巧 3：同时剪辑视频片头与片尾部分 138
- 6.1.4 技巧 4：将一段视频剪辑成不同的小段 139
- 6.1.5 保存修整后的视频素材 140

6.2 按场景分割视频技术 141
- 6.2.1 了解按场景分割视频 141
- 6.2.2 技术 1：在素材库中分割视频多个场景 142
- 6.2.3 技术 2：在时间轴中分割视频多个场景 144

6.3 多重修整视频素材 146
- 6.3.1 了解多重修整视频 146
- 6.3.2 快速搜寻间隔 147
- 6.3.3 标记视频片段 148
- 6.3.4 删除所选片段 148
- 6.3.5 更多修整片段 149
- 6.3.6 精确标记片段 152

6.4 使用多相机编辑器剪辑合成视频 155
- 6.4.1 特技 1：打开"多相机编辑器"窗口 156
- 6.4.2 特技 2：剪辑、合成多个视频画面 156

6.5 应用时间重新映射精修技巧 159
- 6.5.1 打开"时间重新映射"窗口 159
- 6.5.2 用"时间重新映射"剪辑视频画面 160

本章小结 163

滤镜与转场篇

第 7 章　应用神奇的滤镜效果　164

7.1　了解视频滤镜　165
7.1.1　滤镜效果简介　165
7.1.2　掌握"效果"选项面板　166

7.2　掌握滤镜的基本操作　167
7.2.1　添加单个视频滤镜　167
7.2.2　添加多个视频滤镜　169
7.2.3　选择滤镜预设样式　170
7.2.4　自定义视频滤镜　171
7.2.5　替换之前的视频滤镜　172
7.2.6　删除不需要的视频滤镜　174

7.3　使用滤镜调整视频画面色调　175
7.3.1　调整 1：调整视频画面曝光度不足　175
7.3.2　调整 2：调整视频的亮度和对比度　176
7.3.3　调整 3：调整视频画面的色彩平衡　178
7.3.4　调整 4：消除视频画面的偏色问题　179

7.4　制作常见的专业视频画面特效　181
7.4.1　特效 1：制作海底漩涡视频特效　181
7.4.2　特效 2：制作水波荡漾视频特效　183
7.4.3　特效 3：制作视频的放大镜特效　183
7.4.4　特效 4：制作聚拢视觉冲击特效　184
7.4.5　特效 5：制作视频周围羽化特效　185
7.4.6　特效 6：制作唯美 MTV 视频色调　186
7.4.7　特效 7：制作视频云彩飘动特效　187
7.4.8　特效 8：制作细雨绵绵画面特效　189
7.4.9　特效 9：制作雪花纷飞画面特效　189
7.4.10　特效 10：制作电闪雷鸣画面特效　191
7.4.11　特效 11：制作人像局部马赛克特效　192

本章小结　195

第 8 章　应用精彩的转场效果　196

8.1　转场效果简介　197
8.1.1　了解转场效果　197
8.1.2　"转场"选项面板　199

8.2　转场的基本操作　199
8.2.1　在素材之间添加转场效果　199
8.2.2　在多个素材间移动转场效果　201
8.2.3　替换之前添加的转场效果　202
8.2.4　删除不需要的转场效果　205

8.3　设置转场切换属性　205
8.3.1　改变转场切换的方向　205
8.3.2　设置转场播放的时间长度　207
8.3.3　设置转场的边框效果　208
8.3.4　设置转场的边框颜色　209

8.4　制作影视单色过渡画面　210
8.4.1　单色 1：制作单色背景画面　210
8.4.2　单色 2：自定义单色素材　212
8.4.3　单色 3：制作黑屏过渡效果　213

8.5	**制作视频转场画面特效**	**214**
8.5.1	特效1：制作百叶窗切换特效	214
8.5.2	特效2：制作爆炸碎片切换特效	216
8.5.3	特效3：制作画面飞行翻转特效	217
8.5.4	特效4：制作立体飞行盒切换特效	217
8.5.5	特效5：制作画面裂开切换特效	218
8.5.6	特效6：制作画面交叉淡化特效	219
8.5.7	特效7：制作飞行淡出切换特效	221
8.5.8	特效8：制作遮罩运动切换特效	222
8.5.9	特效9：制作相册翻页运动特效	222

本章小结   **224**

覆叠与字幕篇

第 9 章　制作巧妙的覆叠效果　225

9.1	**覆叠动画简介**	**226**
9.1.1	掌握"效果"选项面板	226
9.1.2	掌握遮罩和色度键设置	228
9.2	**覆叠效果的基本操作**	**228**
9.2.1	添加覆叠素材	228
9.2.2	删除覆叠素材	230
9.2.3	设置覆叠对象透明度	231
9.2.4	设置覆叠对象的边框	232
9.2.5	为覆叠素材设置动画	233
9.2.6	设置对象对齐方式	235
9.3	**制作覆叠遮罩效果**	**236**
9.3.1	特效1：制作圆形遮罩特效	236
9.3.2	特效2：制作矩形遮罩特效	238
9.3.3	特效3：制作特定遮罩特效	240
9.3.4	特效4：制作心形遮罩特效	242
9.3.5	特效5：制作椭圆遮罩特效	243
9.4	**制作覆叠合成特效**	**245**

9.4.1	合成1：制作若隐若现画面合成	245
9.4.2	合成2：制作精美相框合成特效	247
9.4.3	合成3：制作画中画转场切换特效	248
9.4.4	合成4：制作视频装饰图案合成特效	250
9.4.5	合成5：制作覆叠胶片遮罩合成特效	251
9.4.6	合成6：制作画中画下雨合成特效	252
9.5	**制作画面同框分屏特效**	**255**
9.5.1	分屏1：使用模板制作分屏特效	255
9.5.2	分屏2：制作自定义画面分屏特效	257

本章小结   **260**

第 10 章　添加与编辑字幕效果　261

10.1	**标题字幕简介**	**262**
10.1.1	了解标题字幕	262
10.1.2	设置标题字幕属性	262
10.1.3	设置标题动画属性	264
10.2	**添加标题字幕**	**266**
10.2.1	添加标题字幕文件	266
10.2.2	应用标题模板创建标题字幕	268
10.2.3	删除标题字幕文件	269
10.3	**编辑标题属性**	**270**
10.3.1	调整标题行间距	270
10.3.2	调整标题区间长度	271
10.3.3	更改标题字体	273

10.3.4	更改标题字体大小	273
10.3.5	更改标题字体颜色	275

10.4 制作影视字幕运动特效 276

10.4.1	字效 1：制作字幕淡入淡出运动特效	276
10.4.2	字效 2：制作字幕弹跳方式运动特效	277
10.4.3	字效 3：制作字幕屏幕翻转运动特效	278
10.4.4	字效 4：制作字幕画面飞行运动特效	280
10.4.5	字效 5：制作字幕放大突出运动特效	281
10.4.6	字效 6：制作字幕渐变下降运动特效	282
10.4.7	字效 7：制作字幕移动路径运动特效	284
10.4.8	字效 8：制作字幕水波荡漾运动特效	284
10.4.9	字效 9：制作职员表字幕滚屏运动特效	285

本章小结 287

音频与输出篇

第 11 章　添加与编辑音频素材 288

11.1 添加背景音乐 289

11.1.1	了解"音乐和声音"面板	289
11.1.2	添加音频素材库中的声音	290
11.1.3	添加移动 U 盘中的音频	291
11.1.4	添加硬盘中的音频	293
11.1.5	录制声音旁白	294

11.2 编辑音乐素材 296

11.2.1	调整整体音量	296
11.2.2	修整音频区间	296
11.2.3	修整音频回放速度	298
11.2.4	对音量进行微调操作	299

11.3 混音器使用技巧 301

11.3.1	选择音频轨道	301
11.3.2	设置轨道静音	301
11.3.3	实时调节音量	301
11.3.4	恢复默认音量	302
11.3.5	调整右声道音量	303
11.3.6	调整左声道音量	304

11.4 制作背景音乐特效 304

11.4.1	特效 1：制作淡入淡出声音特效	304
11.4.2	特效 2：制作背景声音的回声特效	305
11.4.3	特效 3：制作背景声音重复回播特效	306
11.4.4	特效 4：制作类似体育场的声音特效	307
11.4.5	特效 5：清除声音中的部分点击杂音	308
11.4.6	特效 6：清除声音中的噪声和杂音	309
11.4.7	特效 7：等量化处理音量均衡效果	310

本章小结 311

第 12 章　输出、刻录与分享视频 312

12.1 输出常用视频与音频格式 313

12.1.1	格式 1：输出 AVI 视频文件	313
12.1.2	格式 2：输出 MPEG 视频文件	313
12.1.3	格式 3：输出 MP4 视频文件	315
12.1.4	格式 4：输出 WMV 视频文件	317
12.1.5	格式 5：输出 MOV 视频文件	318
12.1.6	格式 6：输出 3GP 视频文件	320

12.1.7	格式 7：输出 WMA 音频文件	321
12.1.8	格式 8：输出 WAV 音频文件	322
12.1.9	输出部分区间媒体文件	324

12.2 将视频刻录为 DVD 光盘　326
12.2.1	了解 DVD 光盘	326
12.2.2	刻录前的准备工作	326
12.2.3	开始刻录 DVD 光盘	326

12.3 将视频刻录为 AVCHD 光盘　332
| 12.3.1 | 了解 AVCHD 光盘 | 333 |
| 12.3.2 | 开始刻录 AVCHD 光盘 | 333 |

12.4 将视频刻录为蓝光光盘　338
| 12.4.1 | 了解蓝光光盘 | 338 |
| 12.4.2 | 开始刻录蓝光光盘 | 339 |

12.5 在网站中分享成品视频　342
12.5.1	分享 1：在优酷网站中分享视频	342
12.5.2	分享 2：在新浪微博中分享视频	344
12.5.3	分享 3：在 QQ 空间中分享视频	345
12.5.4	分享 4：在微信公众号中分享视频	346

本章小结　347

第 13 章　视频 APP 的拍摄与后期处理　348

13.1 手机视频的拍摄技巧　349
13.1.1	技巧 1：尽量稳固手机	349
13.1.2	技巧 2：双手横持手机	350
13.1.3	技巧 3：调整视频画质	351
13.1.4	技巧 4：关闭自动对焦	352
13.1.5	技巧 5：尽量保持安静	353
13.1.6	技巧 6：注意环境光线	354
13.1.7	技巧 7：把握拍摄距离	356

13.2 "美拍" APP 的拍摄与后期处理　357
13.2.1	拍摄 10s 短视频与 5min 长视频	357
13.2.2	对视频画面进行分割处理	358
13.2.3	使用滤镜处理视频画面	359
13.2.4	为视频添加背景音乐	360
13.2.5	将小视频分享至"美拍"平台	360

13.3 "VUE" APP 的拍摄与后期处理　361
13.3.1	拍摄竖画幅视频	361
13.3.2	拍摄 10s 短视频	361
13.3.3	延时摄影的视频拍摄	362
13.3.4	对视频进行调色处理	363
13.3.5	为视频添加水印效果	364

13.4 其他视频 APP 的应用技巧　365
13.4.1	应用"小影" APP	365
13.4.2	应用"巧影" APP	367
13.4.3	应用"乐秀" APP	371
13.4.4	应用"美摄" APP	372
13.4.5	应用"爱剪辑" APP	373
13.4.6	应用"视频大师" APP	374

本章小结　376

边学与边用篇

第 14 章　手机旅游视频——《黄山美景》　377

14.1 效果欣赏　378
| 14.1.1 | 效果预览 | 378 |
| 14.1.2 | 技术提炼 | 378 |

14.2 视频制作过程	379
14.2.1 导入手机视频素材	379
14.2.2 制作视频背景动画	380
14.2.3 添加视频滤镜效果	382
14.2.4 制作视频转场特效	384
14.2.5 制作视频字幕水印	386

14.3 视频后期处理	388
14.3.1 制作视频背景音乐	388
14.3.2 输出保存视频文件	388
14.3.3 在朋友圈分享视频	389

本章小结 390

第15章 制作延时视频——《落日黄昏》 391

15.1 效果欣赏	392
15.1.1 效果预览	392
15.1.2 技术提炼	392

15.2 视频制作过程	393
15.2.1 导入延时视频素材	393
15.2.2 制作视频片头效果	393
15.2.3 制作延时视频效果	395
15.2.4 制作视频片尾效果	399
15.2.5 添加视频字幕效果	400

15.3 视频后期处理	404
15.3.1 制作视频背景音乐	404
15.3.2 渲染输出视频文件	405

本章小结 407

第16章 制作电商视频——《广告宣传》 408

16.1 效果欣赏	409
16.1.1 效果预览	409
16.1.2 技术提炼	409

16.2 视频制作过程	409
16.2.1 导入电商视频素材	410
16.2.2 制作视频背景动画	412
16.2.3 制作片头画面特效	412
16.2.4 制作覆叠动作效果	417
16.2.5 制作广告字幕效果	420

16.3 视频后期处理	424
16.3.1 制作视频背景音乐	424
16.3.2 渲染输出影片文件	426

本章小结 428

第17章 制作儿童相册——《快乐成长》 429

17.1 效果欣赏	430
17.1.1 效果预览	430
17.1.2 技术提炼	431

17.2 视频制作过程	431
17.2.1 导入儿童媒体素材	431
17.2.2 制作片头画面特效	434
17.2.3 制作视频背景动画	440
17.2.4 制作覆叠遮罩特效	441
17.2.5 制作片尾画面特效	445
17.2.6 添加儿童视频字幕	450

17.3 视频后期处理	455
17.3.1 制作视频背景音乐	455
17.3.2 渲染输出儿童视频	457

本章小结 459

第18章 制作婚纱影像——《永结同心》 460

18.1 效果欣赏	461

18.1.1 效果预览	461	
18.1.2 技术提炼	462	

18.2 视频制作过程 462
18.2.1 导入婚纱视频素材 462
18.2.2 制作婚纱片头动画 465
18.2.3 制作婚纱背景画面 470
18.2.4 制作婚纱画面合成 471
18.2.5 制作画面转场效果 476
18.2.6 制作婚纱字幕效果 477

18.3 视频后期处理 482
18.3.1 制作视频背景音乐 482
18.3.2 渲染输出婚纱视频 484

本章小结 485

附录 A　45 个会声会影问题解答 487

基础与模板篇

第 1 章

会声会影 2018 快速入门

📄 章前知识导读

会声会影 2018 是 Corel 公司推出的一款视频编辑软件，它主要面向非专业用户，操作十分便捷，一直深受广大数码爱好者的青睐。本章主要向读者介绍会声会影 2018 的新增功能、工作界面及软件基本操作等内容，希望读者熟练掌握。

📖 新手重点索引

了解会声会影 2018 的新增功能　　掌握项目文件的基本操作
熟悉会声会影 2018 的工作界面　　布局软件界面与样式

🎨 效果图片欣赏

1.1 了解会声会影 2018 的新增功能

会声会影 2018 是 Corel 公司在 2018 年最新发布的版本，之前的版本名称都是以会声会影 X1、会声会影 X2……会声会影 X10 来命名，目前 2018 年的最新版本则是在"会声会影"的后面加上年份来命名的。会声会影 2018 在会声会影 X10 的基础上新增了许多功能，如视频编辑快捷键功能、简化时间线编辑功能、分屏模板创建器功能、镜头校正功能、3D 标题编辑器功能、摇动和缩放功能等。

1.1.1 视频编辑快捷键功能

在会声会影 2018 编辑器中，用户可以使用导览面板中的编辑快捷工具，直接在预览窗口对项目素材进行剪裁、尺寸调整和定位等，操作更加方便快捷，具体操作方法如下。

❶在导览面板中单击"更改项目宽高比"下拉按钮，如图 1-1 所示，在弹出的列表框中，❷选择相应选项，即可更改项目比例，如图 1-2 所示。

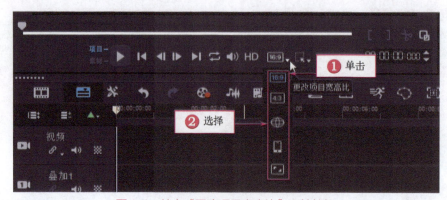

图 1-1　单击"更改项目宽高比"下拉按钮

图 1-2　更改项目比例

图1-2 更改项目比例(续)

❶在导览面板中单击"变形工具"下拉按钮,在弹出的列表框中,❷用户可以选择"比例模式"或"裁剪模式"对素材进行变形操作,如图1-3所示。

图1-3 选择相应模式对素材进行变形操作

1.1.2 简化时间线编辑功能

在会声会影 2018 的时间轴面板中,❶单击自定义工具栏中的图标,如图1-4所示,可以快速打开需要使用的工具。在"自定义工具栏"面板中,❷还可以对工具栏进行管理，如图1-5所示，用户可以取消选中不常用的工具复选框，在工具栏中隐藏该工具图标。

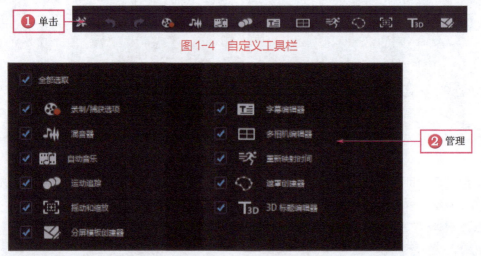

图1-4 自定义工具栏

图1-5 工具栏管理界面

在会声会影2018的时间轴面板中，将鼠标放置在轨道线上，鼠标呈上下方向箭图标，❶单击鼠标左键向下拖曳，如图1-6所示，至合适位置释放鼠标左键，❷即可以调整轨道高度，如图1-7所示。

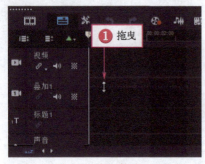

图1-6 向下拖曳　　　　　　　　图1-7 调整轨道高度

1.1.3 分屏模板创建器功能

会声会影2018支持分屏创建功能，可以多屏同框兼容，该功能非常具有可观性。用户可以自己创建分屏，进行自定义模板创建，并置入素材；也可以使用系统自带的模板，制作出更多有趣的视频。用户可以通过以下方式使用分屏模板创建器功能。

首先在时间轴工具栏中，单击"分屏模板创建器"按钮，如图1-8所示。

然后在弹出的"模板编辑器"窗口中，❶通过选取相应的"分割工具"，❷在编辑窗口中可以自定义分屏操作，❸在素材库中选择相应的素材图像，单击鼠标左键并拖曳至相应选项卡中，❹即可置入素材，如图1-9所示。

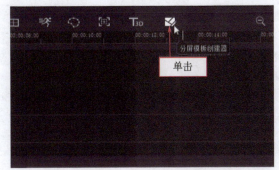

图 1-8 单击"分屏模板创建器"按钮

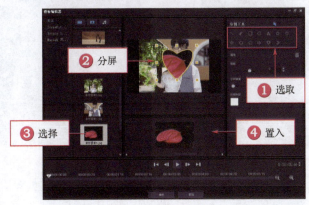

图 1-9 置入素材

单击"确定"按钮,返回会声会影编辑器,在预览窗口中,调整素材的大小和位置,效果如图 1-10 所示。

图 1-10 调整后效果

除此之外,用户还可以使用"分割画面"素材库中自带的模板,通过替换素材,制作分屏效果。制作方法很简单,❶用户首先单击"即时项目"按钮,在"分割画面"素材库中,❷选择 IP-03 模板,如图 1-11 所示。单击鼠标左键并拖曳至时间轴面板中的合适位置,❸即可添加模板,如图 1-12 所示。

添加模板后,❶用户可以选择"覆叠轨#1"中的素材文件,然后单击鼠标右键,在弹出的快捷菜单中,❷选择 替换素材... | 照片... 选项,如图 1-13 所示,替换图像素材。在预览窗口中,用户可以通过拖曳素材四周的控制柄,❸调整替换的图像素材的大小和位置,如图 1-14 所示。

第 1 章 会声会影 2018 快速入门

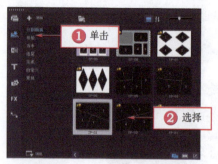
图1-11 选择模板

图1-12 添加模板

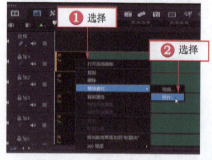
图1-13 选择"照片"选项

图1-14 调整图像素材的大小和位置

最后用同样的方法,替换其他覆叠轨中的图像素材,并在预览窗口中调整替换的图像素材的大小和位置,即可完成制作,分屏效果如图1-15所示。

图1-15 分屏效果

1.1.4 镜头校正功能

摄影往往免不了出现失真、畸变现象,在会声会影2018中使用镜头校正功能,只用几分钟就可以快速校正镜头失真、畸变等图像素材,下面介绍具体的操作步骤。

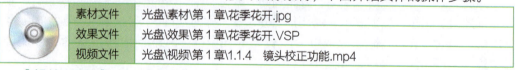

素材文件	光盘\素材\第1章\花季花开.jpg
效果文件	光盘\效果\第1章\花季花开.VSP
视频文件	光盘\视频\第1章\1.1.4 镜头校正功能.mp4

【操练+视频】——花季花开

STEP 01 ❶在视频轨中插入一幅图像素材,如图1-16所示。双击插入的图像素材,展开选项面板,❷切换至"校正"选项面板,如图1-17所示。

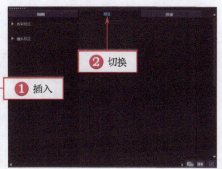

图 1-16　插入一幅图像素材　　　　图 1-17　"校正"选项面板

STEP 02 ❶在下方单击 ▶ 镜头校正 下拉按钮，展开"镜头校正"面板，如图 1-18 所示。❷单击"默认"右侧的下拉按钮，在弹出的下拉列表框中，❸选择第 5 个选项 GoPro HERO4 黑宽，如图 1-19 所示。

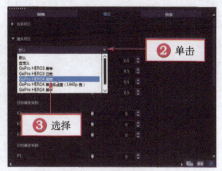

图 1-18　展开"镜头校正"面板　　　　图 1-19　选择相应选项

STEP 03 执行操作后，❶下方面板中的各项参数随即相应改变，如图 1-20 所示。在预览窗口中，❷可以查看校正后的图像素材效果，如图 1-21 所示。

图 1-20　参数改变　　　　图 1-21　图像素材效果

> **专家指点**
>
> 在"镜头校正"选项卡中，用户也可以选择"自定义"选项，通过拖曳滑块或在数值框中设置相应参数，校正图像素材。

第1章　会声会影 2018 快速入门

1.1.5　3D 标题编辑器功能

在会声会影 2018 中，新增了 3D 标题编辑器功能，使用"3D 标题编辑器"为视频添加字幕文件，可以制作出绚丽夺目的 3D 视频效果，下面介绍具体的操作步骤。

素材文件	光盘\素材\第 1 章\赏荷留影.VSP
效果文件	光盘\效果\第 1 章\赏荷留影.VSP
视频文件	光盘\视频\第 1 章\1.1.5　3D 标题编辑器功能.mp4

【操练+视频】——赏荷留影

STEP 01 进入会声会影编辑器，打开一个项目文件，在预览窗口中可以预览打开的项目效果，如图 1-22 所示。

STEP 02 ❶单击"标题"按钮，❷切换至"标题"选项卡，如图 1-23 所示。

图 1-22　预览项目效果　　　　图 1-23　切换至"标题"选项卡

STEP 03 ❶单击窗口上方的"画廊"按钮，在弹出的下拉列表框中，❷选择选项，如图 1-24 所示。

STEP 04 ❶打开"3D 标题"素材库，在其中显示了多种标题预设样式，❷选择相应的标题样式，如图 1-25 所示。

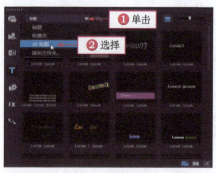 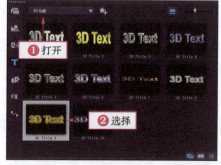

图 1-24　选择"3D 标题"选项　　　　图 1-25　选择相应的标题样式

STEP 05 ❶单击鼠标左键并拖曳至标题轨中的合适位置，如图 1-26 所示。❷在预览窗口中可以查看 3D 标题字幕效果，如图 1-27 所示，用户可以根据需要，在预览窗口中更改字幕内容。

图 1-26　拖曳至标题轨中的合适位置　　图 1-27　查看 3D 标题字幕效果

1.1.6　摇动和缩放功能

应用摇动和缩放功能，将图像素材扩大或缩放或平移，自定义运动路径，可以让观众有一种身临其境的视觉感观。该功能与其说是新增不如说是改进，在会声会影 X10 版本中就有这个功能，只是功能没有会声会影 2018 版本完善，下面介绍操作方法。

	素材文件	光盘\素材\第 1 章\花容月貌.jpg
	效果文件	光盘\效果\第 1 章\花容月貌.VSP
	视频文件	光盘\视频\第 1 章\1.1.4　镜头校正功能.mp4

【操练+视频】——花容月貌

STEP 01　进入会声会影编辑器，在视频轨中插入一幅图像素材，如图 1-28 所示。

STEP 02　在素材库面板下方，单击"显示选项面板"按钮，如图 1-29 所示。

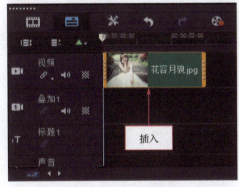 

图 1-28　插入一幅图像素材　　图 1-29　单击"显示选项面板"按钮

STEP 03　执行操作后，展开"编辑"选项面板，如图 1-30 所示。

STEP 04　❶选中"摇动和缩放"按钮，❷单击"自定义"按钮，如图 1-31 所示。

STEP 05　或在时间轴工具栏中，单击"摇动和缩放"按钮，如图 1-32 所示。

STEP 06　弹出"摇动和缩放"窗口，设置"编辑模式"为"动态"、"预设大小"为"自定义"，如图 1-33 所示。

STEP 07　❶选择第 1 个关键帧，❷设置"垂直"为 391、"水平"为 391、"缩放率"为 128，如图 1-34 所示。

图 1-30 展开"编辑"选项面板　　　　图 1-31 单击相应按钮

图 1-32 单击"摇动和缩放"按钮

图 1-33 设置参数

图 1-34 设置第 1 个关键帧

STEP 08 设置完成后，在中间位置处，❶添加一个关键帧，❷设置"垂直"为258、"水平"为480、"缩放率"为200，如图1-35所示。

图1-35　设置中间位置处的关键帧

STEP 09 ❶选择最后一个关键帧，❷设置"垂直"为431、"水平"为569、"缩放率"为116，如图1-36所示。

图1-36　设置最后一个关键帧

STEP 10 设置完成后，单击"确定"按钮，返回会声会影编辑器，单击预览窗口中的"播放"按钮，预览制作的摇动和缩放效果，如图1-37所示。

图1-37　预览效果

第1章　会声会影2018快速入门

1.2　熟悉会声会影 2018 的工作界面

会声会影 2018 工作界面主要包括菜单栏、步骤面板、选项面板、预览窗口、导览面板、各类素材库及时间轴面板等，如图 1-38 所示。

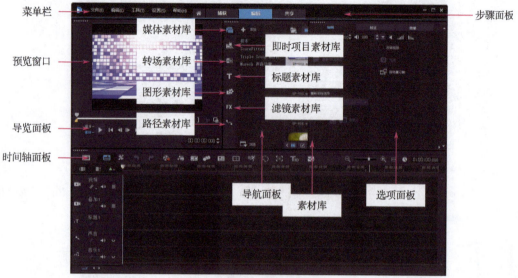

图 1-38　会声会影 2018 工作界面

1.2.1　了解菜单栏

在会声会影 2018 中，菜单栏位于工作界面的上方，包括"文件"、"编辑"、"工具"、"设置"、"帮助" 5 个菜单，如图 1-39 所示。

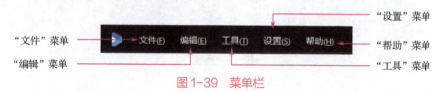

图 1-39　菜单栏

1．"文件"菜单

在"文件"菜单中可以进行新建项目、打开项目、保存、另存为、导出为模板、智能包、成批转换、重新链接及退出等操作，如图 1-40 所示。在"文件"菜单下，各命令含义如下。

- 新建项目：可以新建一个普通项目文件。
- 新 HTML 5 项目：可以新建一个 HTML 5 格式的项目文件。
- 打开项目：可以打开一个项目文件。
- 保存：可以保存一个项目文件。
- 另存为：可以另存为一个项目文件。
- 导出为模板：将现有的影视项目文件导出为模板，方便以后进行重复调用操作。
- 智能包：将现有的项目文件进行智能打包操作，还可以根据需要对智能包进行加密。

- 成批转换：可以成批转换项目文件格式，包括 AVI 格式、MPEG 格式、MOV 格式及 MP4 格式等。
- 保存修整后的视频：可以将修整或剪辑后的视频文件保存到媒体素材库中。
- 重新链接：当素材源文件被更改位置或更改了名称后，用户可以通过"重新链接"功能重新链接修改后的素材文件。
- 修复 DVB-T 视频：可以修改视频素材。
- 将媒体文件插入到时间轴：可以将视频、照片、音频等素材插入到时间轴面板中。
- 将媒体文件插入到素材库：可以将视频、照片、音频等素材插入到素材库面板中。
- 退出：可以退出会声会影 2018 工作界面。

2. "编辑"菜单

在"编辑"菜单中可以进行撤销、重复、删除、复制属性、粘贴、匹配动作、自定义运动、抓拍快照、自动摇动和缩放以及多重修整视频等操作，如图 1-41 所示。在"编辑"菜单下，各命令含义如下。

图 1-40 "文件"菜单

图 1-41 "编辑"菜单

- 撤销：可以撤销做错的视频编辑操作。
- 重复：可以恢复被撤销后的视频编辑操作。
- 删除：可以删除视频、照片或音频素材。
- 复制：可以复制视频、照片或音频素材。
- 复制属性：可以复制视频、照片或音频素材的属性，该属性包括覆叠选项、色彩校正、滤镜特效、旋转、大小、方向、样式及变形等。
- 粘贴：可以对复制的素材进行粘贴操作。

- 粘贴所有属性：粘贴复制的所有素材属性。
- 粘贴可选属性：粘贴部分素材的属性，用户可以根据需要自行选择。
- 运动追踪：在视频中运用运动追踪功能，可以运动追踪视频中某一个对象，形成一条路径。
- 匹配动作：当用户为视频设置运动追踪后，使用匹配动作功能可以设置运动追踪的属性，包括对象的偏移、透明度、阴影及边框都可以进行设置。
- 自定义动作：可以为视频自定义运动路径。
- 删除动作：删除视频中已经添加的运动跟踪视频特效。
- 更改照片/色彩区间：可以更改照片或色彩素材的持续时间长度。
- 抓拍快照：可以在视频中抓拍某一个动态画面的静帧素材。
- 自动摇动和缩放：可以为照片素材添加摇动和缩放运动特效。
- 多重修整视频：可以多重修整视频素材的长度，以及对视频片段进行相应剪辑操作。
- 分割素材：可以对视频、照片及音频素材的片段进行分割操作。
- 按场景分割：按照视频画面的多个场景来分割视频素材为多个小节。
- 分离音频：将视频中的背景音乐单独分割出来，使其在时间轴面板中成为单个文件。
- 重新映射时间：可以帮助用户在视频中增添慢动作或快动作特效、动作停帧或反转视频片段特效。
- 速度/时间流逝：可以设置视频的速度。
- 变速：可以更改视频画面为快动作播放或慢动作播放。
- 停帧：可以在视频轨中创建视频文件的静态帧画面。

3. "工具"菜单

在"工具"菜单中可以使用多相机编辑器、运动追踪、影音快手、DV 转 DVD 向导及绘图创建器等软件的功能，如图 1-42 所示。

图 1-42 "工具"菜单

在"工具"菜单下，各命令含义如下。

- 多相机编辑器：在打开的多相机编辑器对话框中可以编辑、剪辑、合成视频画面。
- 运动追踪：在视频中运用运动追踪功能可以追踪视频中某一个对象，形成一条路径。

- 影音快手：可以启动影音快手界面，在其中使用模板快速制作视频画面。
- 遮罩创建器：可以创建视频的遮罩特效，如圆形遮罩样式、矩形遮罩样式等。
- 重新映射时间：可以更加精准地修整视频播放速度，制作出快动作或慢动作特效。
- 360 视频：可以通过添加画面关键帧，制作视频的 360°运动效果。
- DV 转 DVD 向导：可以使用 DV 转 DVD 向导来捕获 DV 中的视频素材。
- 创建光盘：在"创建光盘"子菜单中，还包括多种光盘类型，如 DVD 光盘、AVCHD 光盘及蓝光光盘等，选择相应的选项可以将视频刻录为相应的光盘。
- 从光盘镜像刻录（ISO）：可以将视频文件刻录为 ISO 格式的镜像文件。
- 绘图创建器：在绘图创建器中，可以使用画笔工具绘制出各种不同形状的图形对象。

4．"设置"菜单

在"设置"菜单中可以进行参数选择、项目属性设置、智能代理管理器、轨道管理器、章节点管理器及提示点管理器等操作，如图 1-43 所示。

图 1-43 "设置"菜单

在"设置"菜单下，各命令含义如下。

- 参数选择：可以设置项目文件的各种参数，包括项目参数、回放属性、预览窗口颜色、撤销级别、图像采集属性及捕获参数设置等。
- 项目属性：可以查看当前编辑的项目文件的各种属性，包括时长、帧速率及视频尺寸等。
- 智能代理管理器：是否将项目文件进行智能代理操作，在"参数选择"对话框的"性能"选项卡中，可以设置智能代理属性。
- 素材库管理器：可以更好地管理素材库中的文件，用户可以将文件导入或导出库。
- 影片配置文件管理器：可以制作出不同的视频格式，在"分享"选项面板中单击"创建视频文件"按钮，在弹出的列表框中会显示多种用户创建的视频格式，选择相应格式可以输出相应的视频文件。
- 轨道管理器：可以管理轨道中的素材文件。
- 章节点管理器：可以管理素材中的章节点。
- 提示点管理器：可以管理素材中的提示点。
- 布局设置：可以更改会声会影的布局样式。
- 显示语言：可以切换显示不同国家的语种。

5. "帮助"菜单

在会声会影 2018 的"帮助"菜单中,用户可以获取相关的软件帮助信息,包括用户指南、视频教程、新功能、入门及检查更新等内容,如图 1-44 所示。

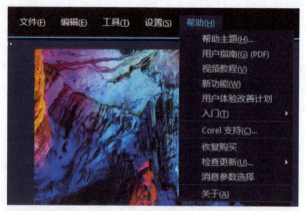

图 1-44 "帮助"菜单

在"帮助"菜单下,各命令含义如下。

- 帮助主题:可以打开会声会影 2018 的帮助主题界面。
- 用户指南:可以获取会声会影 2018 的软件使用指南。
- 视频教程:可以查看会声会影 2018 的相关视频教学课程。
- 新功能:可以查看会声会影 2018 的新增功能。
- 用户体验改善计划:可以查看会声会影 2018 的相关用户改善计划信息。
- 入门:可以学习会声会影 2018 的一些入门操作,并带有步骤详解。
- Corel 支持:可以获得会声会影 2018 的相关支援。
- 恢复购买:可以恢复用户通过相关邮箱进行的所有购买记录。
- 检查更新:可以对会声会影 2018 软件进行检查更新操作,使版本为最新状态。
- 消息参数选择:可以给用户提供最新的产品相关信息。
- 关于:可以查看会声会影 2018 的版本信息。

1.2.2 了解步骤面板

在会声会影 2018 中,将影片创建分为 3 个面板,分别为"捕获"、"编辑"和"共享",前面还有一个"主页"按钮。单击相应标签按钮,即可切换至相应的面板,如图 1-45 所示。

图 1-45 步骤面板

1. "主页"按钮

单击"主页"按钮,打开"主页"面板,其中提供了一些需要付费购买的视频模板,用户通过购买这些视频模板,可以制作出非常漂亮、专业的视频画面效果。

2. "捕获"面板

在"捕获"面板中可以直接将视频源中的影片素材捕获到电脑中。录像带中的素材可以被捕获成单独的文件或自动分割成多个文件，还可以单独捕获静止的图像。

3．"编辑"面板

"编辑"面板是会声会影 2018 的核心，在这个面板中可以对视频素材进行整理、编辑和修改，还可以将视频滤镜、转场、字幕、路径及音频应用到视频素材上。

4．"共享"面板

影片编辑完成后，在"共享"面板中可以创建视频文件，将影片输出到 VCD、DVD 或网络上。

1.2.3 了解选项面板

在会声会影 2018 的选项面板中，包含了控件、按钮和其他信息，可用于自定义所选素材的设置。该面板中的内容将根据步骤面板的不同而有所不同，下面向读者简单介绍照片"编辑"选项面板和视频"编辑"选项面板。

1．照片"编辑"选项面板

在视频轨中，插入一幅照片素材，然后双击插入的照片素材，即可进入照片"编辑"选项面板，如图 1-46 所示，在其中用户可以对照片素材进行旋转、摇动和缩放等操作。

图 1-46　照片"编辑"选项面板

2．视频"编辑"选项面板

在视频轨中，选择一段视频素材，然后双击选择的视频素材，即可进入视频"编辑"选项面板，如图 1-47 所示，在其中用户可以对视频素材进行编辑与剪辑操作。

图 1-47　视频"编辑"选项面板

1.2.4 了解预览窗口

预览窗口位于操作界面的左上方,可以显示当前的项目、素材、视频滤镜、效果或标题等,也就是说,对视频进行的各种设置基本都可以在此显示出来,而且有些视频内容需要在此进行编辑,如图 1-48 所示。

图 1-48 预览窗口

1.2.5 了解导览面板

导览面板主要用于控制预览窗口中显示的内容,运用该面板可以浏览所选的素材,进行精确的编辑或修整操作。预览窗口下方的导览面板上有一排播放控制按钮和快捷键功能按钮,用于预览和编辑项目中使用的素材,如图 1-49 所示,用户可以通过选择导览面板中不同的播放模式来播放所选的项目或素材。

图 1-49 导览面板

> **专家指点**
> 使用修整栏和滑轨可以对素材进行编辑,将鼠标指针移动到按钮或对象上方时会显示该按钮的名称。

1.2.6 了解素材库

在会声会影 2018 的素材库中,包含了各种各样的媒体素材,如视频、照片、音乐、即时项目、转场、字幕、滤镜、Flash 动画及边框效果等,如图 1-50 所示,用户可以根据需要选择相应的素材对象进行编辑操作。

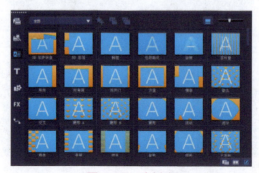

图 1-50 素材库

1.2.7 了解时间轴面板

在会声会影 2018 的时间轴面板中,可以准确地显示出事件发生的时间和位置,还可以粗略浏览不同媒体素材的内容,如图 1-51 所示。在时间轴中,允许用户微调效果,并以精确到帧的精度来修改和编辑视频,还可以根据素材在每条轨道上的位置准确地显示故事中事件发生的时间和位置。

图 1-51 时间轴面板

1.3 掌握项目文件的基本操作

当用户将会声会影 2018 安装至计算机中后,接下来向读者介绍启动与退出会声会影 2018 的操作方法,以及新建、打开、保存和另存为项目文件的操作方法,希望读者熟练掌握本节内容。

1.3.1 启动会声会影 2018

将会声会影 2018 安装至电脑中后,程序会自动在系统桌面上创建一个程序快捷方式,双击该快捷方式可以快速启动应用程序;用户还可以从"开始"菜单中,单击相应命令,启动会声会影 2018 应用程序。下面以从桌面启动会声会影 2018 应用程序为例,介绍启动会声会影 2018 的操作方法。

素材文件	无
效果文件	无
视频文件	光盘\视频\第 1 章\1.3.1 启动会声会影 2018.mp4

【操练+视频】——启动软件

STEP 01 在桌面上双击"会声会影 2018"的图标,如图 1-52 所示。

STEP 02 执行操作后,进入会声会影 2018 启动界面,如图 1-53 所示。

图 1-52 双击图标

图 1-53 进入启动界面

STEP 03 稍等片刻，弹出软件界面，单击 编辑 标签，进入会声会影2018编辑器，如图1-54所示。

图1-54 进入编辑器

1.3.2 退出会声会影2018

当用户使用会声会影2018完成对视频的编辑后，可退出会声会影2018应用程序，提高系统的运行速度。在会声会影2018编辑器中，单击❶ 文件(F) | ❷ 退出 命令，如图1-55所示，即可退出会声会影2018应用程序。

图1-55 单击"退出"命令

专家指点

在会声会影2018中，用户还可以通过以下3种方法退出软件。
➢ 单击应用程序窗口右上角的"关闭"按钮。
➢ 使用【Alt + F4】组合键。
➢ 在Windows 7系统任务栏的会声会影2018程序图标上单击鼠标右键，在弹出的快捷菜单中选择"关闭窗口"选项，也可以退出软件。

1.3.3 新建项目文件

运行会声会影 2018 时,程序会自动新建一个项目,若是第一次使用会声会影 2018,项目将使用会声会影 2018 的初始默认设置,项目设置决定在预览项目时视频项目的渲染方式。

新建项目的方法很简单,❶用户在菜单栏中单击 文件(F) 菜单,❷在弹出的菜单列表中单击 新建项目 命令,如图 1-56 所示,即可新建一个空白项目文件。

如果用户正在编辑的视频项目没有进行保存操作,在新建项目的过程中,会弹出保存提示信息框,提示用户是否保存当前编辑的项目文件,如图 1-57 所示,单击"是"按钮,即可保存当前项目文件;单击"否"按钮,将不保存当前项目文件;单击"取消"按钮,将取消项目的新建操作。

图 1-56 单击"新建项目"命令

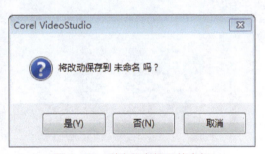
图 1-57 弹出保存提示信息框

1.3.4 打开项目文件

当用户需要使用其他已经保存的项目文件时,可以选择需要的项目文件打开,下面向读者介绍打开项目文件的操作方法。

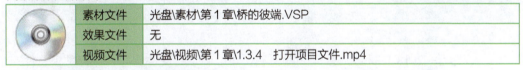

素材文件	光盘\素材\第 1 章\桥的彼端.VSP
效果文件	无
视频文件	光盘\视频\第 1 章\1.3.4 打开项目文件.mp4

【操练+视频】——桥的彼端

STEP 01 进入会声会影编辑器,单击菜单栏中的❶ 文件(F) |❷ 打开项目... 命令,如图 1-58 所示。

STEP 02 弹出"打开"对话框,在其中选择需要打开的项目文件"桥的彼端.VSP",如图 1-59 所示。

> **专家指点**
>
> 在会声会影 2018 中,按【Ctrl + O】组合键,也可以快速弹出"打开"对话框,在其中选择相应的项目文件后,双击鼠标左键,即可打开项目文件。

STEP 03 单击"打开"按钮,即可打开项目文件,单击导览面板中的"播放"按钮,预览视频效果,如图 1-60 所示。

图1-58 单击"打开项目"命令　　　图1-59 选择项目文件

图1-60 预览视频效果

专家指点

在会声会影 2018 中,最后编辑和保存的几个项目文件会显示在最近打开的文件列表中,在菜单栏中单击"文件"菜单,在弹出的菜单列表下方单击所需的项目文件,即可打开相应的项目文件,在预览窗口中可以预览视频的画面效果。

1.3.5 保存项目文件

在会声会影 2018 中完成对视频的编辑后,可以将项目文件保存,保存项目文件对视频编辑相当重要,保存了项目文件也就保存了之前对视频编辑的参数信息。保存项目文件后,如果用户对保存的视频有不满意的地方,可以重新打开项目文件,在其中进行修改,并可以将修改后的项目文件渲染成新的视频文件。

素材文件	光盘\素材\第1章\鲜花盛开.jpg
效果文件	光盘\效果\第1章\鲜花盛开.VSP
视频文件	光盘\视频\第1章\1.3.5　保存项目文件.mp4

【操练+视频】——鲜花盛开

STEP 01 进入会声会影编辑器,执行菜单栏中的 ❶ 文件(F) | ❷ 将媒体文件插入到时间轴 | ❸ 插入照片... 命令,如图1-61所示。

STEP 02 执行操作后,弹出"浏览照片"对话框,选择需要的照片素材"鲜花盛开.jpg",如图1-62所示。

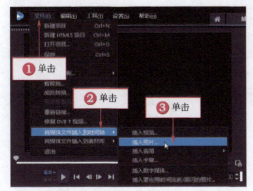
图 1-61 单击"插入照片"命令

图 1-62 选择照片素材

STEP 03 单击"打开"按钮,即可在视频轨中添加照片素材,在预览窗口中预览照片效果,如图 1-63 所示。

STEP 04 完成上述操作后,单击菜单栏中的❶ 文件(F) | ❷ 保存 命令,如图 1-64 所示。

图 1-63 预览照片效果

图 1-64 单击"保存"命令

STEP 05 弹出"另存为"对话框,❶设置文件保存的位置和名称,❷单击"保存"按钮,如图 1-65 所示,即可完成素材的保存操作。

图 1-65 设置文件保存的位置和名称

第 1 章 会声会影 2018 快速入门

> **专家指点**
>
> 在会声会影 2018 中，按【Ctrl + S】组合键，也可以快速保存所需的项目文件。

1.3.6 加密打包项目文件

在会声会影 2018 中，用户可以将项目文件打包为压缩文件，还可以对打包的压缩文件设置密码，以保证文件的安全性。下面向读者介绍将项目文件打包为压缩文件的操作方法。

素材文件	光盘\素材\第1章\璀璨烟花.VSP
效果文件	光盘\效果\第1章\璀璨烟花.zip
视频文件	光盘\视频\第1章\1.3.6　加密打包项目文件.mp4

【操练+视频】——璀璨烟花

STEP 01 进入会声会影编辑器，在菜单栏上单击 文件 | 打开项目 命令，打开一个项目文件，如图 1-66 所示。

STEP 02 在预览窗口中，可以预览打开的项目效果，如图 1-67 所示。

图 1-66　打开一个项目文件

图 1-67　预览打开的项目效果

STEP 03 ❶在菜单栏上单击 文件(F) 菜单，❷在弹出的菜单列表中单击 智能包... 命令，如图 1-68 所示。

STEP 04 弹出提示信息框，单击"是"按钮，如图 1-69 所示。

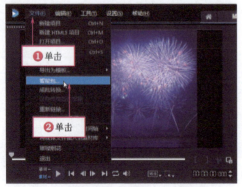

图 1-68　单击"智能包"命令

图 1-69　提示信息框

STEP 05 弹出"智能包"对话框，❶选中"压缩文件"单选按钮，❷单击"文件夹路径"右侧的按钮，如图1-70所示。

STEP 06 弹出"浏览文件夹"对话框，❶在对话框中选择压缩文件的输出位置，设置完成后，❷单击"确定"按钮，如图1-71所示。

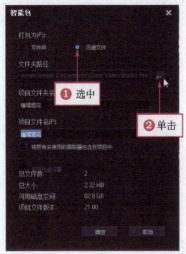

图1-70 "智能包"对话框　　　图1-71 "浏览文件夹"对话框

STEP 07 返回"智能包"对话框，❶在"文件夹路径"下方显示了刚设置的路径，❷单击"确定"按钮，如图1-72所示。

STEP 08 弹出"压缩项目包"对话框，❶在下方选中"加密添加文件"复选框，❷单击"确定"按钮，如图1-73所示。

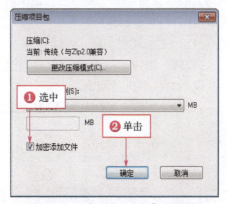

图1-72 显示刚设置的路径　　　图1-73 "压缩项目包"对话框

STEP 09 弹出"加密"对话框，❶在其中设置压缩文件的密码（12345678），设置完成后，❷单击"确定"按钮，如图1-74所示。

第1章　会声会影2018快速入门

STEP 10 弹出提示信息框，提示用户项目已经成功压缩，单击"确定"按钮，如图 1-75 所示，即可完成操作。

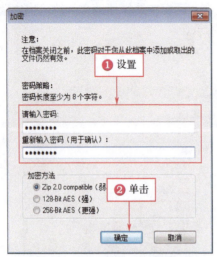

图 1-74　设置压缩文件的密码

图 1-75　提示信息框

> **专家指点**
> 在会声会影 2018 的"压缩项目包"对话框中，用户可以更改项目的压缩模式，只需单击"更改压缩模式"按钮，即可弹出"更改压缩模式"对话框，其中向用户提供了 3 种项目文件压缩方式，用户选中相应单选按钮，然后单击"确定"按钮，即可更改项目压缩模式。

1.4　布局软件界面与样式

在会声会影 2018 中，用户可以根据个人的习惯爱好，选择不同的界面布局，设置相应的预览窗口背景色，主要包括自定义界面、调整界面布局、恢复默认界面布局及设置预览窗口的背景色等基本操作。

1.4.1　自定义界面

在会声会影 2018 中，用户可以将自己喜爱的窗口布局样式保存为软件自定义的界面，方便以后对视频进行编辑。

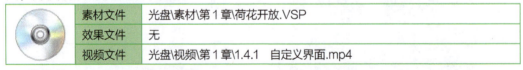

【操练+视频】——荷花开放

STEP 01 单击 文件 | 打开项目 命令，打开一个项目文件，如图 1-76 所示。

STEP 02 单击 设置(S) | 参数选择... 命令，弹出"参数选择"对话框，❶切换至"界面布局"选项卡，❷在"布局"选项区中选中 自定义 1 单选按钮，如图 1-77 所示。

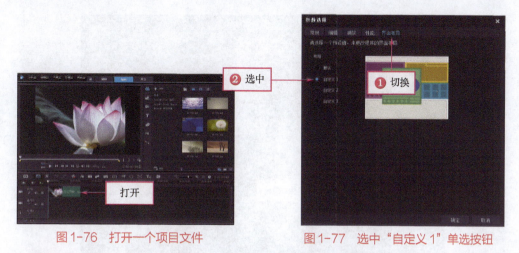

图 1-76　打开一个项目文件　　　　　　图 1-77　选中"自定义 1"单选按钮

STEP 03 单击"确定"按钮,即可自定义界面布局调整工作界面样式,如图 1-78 所示。

图 1-78　自定义界面布局

> **专家指点**
>
> 在会声会影 2018 中,按【F6】键,也可以快速弹出"参数选择"对话框,其中包括多个选项卡,用户可根据需要对选项卡中的参数进行相应设置。

1.4.2　调整界面布局

在会声会影 2018 中,用户可以用鼠标随意拖曳窗口的布局样式,使其快速得到想要的窗口布局样式。

素材文件	光盘\素材\第 1 章\海面日出.VSP
效果文件	无
视频文件	光盘\视频\第 1 章\1.4.2　调整界面布局.mp4

【操练+视频】——海面日出

STEP 01 单击 文件 | 打开项目 命令,打开一个项目文件,将鼠标移至时间轴面板上方的拉伸线条处,如图 1-79 所示。

第 1 章　会声会影 2018 快速入门

图 1-79　移动鼠标位置

STEP 02　单击鼠标左键并向下拖曳，至合适位置后释放鼠标左键，即可随意调整界面布局，如图 1-80 所示。

图 1-80　调整界面布局

1.4.3　恢复默认界面布局

当用户对调整的界面布局不满意时，可以将窗口界面布局恢复为默认状态。

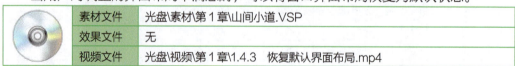

	素材文件	光盘\素材\第 1 章\山间小道.VSP
	效果文件	无
	视频文件	光盘\视频\第 1 章\1.4.3　恢复默认界面布局.mp4

【操练+视频】——山间小道

STEP 01　❶单击 文件 | 打开项目 命令，打开一个项目文件，单击❷ 设置(S) 菜单下的❸ 布局设置 | ❹ 切换到 | ❺ 默认 命令，如图 1-81 所示。

图 1-81 单击"默认"命令

STEP 02 执行操作后，即可将界面布局恢复为默认状态，如图 1-82 所示。用户还可以单击 设置(S) | 参数选择... 命令，弹出"参数选择"对话框，切换至"界面布局"选项卡，选中"默认"单选按钮，也可以快速恢复默认界面布局。

图 1-82 恢复默认界面

专家指点

在会声会影 2018 中，用户也可以通过鼠标拖曳的方式，还原成界面布局默认状态，窗口都可以调整为适当大小，还可以将窗口移出工作界面外。

1.4.4 设置预览窗口的背景色

在会声会影 2018 中设置预览窗口的背景色时，用户可以根据素材的颜色配置与画面协调的色彩，使整个画面达到和谐统一的效果。

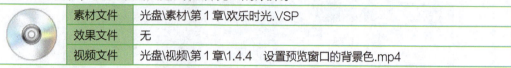

【操练+视频】——欢乐时光

STEP 01 单击 文件 | 打开项目 命令，打开一个项目文件，如图1-83所示。

STEP 02 单击 设置(S) | 参数选择... 命令，弹出"参数选择"对话框，在"预览窗口"选项区中，❶单击"背景色"右侧的色块，❷在弹出的颜色面板中选择黄色色块，如图1-84所示。

图1-83　打开一个项目文件

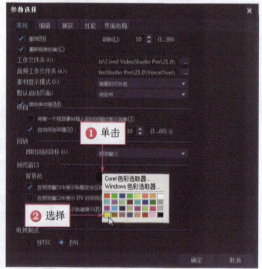

图1-84　在面板中选择黄色色块

STEP 03 单击"确定"按钮，即可将预览窗口中的背景色更改为黄色，效果如图1-85所示。

图1-85　将背景色更改为黄色

本章小结

　　本章主要向读者介绍了会声会影 2018 的新增功能、工作界面、基本操作及设置界面布局与预览窗口的操作方法。通过本章的学习，用户可以对会声会影 2018 有一个初步的了解和认识，了解会声会影 2018 在会声会影 X10 的基础上新增的功能，熟悉工作界面的各部分及项目文件的基本操作等，为后面的学习奠定基础。

第 2 章
会声会影 2018 模板应用

📋 **章前知识导读**

在会声会影 2018 中，提供了多种类型的主题模板，如图像模板、视频模板、即时项目模板、对象模板、边框模板及其他各种类型的模板等，用户灵活运用这些主题模板可以将大量生活和旅游照片制作成动态影片。

📖 **新手重点索引**

下载与调用视频模板　　　　影片模板的编辑与装饰处理
掌握常用的媒体视频模板　　运用影音快手制作视频

🎨 **效果图片欣赏**

2.1 下载与调用视频模板

在会声会影 2018 中，用户不仅可以使用软件自带的多种模板特效文件，还可以从其他渠道获取会声会影的模板，使用户制作的视频画面更加丰富多彩。本节主要向读者介绍下载与调用视频模板的操作方法。

2.1.1 掌握下载模板的多种渠道

在会声会影 2018 中，如果用户需要获取外置的视频模板，主要有两种渠道：第一种是通过会声会影官方网站提供的视频模板进行下载和使用；第二种是通过会声会影论坛和相关博客链接，下载视频模板。下面分别对这两种方法进行讲解说明。

1. 通过会声会影官方网站下载视频模板

通过 IE 浏览器进入会声会影官方网站，可以免费下载和使用官方网站中提供的视频模板文件。下面介绍下载官方视频模板的操作方法。

	素材文件	无
	效果文件	无
	视频文件	光盘\视频\第 2 章\2.1.1　掌握下载模板的多种渠道.mp4

【操练+视频】——通过会声会影官方网站下载

STEP 01 打开 IE 浏览器，进入会声会影官方网站，在上方单击 会声会影下载 标签，如图 2-1 所示。

STEP 02 进入 会声会影下载 页面，在其中用户可以下载会声会影软件和模板，在页面中单击 会声会影海量素材下载 超链接，如图 2-2 所示。

图 2-1　单击"会声会影下载"标签　　图 2-2　单击"会声会影海量素材下载"超链接

> **专家指点**
>
> 在图 2-2 中，单击"会声会影海量模板下载"超链接，也可以进入相应的模板下载页面，其中的模板是会声会影相关论坛用户分享整合的模板，单击相应的下载地址，也可以进行下载操作。

第 2 章　会声会影 2018 模板应用

STEP 03 执行操作后，打开相应页面，在页面的上方位置单击 海量免费模板下载 超链接，如图2-3所示。

STEP 04 执行操作后，打开相应页面，在其中用户可以选择需要的模板进行下载，其中包括电子相册、片头片尾、企业宣传、婚庆模板、节日模板及生日模板等。这里选择下方的 爱正当时电子相册模板分享 预览图，如图2-4所示。

图2-3 单击"海量免费模板下载"超链接　　图2-4 选择相应的模板预览图

STEP 05 执行操作后，打开相应页面，在其中可以预览需要下载的模板画面效果，如图2-5所示。

STEP 06 滚动至页面的下方，单击 模板下载地址 右侧的网站地址，如图2-6所示。

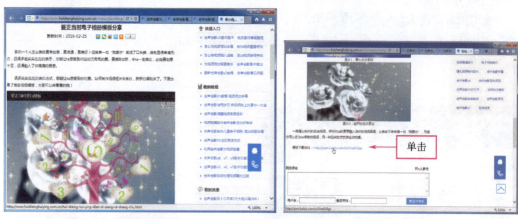

图2-5 预览模板画面效果　　图2-6 单击模板网站地址

STEP 07 执行操作后，进入相应页面，单击上方的 下载(146.8M) 按钮，如图2-7所示。

STEP 08 弹出"文件下载"对话框，单击 普通下载 按钮，如图2-8所示，执行操作后，即可开始下载模板文件，待文件下载完成后，即可获取到需要的视频模板。

2. 通过相关论坛下载视频模板

在互联网中，最受欢迎的会声会影论坛和博客有许多，用户可以从这些论坛和博客的相关帖子中下载网友分享的视频模板，一般都是免费提供，不需要付任何费用的。下面以DV视频编辑论坛为例，讲解下载视频模板的方法。

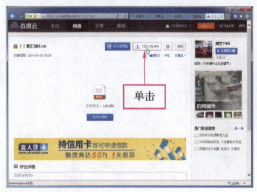
图 2-7 单击"下载"按钮

图 2-8 单击"普通下载"按钮

在 IE 浏览器中，打开 DV 视频编辑论坛的网址，在网页的上方单击 素材模板下载 标签，如图 2-9 所示。执行操作后，进入相应页面，在网页的中间显示了可供用户下载的多种会声会影模板文件，单击相应的模板超链接，如图 2-10 所示，在打开的网页中即可下载需要的视频模板。

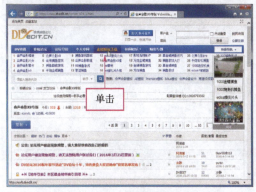
图 2-9 单击"素材模板下载"标签

图 2-10 单击相应的模板超链接

> **专家指点**
> DV 视频剪辑论坛是国内注册会员量比较高的论坛网站，也是一个大型的非编软件网络社区论坛，如果用户在使用会声会影 2018 的过程中遇到了难以解决的问题，也可以在该论坛中发布相应的帖子，寻求其他网友的帮助。

2.1.2 将模板调入会声会影使用

当用户从网上下载会声会影模板后，接下来可以将模板调入会声会影 2018 中使用。下面介绍将模板调入会声会影 2018 的操作方法。

❶在界面的右上方单击"即时项目"按钮 ，进入"即时项目"素材库，❷单击上方的"导入一个项目模板"按钮 ，如图 2-11 所示。执行操作后，弹出"选择一个项目模板"对话框，❸在其中选择用户之前下载的模板文件，一般为*.vpt 格式，❹单击"打开"按钮，如图 2-12 所示。

第 2 章 会声会影 2018 模板应用

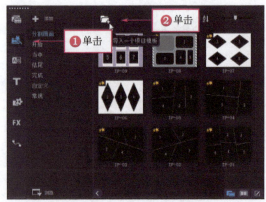
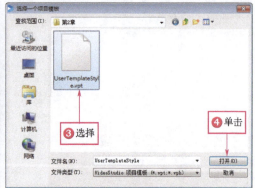

图 2-11　单击"导入一个项目模板"按钮　　　　图 2-12　选择之前下载的模板文件

将模板导入"自定义"素材库中，可以预览缩略图，如图 2-13 所示。在模板上单击鼠标左键并拖曳至视频轨中，即可应用即时项目模板，如图 2-14 所示。

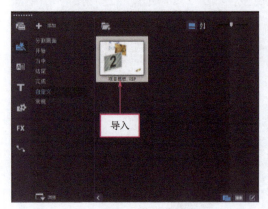

图 2-13　预览缩略图　　　　　　　　　　图 2-14　应用即时项目模板

在会声会影 2018 中，用户也可以将自己制作好的会声会影项目导出为模板，分享给其他好友。方法很简单，只需在菜单栏中单击 ❶ 文件(F) | ❷ 导出为模板... | ❸ 即时项目模板 命令，如图 2-15 所示，即可将项目导出为模板。

图 2-15　单击"即时项目模板"命令

2.2 掌握常用的媒体视频模板

在会声会影 2018 中，提供了多种样式的主题模板，如图像模板、视频模板、即时项目模板、边框模板、对象模板等，用户可以根据需要进行相应选择。本节主要向用户介绍图像模板、视频模板及即时项目模板的操作方法。

2.2.1 运用图像模板制作视频

在会声会影 2018 的"媒体"素材库中，向读者提供了多种样式的图像模板，包括沙漠、树林、植物等，用户可以将任何照片素材应用到沙漠模板中，下面介绍应用沙漠图像模板的操作方法。

素材文件	光盘\素材\第 2 章\SP-l03.jpg
效果文件	光盘\效果\第 2 章\沙漠风景.VSP
视频文件	光盘\视频\第 2 章\2.2.1 运用图像模板制作视频.mp4

【操练+视频】——沙漠风景

STEP 01 进入会声会影编辑器，单击"显示照片"按钮，如图 2-16 所示。

STEP 02 在"照片"素材库中，选择沙漠图像模板，如图 2-17 所示。

图 2-16　单击"显示照片"按钮

图 2-17　选择沙漠图像模板

STEP 03 在沙漠图像模板上，单击鼠标左键并拖曳至故事板中的适当位置后，释放鼠标左键，即可应用沙漠图像模板，如图 2-18 所示。

图 2-18　应用沙漠图像模板

第 2 章　会声会影 2018 模板应用

STEP 04 在预览窗口中,单击"播放"按钮,可以预览添加的沙漠模板效果,如图 2-19 所示。

图 2-19 预览添加的沙漠模板效果

> **专家指点**
>
> 在"媒体"素材库中,当用户显示照片素材后,"显示照片"按钮将变为"隐藏照片"按钮,单击"隐藏照片"按钮,即可隐藏"媒体"素材库中所有的照片素材,使素材库保持整洁。

2.2.2 运用视频模板制作视频

在会声会影 2018 中,用户可以使用"视频"素材库中的舞台模板制作舞台表演的效果,下面介绍应用舞台视频模板的操作方法。

素材文件	光盘\素材\第 2 章\SP-V02.wmv
效果文件	光盘\效果\第 2 章\炫丽舞台.VSP
视频文件	光盘\视频\第 2 章\2.2.2 运用视频模板制作视频.mp4

【操练+视频】——炫丽舞台

STEP 01 进入会声会影编辑器,❶单击"媒体"按钮,进入"媒体"素材库,❷单击"显示视频"按钮,如图 2-20 所示。

STEP 02 在"视频"素材库中,选择舞台视频模板,如图 2-21 所示。

图 2-20 单击"显示视频"按钮

图 2-21 选择舞台视频模板

STEP 03 在舞台视频模板上单击鼠标右键，在弹出的快捷菜单中选择❶ 插入到 ❷ 视频轨 选项，如图 2-22 所示。

STEP 04 执行操作后，即可将舞台视频模板添加至时间轴面板的视频轨中，如图 2-23 所示。

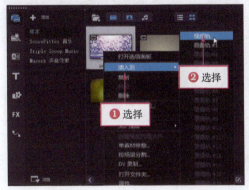

图 2-22 选择"视频轨"选项　　图 2-23 添加到时间轴面板的视频轨中

STEP 05 在预览窗口中，可以预览添加的舞台视频模板效果，如图 2-24 所示。

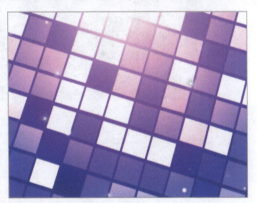

图 2-24 预览添加的舞台视频模板效果

2.2.3 运用即时项目模板制作视频

会声会影 2018 的向导模板可以应用于不同阶段的视频制作中，如"开始"向导模板，用户可将其添加在视频项目的开始处，制作成视频的片头。下面向读者介绍运用开始项目模板的操作方法。

素材文件	无
效果文件	无
视频文件	光盘\视频\第 2 章\2.2.3　运用开始模板.mp4

【操练+视频】——视频片头

STEP 01 进入会声会影编辑器，❶单击"即时项目"按钮，切换至"即时项目"选项卡，❷打开素材库导航面板，❸选择 开始 选项，如图 2-25 所示。

STEP 02 打开"开始"即时项目模板，在其中选择即时项目模板 IP-03，如图 2-26

第 2 章　会声会影 2018 模板应用

所示。

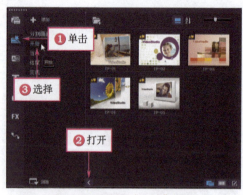
图 2-25 选择"开始"选项

图 2-26 选择即时项目模板 IP-03

STEP 03 单击鼠标左键并拖曳，至视频轨中的开始位置后释放鼠标，即可添加即时项目模板，如图 2-27 所示。

图 2-27 添加即时项目模板

STEP 04 执行上述操作后，单击导览面板中的"播放"按钮，即可预览制作的视频片头模板效果，如图 2-28 所示。

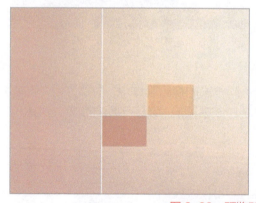
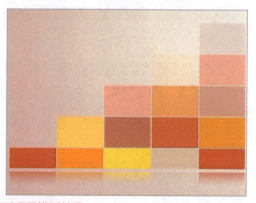
图 2-28 预览即时项目模板效果

专家指点

运用即时项目模板，值得一提的是会声会影 2018 新增的分割画面模板，可以同屏多框制作分屏视频，步骤操作详见"1.1.3 分屏模板创建器功能"。

2.3 影片模板的编辑与装饰处理

在会声会影 2018 中,不仅提供了即时项目模板、图像模板及视频模板,还提供了其他模板,如对象模板、边框模板及 Flash 模板等。本节主要介绍在影片模板中进行相应的编辑操作与装饰处理的方法。

2.3.1 在模板中删除不需要的素材

当用户将影片模板添加至时间轴面板后,如果用户对模板中的素材文件不满意,此时可以对模板中的相应素材进行删除操作,以符合用户的制作需求。

在时间轴面板的覆叠轨中,❶选择需要删除的覆叠素材,如图 2-29 所示。在覆叠素材上单击鼠标右键,❷在弹出的快捷菜单中选择 删除 选项,如图 2-30 所示。

图 2-29 选择需要删除的覆叠素材

图 2-30 选择"删除"选项

专家指点

在会声会影 2018 界面中,当用户删除模板中的相应素材文件后,可以将自己喜欢的素材文件添加至时间轴面板的覆叠轨中,制作视频的画中画效果。用户也可以使用相同的方法,删除标题轨和音乐轨中的素材文件。

用户也可以在菜单栏中,单击❶ 编辑(E) | ❷ 删除(D) 命令,如图 2-31 所示,❸也可以快速删除覆叠轨中选择的素材文件,如图 2-32 所示。

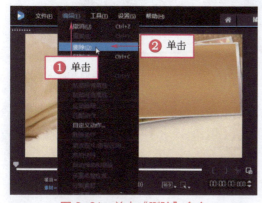
图 2-31 单击"删除"命令

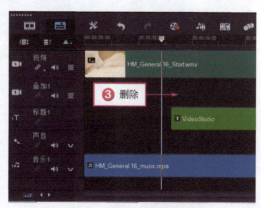
图 2-32 删除选择的素材文件

在覆叠轨中删除模板中的素材文件后，在导览面板中单击"播放"按钮，即可预览删除素材后的视频画面效果，如图 2-33 所示。

图 2-33　预览删除素材后的视频画面效果

2.3.2　将模板素材替换成自己的素材

在会声会影 2018 中应用模板效果后，用户可以将模板中的素材文件直接替换为自己喜欢的素材文件，快速制作需要的视频画面效果。下面向读者介绍将模板素材替换成自己喜欢的素材的操作方法。

	素材文件	光盘\素材\第 2 章\含苞待放.VSP
	效果文件	光盘\效果\第 2 章\含苞待放.VSP
	视频文件	光盘\视频\第 2 章\2.3.2　将模板素材替换成自己的素材.mp4

【操练+视频】——含苞待放

STEP 01　进入会声会影编辑器，单击 文件 | 打开项目 命令，打开一个项目文件，时间轴面板中显示了项目模板文件，如图 2-34 所示。

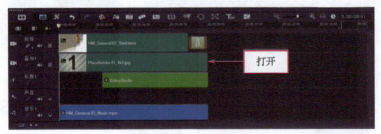

图 2-34　打开一个项目文件

STEP 02　在导览面板中，单击"播放"按钮，预览现有的视频模板画面效果，如图 2-35 所示。

STEP 03　在覆叠轨中，选择需要替换的覆叠素材，如图 2-36 所示。

STEP 04　在覆叠素材上单击鼠标右键，在弹出的快捷菜单中选择❶替换素材... | ❷照片...选项，如图 2-37 所示。

图 2-35　预览视频模板画面效果

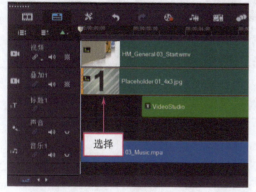 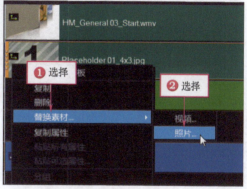

图 2-36　选择需要替换的覆叠素材　　　　　图 2-37　选择"照片"选项

STEP 05　执行操作后，弹出"替换/重新链接素材"对话框，❶在其中选择用户需要替换的素材文件，❷单击"打开"按钮，如图 2-38 所示。

STEP 06　将模板中的素材替换为用户需要的素材，替换后的素材画面如图 2-39 所示。

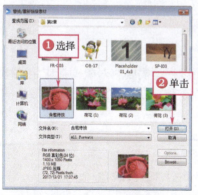 

图 2-38　选择需要替换的素材文件　　　　　图 2-39　替换后的素材画面

> **专家指点**
>
> 除了用以上方法替换素材外，用户还可以从"媒体"素材库中导入需要替换的素材文件，选择并拖曳至覆叠素材上方，按【Ctrl】键，替换素材图片。

第 2 章　会声会影 2018 模板应用

STEP 07 在预览窗口中,选择需要编辑的标题字幕,对标题字幕的内容进行相应更改,如图 2-40 所示。

STEP 08 在"编辑"选项面板中设置标题的字体属性,效果如图 2-41 所示。

图 2-40 对标题字幕的内容进行更改

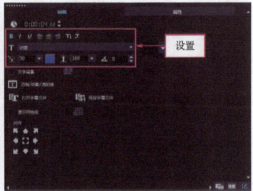
图 2-41 设置标题的字体属性

STEP 09 在导览面板中,单击"播放"按钮,预览用户替换素材后的视频画面效果,如图 2-42 所示。

图 2-42 预览用户替换素材后的视频画面效果

2.3.3 在素材中添加画中画对象

会声会影提供了多种类型的对象模板,用户可以根据需要将对象模板应用到所编辑的视频中,使视频画面更加美观。下面向读者介绍在素材中添加画中画对象模板的操作方法。

素材文件	光盘\素材\第 2 章\雪景风光.jpg
效果文件	光盘\效果\第 2 章\雪景风光.VSP
视频文件	光盘\视频\第 2 章\2.3.3 在素材中添加画中画对象.mp4

【操练+视频】——雪景风光

STEP 01 进入会声会影编辑器,在时间轴面板中插入一幅素材图像,如图 2-43 所示。

STEP 02 ❶单击"图形"按钮,切换至"图形"选项卡,❷单击窗口上方的"画廊"按钮,❸在弹出的下拉列表框中选择 对象 选项,如图 2-44 所示。

图 2-43 插入一幅素材图像

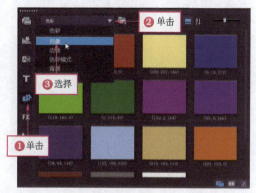
图 2-44 选择"对象"选项

> **专家指点**
> 在会声会影 2018 的"对象"素材库中,提供了多种对象素材供用户选择和使用。用户需要注意的是,对象素材添加至覆叠轨中后,如果发现其大小和位置与视频背景不符合,此时可以通过拖曳的方式调整覆叠素材的大小和位置等属性。

STEP 03 打开"对象"素材库,其中显示了多种类型的对象模板,在列表框中选择对象模板 OB-17,如图 2-45 所示。

STEP 04 单击鼠标左键并拖曳至覆叠轨中的适当位置,释放鼠标左键,即可添加对象模板,如图 2-46 所示。

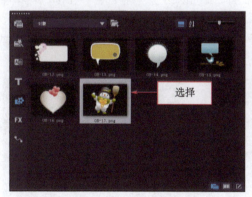
图 2-45 选择对象模板 OB-17

图 2-46 添加对象模板

STEP 05 在预览窗口中,❶可以预览对象模板的效果,拖曳对象四周的控制柄,❷调整对象素材的大小和位置,如图 2-47 所示。

STEP 06 单击导览面板中的"播放"按钮,即可预览运用对象模板制作的视频效果,如图 2-48 所示。

> **专家指点**
> 在会声会影 2018 的"对象"素材库中,用户如果对素材库中原有的对象素材不满意,也可以去网站或论坛下载需要的对象素材,然后导入"对象"素材库中,用与上同样的方法,即可应用下载的对象素材。

第 2 章 会声会影 2018 模板应用

图 2-47 调整对象素材的大小和位置

图 2-48 预览视频效果

2.3.4 为素材添加边框装饰对象

在会声会影 2018 中编辑影片时，适当地为素材添加边框模板，可以制作出绚丽多彩的视频作品，起到装饰视频画面的作用。下面向读者介绍为素材添加边框装饰对象的操作方法。

素材文件	光盘\素材\第 2 章\人间仙境.jpg
效果文件	光盘\效果\第 2 章\人间仙境.VSP
视频文件	光盘\视频\第 2 章\2.3.4　为素材添加边框装饰对象.mp4

【操练+视频】——人间仙境

STEP 01 进入会声会影编辑器，在时间轴面板中插入一幅素材图像，在预览窗口中可以查看素材效果，如图 2-49 所示。

STEP 02 ❶单击"图形"按钮，切换至"图形"选项卡，❷单击窗口上方的"画廊"按钮，❸在弹出的下拉列表框中选择 边框 选项，如图 2-50 所示。

图 2-49 查看素材效果

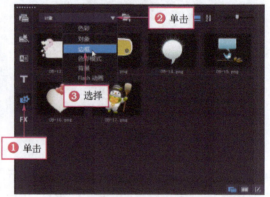
图 2-50 选择"边框"选项

STEP 03 打开"边框"素材库，其中显示了多种类型的边框模板，选择边框模板 FR-C03，如图 2-51 所示。

STEP 04 单击鼠标左键并拖曳至覆叠轨中的适当位置，并在预览窗口中调整边框的大小和位置，即可完成边框装饰画面的添加，效果如图 2-52 所示。

图 2-51 选择边框模板 FR-C03　　　　图 2-52 添加边框装饰画面

> **专家指点**
> 在"边框"素材库中,显示了多种类型的边框模板,用户可以根据需要选择相应模板,也可以在网上另行下载边框素材应用。

2.3.5 在素材中使用 Flash 模板

在会声会影 2018 中,提供了多种样式的 Flash 模板,用户可根据需要进行相应的选择,将其添加至覆叠轨或视频轨中,使制作的影片效果更加漂亮。下面向读者介绍运用 Flash 模板制作视频画面的操作方法。

素材文件	光盘\素材\第 2 章\旋转风车.VSP
效果文件	光盘\效果\第 2 章\旋转风车.VSP
视频文件	光盘\视频\第 2 章\2.3.5　在素材中使用 Flash 模板.mp4

【操练+视频】——旋转风车

STEP 01 进入会声会影编辑器,打开一个项目文件,在预览窗口中可以预览项目效果,如图 2-53 所示。

STEP 02 ❶单击"图形"按钮,切换至"图形"选项卡,❷单击窗口上方的"画廊"按钮,❸在弹出的下拉列表框中选择 Flash 动画 选项,如图 2-54 所示。

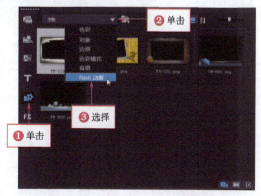

图 2-53 预览项目效果　　　　图 2-54 选择"Flash 动画"选项

STEP 03 打开"Flash 动画"素材库,其中显示了多种类型的 Flash 动画模板,在列表框中选择 Flash 动画模板 FL-F04，如图 2-55 所示。

STEP 04 在选择的动画模板上，单击鼠标左键并拖曳至覆叠轨中的适当位置，添加动画模板素材，如图 2-56 所示。

图 2-55　选择 Flash 动画模板 FL-F04　　　图 2-56　添加动画模板素材

STEP 05 单击导览面板中的"播放"按钮，预览添加 Flash 动画后的视频画面效果，如图 2-57 所示。

图 2-57　预览添加 Flash 动画后的视频画面效果

> **专家指点**
>
> 在会声会影 2018 的"Flash 动画"素材库中，为图像添加 Flash 动画素材后，在覆叠轨中双击动画素材，在"编辑"选项卡中还可以根据需要调整动画素材的区间，并在预览窗口中调整素材的大小和位置。

2.4　运用影音快手制作视频

影音快手模板是会声会影 2018 新增的功能，该功能非常适合新手，可以让新手快速、方便地制作出视频画面，还可以制作出非常专业的影视短片效果。本节主要向读者介绍运用影音快手模板套用素材制作视频画面的方法，希望读者熟练掌握本节内容。

2.4.1 选择高清影片动画样式

在会声会影 2018 中,用户可以通过菜单栏中的"影音快手"命令快速启动"影音快手"程序。启动程序后,用户首先需要选择影音模板,下面介绍具体的操作方法。

素材文件	无
效果文件	无
视频文件	光盘\视频\第 2 章\2.4.1　选择影音模板.mp4

【操练+视频】——选择影音模板

STEP 01 在会声会影 2018 编辑器中,在菜单栏中单击❶ 工具(T) 菜单下的❷ 影音快手... 命令,如图 2-58 所示。

STEP 02 执行操作后,即可进入影音快手工作界面,如图 2-59 所示。

图 2-58　单击"影音快手"命令

图 2-59　进入影音快手工作界面

STEP 03 在右侧的"所有主题"列表框中,选择一种视频主题样式,如图 2-60 所示。

STEP 04 在左侧的预览窗口下方,单击"播放"按钮,如图 2-61 所示。

图 2-60　选择一种视频主题样式

图 2-61　单击"播放"按钮

STEP 05 开始播放主题模板画面,预览模板效果,如图 2-62 所示。

图 2-62 预览模板效果

> **专家指点**
> 在"影音快手"界面中播放影片模板时，如果用户希望暂停某个视频画面，此时可以单击预览窗口下方的"暂停"按钮，暂停视频画面。

2.4.2 制作视频每帧动画特效

当用户选择好影音模板后，接下来用户需要在模板中添加需要的影视素材，使制作的视频画面更加符合用户的需求。下面向读者介绍添加影音素材的操作方法。

素材文件	光盘\素材\第 2 章\荷花（1）.jpg～荷花（5）.jpg
效果文件	无
视频文件	光盘\视频\第 2 章\2.4.2　制作视频每帧动画特效.mp4

【操练+视频】——添加荷花素材

STEP 01　完成上一节中第一步的模板选择后，接下来单击第二步中的 添加媒体 按钮，如图 2-63 所示。

STEP 02　执行以上操作后，即可打开相应面板，单击右侧的"添加媒体"按钮 ⊕，如图 2-64 所示。

图 2-63　单击"添加媒体"按钮　　　图 2-64　单击"添加媒体"按钮

STEP 03 执行操作后,弹出"添加媒体"对话框,❶在其中选择需要添加的媒体文件,❷单击"打开"按钮,如图 2-65 所示。

STEP 04 将媒体文件添加到"Corel 影音快手"界面中,在右侧显示了新增的媒体文件,如图 2-66 所示。

图 2-65 "添加媒体"对话框　　　图 2-66 显示了新增的媒体文件

STEP 05 在左侧预览窗口下方,❶单击"播放"按钮,❷预览更换素材后的影片模板效果,如图 2-67 所示。

图 2-67 预览更换素材后的影片模板效果

2.4.3 输出与共享影视文件

当用户选择好影音模板并添加相应的视频素材后,最后一步即为输出制作的影视文件,使其可以在任意播放器中进行播放,并永久珍藏。下面向读者介绍输出影视文件的

第 2 章　会声会影 2018 模板应用

操作方法。

素材文件	无
效果文件	光盘\效果\第 2 章\荷花视频.mpg
视频文件	光盘\视频\第 2 章\2.4.3　输出与共享影视文件.mp4

【操练+视频】——输出荷花视频

STEP 01 当用户完成第二步操作后，最后在下方单击第三步中的 保存和共享 按钮，如图 2-68 所示。

STEP 02 执行操作后，打开相应面板，在右侧单击 MPEG-2 按钮，如图 2-69 所示，视频导出为 MPEG 格式。

图 2-68　单击"保存和共享"按钮

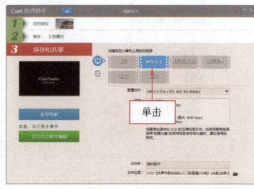

图 2-69　单击"MPEG-2"按钮

STEP 03 单击"文件位置"右侧的"浏览"按钮，弹出"另存为"对话框，❶在其中设置视频文件的输出位置与文件名称，❷单击"保存"按钮，如图 2-70 所示。

STEP 04 完成视频输出属性的设置，返回影音快手界面，在左侧单击"保存电影"按钮，如图 2-71 所示。

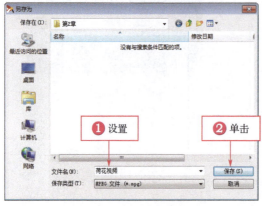

图 2-70　设置保存选项

图 2-71　单击"保存电影"按钮

STEP 05 执行操作后，开始渲染输出视频文件，并显示输出进度，如图 2-72 所示。

STEP 06 待视频输出完成后，将弹出提示信息框，提示用户影片已经输出成功，单击"确定"按钮，如图 2-73 所示，即可完成操作。

图 2-72 显示输出进度
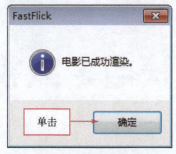
图 2-73 提示信息框

本章小结

  本章的内容主要是针对想快速上手会声会影 2018 软件的用户，详细介绍了视频模板的下载与调用，以及图像模板、视频模板、即时项目模板、对象模板、边框模板、Flash 模板的应用，并针对会声会影 2018 的影音快手功能进行了详细介绍。通过本章的学习，相信用户能够制作出一些简单的影片，并在制作过程中掌握快速制作影片的操作方法和技巧。

捕获与调色篇

第3章 捕获与导入视频素材

 章前知识导读

素材的捕获是进行视频编辑首要的一个环节，好的视频作品离不开高质量的素材与正常、具有创造性的剪辑。要捕获高质量的视频文件，好的硬件很重要。本章主要向读者详细介绍捕获与导入视频素材的方法。

 新手重点索引

通过复制的方式获取 DV 视频　　　导入图像和视频素材
获取移动设备中的视频

 效果图片欣赏

3.1 通过复制的方式获取 DV 视频

在用户使用摄像机完成视频的拍摄之后，通过数据线将 DV 中的视频导入会声会影中，即可在会声会影中对视频进行编辑。本节介绍将 DV 中的视频导入会声会影中的操作方法。

3.1.1 连接 DV 摄像机

用户如果需要将 DV 中的视频导入会声会影，首先需要将摄像机与计算机相连接，一般情况，用户可选择使用延长线连接 DV 摄像机与计算机，如图 3-1 所示。

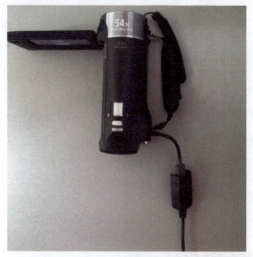
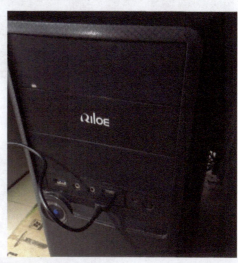

图 3-1　连接 DV 摄像机与计算机

3.1.2 获取 DV 摄像机中的视频

用户在将摄像机与计算机相连接后，❶即可在计算机中查看摄像机路径，如图 3-2 所示，进入相应文件夹，❷在其中选择相应的视频文件，在其中可以查看需要导入的视频文件，如图 3-3 所示。

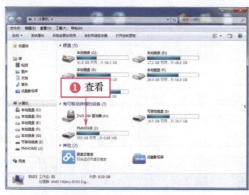

图 3-2　查看摄像机路径　　　　　　图 3-3　选择相应的视频文件

第 3 章　捕获与导入视频素材

进入会声会影编辑器，在视频轨中的空白位置处单击鼠标右键，❶在弹出的快捷菜单中选择 插入视频... 选项，如图3-4所示，弹出"打开视频文件"对话框，❷在其中选择相应的视频文件，❸单击"打开"按钮，如图3-5所示。

图3-4 选择"插入视频"选项

图3-5 选择相应的视频文件

执行上述操作后，即可将DV摄像机中的视频文件导入到时间轴中，如图3-6所示。

图3-6 导入到时间轴中

3.2 获取移动设备中的视频

随着智能手机与iPad设备的流行，目前很多用户都会使用它们来拍摄视频素材或照片素材，当然用户还可以通过其他不同途径捕获视频素材，如U盘、摄像头及DVD光盘等移动设备。本节主要向读者介绍从移动设备中捕获视频素材的操作方法。

3.2.1 捕获安卓手机视频

安卓（Android）是一个基于Linux内核的操作系统，是Google公司公布的手机类操作系统。下面向读者介绍从安卓手机中捕获视频素材的操作方法。

在Windows 7的操作系统中，打开"计算机"窗口，在安卓手机的内存磁盘上单击鼠标右键，❶在弹出的快捷菜单中选择"打开"选项，如图3-7所示，依次打开手机移动磁盘中的相应文件夹，❷选择安卓手机拍摄的视频文件，如图3-8所示。

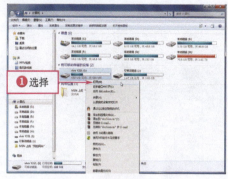
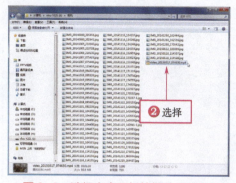

图 3-7 选择"打开"选项　　　　图 3-8 选择安卓手机拍摄的视频文件

在视频文件上单击鼠标右键，在弹出的快捷菜单中选择"复制"选项，复制视频文件，如图 3-9 所示；进入"计算机"中的相应盘符，在合适位置上单击鼠标右键，在弹出的快捷菜单中选择"粘贴"选项，执行操作后，即可粘贴复制的视频文件。将选择的视频文件拖曳至会声会影编辑器的视频轨中，即可应用安卓手机中的视频文件。

图 3-9 选择"复制"选项

> **专家指点**
>
> 根据智能手机的类型和品牌不同，拍摄的视频格式也会不同，但大多数拍摄的视频格式会声会影都会支持，都可以导入会声会影编辑器中应用。

3.2.2 捕获苹果手机视频

iPhone、iPod Touch 和 iPad 均采用由苹果公司研发的 iOS 作业系统（前身称为 iPhone OS），它是由 Apple Darwin 的核心发展出来的变体，负责在用户界面上提供平滑顺畅的动画效果。下面向读者介绍从苹果手机中捕获视频的操作方法。

打开"计算机"窗口，在 Apple iPhone 移动设备上单击鼠标右键，❶在弹出的快捷菜单中选择"打开"选项，如图 3-10 所示，打开苹果移动设备，在其中选择苹果手机的内存文件夹，单击鼠标右键，❷在弹出的快捷菜单中选择"打开"选项，如图 3-11 所示。

第 3 章　捕获与导入视频素材

图 3-10 选择"打开"选项

图 3-11 选择"打开"选项

依次打开相应文件夹，选择苹果手机拍摄的视频文件，单击鼠标右键，在弹出的快捷菜单中选择"复制"选项，如图 3-12 所示，复制视频；进入"计算机"中的相应盘符，在合适位置上单击鼠标右键，在弹出的快捷菜单中选择"粘贴"选项，执行操作后，即可粘贴复制的视频文件。将选择的视频文件拖曳至会声会影编辑器的视频轨中，即可应用苹果手机中的视频文件。在导览面板中单击"播放"按钮，预览苹果手机中拍摄的视频画面，完成苹果手机中视频的捕获操作。

图 3-12 选择"复制"选项

3.2.3 捕获 iPad 平板电脑中的视频

iPad 在欧美称网络阅读器，国内俗称"平板电脑"，具备浏览网页、收发邮件、普通视频文件播放、音频文件播放、一些简单游戏等基本的多媒体功能。下面向读者介绍从 iPad 平板电脑中采集视频的操作方法。

用数据线将 iPad 与计算机连接，打开"计算机"窗口，在"便携设备"一栏中，❶显示了用户的 iPad 设备，如图 3-13 所示。在 iPad 设备上双击鼠标左键，❷依次打开相应文件夹，如图 3-14 所示。

图 3-13　显示了用户的 iPad 设备　　　　图 3-14　依次打开相应文件夹

在其中选择相应视频文件，单击鼠标右键，❶在弹出的快捷菜单中选择"复制"选项，如图 3-15 所示；复制需要的视频文件，进入"计算机"中的相应盘符，在合适位置上单击鼠标右键，❷在弹出的快捷菜单中选择"粘贴"选项，如图 3-16 所示。执行操作后，即可粘贴复制的视频文件，将选择的视频文件拖曳至会声会影编辑器的视频轨中，即可应用 iPad 中的视频文件。

 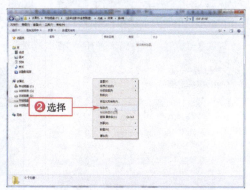

图 3-15　选择"复制"选项　　　　图 3-16　选择"粘贴"选项

3.2.4　从 U 盘捕获视频

U 盘全称 USB 闪存驱动器，英文名为"USB flash disk"。它是一种使用 USB 接口的无须物理驱动器的微型高容量移动存储产品，通过 USB 接口与计算机连接，实现即插即用。下面向读者介绍从 U 盘中捕获视频素材的操作方法。

在时间轴面板上方单击"录制/捕获选项"按钮，如图 3-17 所示。

图 3-17　单击"录制/捕获选项"按钮

弹出"录制/捕获选项"对话框，❶单击"移动设备"图标，如图 3-18 所示。弹出相应对话框，❷在其中选择 U 盘设备，❸然后选择 U 盘中的视频文件，❹单击"确定"按钮，如图 3-19 所示。

第 3 章　捕获与导入视频素材

图 3-18　单击"移动设备"图标　　　图 3-19　选择 U 盘中的视频文件

弹出"导入设置"对话框,在其中选中❶"捕获到素材库"和❷"插入到时间轴"复选框,❸然后单击"确定"按钮,如图 3-20 所示,即可捕获 U 盘中的视频文件,❹并插入到时间轴面板的视频轨中,如图 3-21 所示。

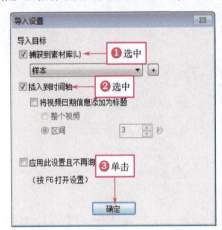
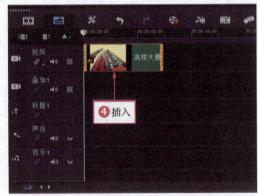

图 3-20　"导入设置"对话框　　　图 3-21　插入到时间轴面板的视频轨中

在导览面板中单击"播放"按钮,预览捕获的视频画面效果,如图 3-22 所示。

图 3-22　预览捕获的视频画面效果

3.3 导入图像和视频素材

除了可以从移动设备中捕获素材以外,还可以在会声会影 2018 的"编辑"步骤面板中,添加各种不同类型的素材。本节主要介绍导入图像素材、导入透明素材、导入视频素材、导入动画素材、导入对象素材及导入边框素材的操作方法。

3.3.1 格式 1:导入图像素材

当素材库中的图像素材无法满足用户需求时,用户可以将常用的图像素材添加至会声会影 2018 素材库中。下面介绍在会声会影 2018 中导入图像素材的操作方法。

素材文件	光盘\素材\第 3 章\林荫大道.jpg
效果文件	光盘\效果\第 3 章\林荫大道.VSP
视频文件	光盘\视频\第 3 章\3.3.1 格式 1:导入图像素材.mp4

【操练+视频】——林荫大道

STEP 01 进入会声会影编辑器,单击❶ 文件(F) | ❷ 将媒体文件插入到素材库 | ❸ 插入照片... 命令,如图 3-23 所示。

STEP 02 弹出"浏览照片"对话框,在该对话框中,选择需要的图像素材,如图 3-24 所示。

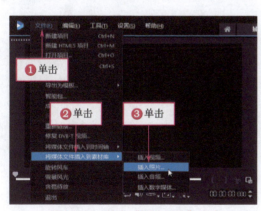

图 3-23 单击"插入照片"命令

图 3-24 选择需要的图像素材

STEP 03 在"浏览照片"对话框中单击"打开"按钮,将所选择的图像素材添加至素材库中,如图 3-25 所示。

STEP 04 将素材库中添加的图像素材拖曳至视频轨中的开始位置处,如图 3-26 所示。

STEP 05 释放鼠标左键,即可将图像素材添加至视频轨中,如图 3-27 所示。

STEP 06 单击导览面板中的"播放"按钮,即可预览添加的图像素材,如图 3-28 所示。

第 3 章 捕获与导入视频素材

图 3-25 添加至素材库中

图 3-26 拖曳至视频轨中的开始位置处

图 3-27 添加至视频轨中

图 3-28 预览添加的图像素材

> **专家指点**
>
> 在"浏览照片"对话框中选择需要打开的图像素材后,按【Enter】键确认,也可以快速将图像素材导入到素材库面板中。
>
> 在 Windows 操作系统中,用户还可以在计算机磁盘中选择需要添加的图像素材,单击鼠标左键并拖曳至会声会影 2018 的时间轴面板中,释放鼠标左键,也可以快速添加图像素材。

3.3.2 格式 2:导入透明素材

　　PNG 图像是一种具有透明背景的素材,该图像格式常用于网络图像模式,PNG 格式可以保存图像的 24 位真彩色,且具有支持透明背景和消除锯齿边缘的功能,在不失真的情况下压缩保存图像。

	素材文件	光盘\素材\第 3 章\艳阳高照.VSP、钢琴.png
	效果文件	光盘\效果\第 3 章\艳阳高照.VSP
	视频文件	光盘\视频\第 3 章\3.3.2 格式 2:导入透明素材.mp4

【操练+视频】——艳阳高照

STEP 01 进入会声会影编辑器,单击 文件 | 打开项目 命令,打开一个项目文件,如图 3-29 所示。

STEP 02 在预览窗口中,可以预览打开的项目效果,如图 3-30 所示。

图 3-29 打开一个项目文件　　　　图 3-30 预览打开的项目效果

STEP 03　进入"媒体"素材库,单击"显示照片"按钮 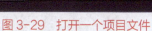,如图 3-31 所示。

STEP 04　执行操作后,即可显示素材库中的图像文件,在素材库面板中的空白位置上单击鼠标右键,在弹出的快捷菜单中选择 插入媒体文件... 选项,如图 3-32 所示。

图 3-31 单击"显示照片"按钮　　　　图 3-32 选择"插入媒体文件"选项

STEP 05　弹出"浏览媒体文件"对话框,❶在其中选择需要插入的 png 图像素材,❷单击"打开"按钮,如图 3-33 所示。

STEP 06　将 png 图像素材导入到素材库面板中,如图 3-34 所示。

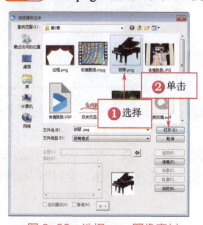

图 3-33 选择 png 图像素材　　　　图 3-34 导入 png 图像素材

第 3 章　捕获与导入视频素材

STEP 07 在导入的 png 图像素材上单击鼠标右键，在弹出的快捷菜单中选择 ❶插入到 | ❷覆叠轨 #1 选项，如图 3-35 所示。

STEP 08 执行操作后，即可将图像素材插入到覆叠轨中的开始位置处，如图 3-36 所示。

图 3-35　选择"覆叠轨#1"选项　　　　　图 3-36　插入到覆叠轨中的开始位置处

STEP 09 在预览窗口中，可以预览添加的 png 图像效果，如图 3-37 所示。

STEP 10 在 png 图像素材上单击鼠标左键并向右下角拖曳，即可调整图像素材的位置，效果如图 3-38 所示。

图 3-37　预览添加的 png 图像效果　　　　　图 3-38　调整图像素材的位置

专家指点

png 图像文件是背景透明的静态图像，这一类格式的静态图像用户可以运用在视频画面上，它可以很好地嵌入视频中，用来装饰视频效果。

3.3.3　格式 3：导入视频素材

会声会影 2018 的素材库中提供了各种类型的素材，用户可直接从中取用。但有时提供的素材并不能满足用户的需求，此时就可以将常用的素材添加至素材库中，然后再插入至视频轨中。

素材文件	光盘\素材\第 3 章\彩旗飘扬.mpg
效果文件	光盘\效果\第 3 章\彩旗飘扬.VSP
视频文件	光盘\视频\第 3 章\3.3.3　格式 3：导入视频素材.mp4

【操练+视频】——彩旗飘扬

STEP 01 进入会声会影编辑器，单击"显示视频"按钮，如图 3-39 所示。

STEP 02 执行操作后，即可显示素材库中的视频文件，单击"导入媒体文件"按钮，如图 3-40 所示。

图 3-39　单击"显示视频"按钮　　　　　图 3-40　单击"导入媒体文件"按钮

STEP 03 弹出"浏览媒体文件"对话框，❶在该对话框中选择所需打开的视频素材，❷单击"打开"按钮，如图 3-41 所示。

STEP 04 即可将所选择的素材添加到素材库中，如图 3-42 所示。

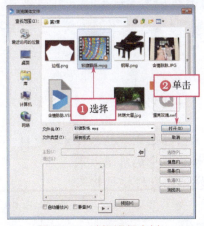

图 3-41　选择视频素材　　　　　　　　图 3-42　将素材添加到素材库

专家指点

在"浏览媒体文件"对话框中，按住【Ctrl】键的同时，在需要添加的素材上单击鼠标左键，可选择多个不连续的视频素材；按住【Shift】键的同时，在第 1 个视频素材和最后 1 个视频素材上分别单击鼠标左键，即可选择两个视频素材之间的所有视频素材文件，单击"打开"按钮，即可打开多个素材。

第 3 章　捕获与导入视频素材

STEP 05 将素材库中添加的视频素材拖曳至时间轴面板的视频轨中,如图 3-43 所示。

图 3-43 拖曳至时间轴面板的视频轨中

STEP 06 单击导览面板中的"播放"按钮,预览添加的视频画面效果,如图 3-44 所示。

图 3-44 预览添加的视频画面效果

在会声会影 2018 预览窗口的右上角,各主要按钮含义如下。

➢ "媒体"按钮 : 单击该按钮,可以显示媒体库中的视频素材、音频素材及图片素材。
➢ "即时项目"按钮 : 单击该按钮,可以显示媒体库中的各种类型模板。
➢ "转场"按钮 : 单击该按钮,可以显示媒体库中的转场效果。
➢ "标题"按钮 : 单击该按钮,可以显示媒体库中的标题效果。
➢ "图像"按钮 : 单击该按钮,可以显示媒体库中的色彩、对象、边框及 Flash 动画素材。
➢ "滤镜"按钮 : 单击该按钮,可以显示媒体库中的滤镜效果。
➢ "路径"按钮 : 单击该按钮,可以显示媒体库中的移动路径效果。

3.3.4 格式 4:导入动画素材

在会声会影 2018 中,用户可以应用相应的 Flash 动画素材至视频中,丰富视频内容。下面向读者介绍添加 Flash 动画素材的操作方法。

素材文件	光盘\素材\第3章\漂亮玫瑰.swf
效果文件	光盘\效果\第3章\漂亮玫瑰.VSP
视频文件	光盘\视频\第3章\3.3.4　格式4：导入动画素材.mp4

【操练+视频】——漂亮玫瑰

STEP 01 进入会声会影编辑器，在素材库左侧单击"图形"按钮，如图3-45所示。

STEP 02 执行操作后，切换至"图形"素材库，单击素材库上方的"画廊"按钮，在弹出的列表框中选择 Flash 动画 选项，如图3-46所示。

图3-45　单击"图形"按钮　　　　图3-46　选择"Flash 动画"选项

STEP 03 打开"Flash 动画"素材库，单击素材库上方的"添加"按钮，如图3-47所示。

STEP 04 弹出"浏览 Flash 动画"对话框，❶在该对话框中选择需要添加的 Flash 文件，选择完毕后，❷单击"打开"按钮，如图3-48所示。

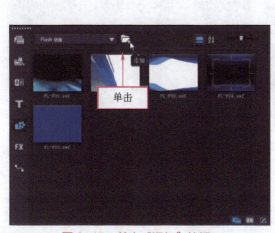 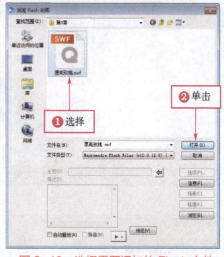

图3-47　单击"添加"按钮　　　　图3-48　选择需要添加的 Flash 文件

STEP 05 将 Flash 动画素材插入到素材库中，如图3-49所示。

STEP 06 在素材库中选择 Flash 动画素材，单击鼠标左键并将其拖曳至时间轴面板中的合适位置，如图3-50所示。

第3章　捕获与导入视频素材

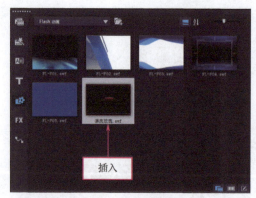
图 3-49 插入到素材库中

图 3-50 拖曳至时间轴面板中的合适位置

STEP 07 在导览面板中单击"播放"按钮,即可预览导入的 Flash 动画素材效果,如图 3-51 所示。

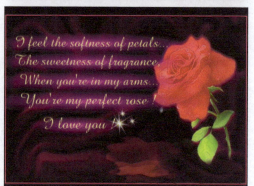

图 3-51 预览 Flash 动画素材效果

> **专家指点**
>
> 在会声会影 2018 中,单击 文件(F) | 将媒体文件插入到时间轴 | 插入视频... 命令,弹出"打开视频文件"对话框,然后在该对话框中选择需要插入的 Flash 文件,单击"打开"按钮,即可将 Flash 文件直接添加到时间轴中。

3.3.5 格式5：导入对象素材

在会声会影 2018 中，用户可以通过"对象"素材库加载外部的对象素材。下面向读者介绍加载外部对象素材的操作方法。

素材文件	光盘\素材\第3章\元旦快乐.VSP、欢庆元旦.png
效果文件	光盘\效果\第3章\元旦快乐.VSP
视频文件	光盘\视频\第3章\3.3.5　格式5：导入对象素材.mp4

【操练+视频】——元旦快乐

STEP 01 进入会声会影编辑器，单击 文件(F) | 打开项目 命令，打开一个项目文件，如图 3-52 所示。

STEP 02 在预览窗口中，可以预览打开的项目效果，如图 3-53 所示。

图 3-52　打开一个项目文件

图 3-53　预览打开的项目效果

STEP 03 ❶在素材库左侧单击"图形"按钮，执行操作后，切换至"图形"素材库；❷单击素材库上方的"画廊"按钮，在弹出的列表框中选择 对象 选项，打开"对象"素材库；❸单击素材库上方的"添加"按钮，如图 3-54 所示。

STEP 04 弹出"浏览图形"对话框，在该对话框中，❶选择需要添加的对象文件，选择完毕后，❷单击"打开"按钮，如图 3-55 所示。

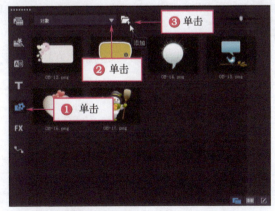

图 3-54　单击"添加"按钮

图 3-55　选择需要添加的对象文件

第 3 章　捕获与导入视频素材

STEP 05 将对象素材插入到素材库中，如图 3-56 所示。

STEP 06 在素材库中选择对象素材，单击鼠标左键并将其拖曳至时间轴面板中的合适位置，如图 3-57 所示。

图 3-56 将对象素材插入到素材库中　　图 3-57 拖曳至时间轴面板中的合适位置

STEP 07 在预览窗口中，可以预览加载的外部对象样式，如图 3-58 所示。

STEP 08 在预览窗口中，手动拖曳对象素材四周的控制柄，调整对象素材的大小和位置，效果如图 3-59 所示。

图 3-58 预览加载的外部对象样式　　图 3-59 调整对象素材的大小和位置

3.3.6　格式 6：导入边框素材

在会声会影 2018 中，用户可以通过"边框"素材库，加载外部的边框素材。下面向读者介绍加载外部边框素材的操作方法。

素材文件	光盘\素材\第 3 章\含情脉脉.VSP、边框.png
效果文件	光盘\效果\第 3 章\含情脉脉.VSP
视频文件	光盘\视频\第 3 章\3.3.6　格式 6：导入边框素材.mp4

【操练+视频】——含情脉脉

STEP 01 进入会声会影编辑器，单击 文件(F) | 打开项目 命令，打开一个项目文件，如图 3-60 所示。

STEP 02 在预览窗口中，可以预览打开的项目效果，如图 3-61 所示。

图 3-60　打开一个项目文件　　　　图 3-61　预览打开的项目效果

STEP 03 在素材库左侧单击"图形"按钮,执行操作后,切换至"图形"素材库,如图 3-62 所示。

STEP 04 ❶单击素材库上方的"画廊"按钮,❷在弹出的列表框中选择 边框 选项,如图 3-63 所示。

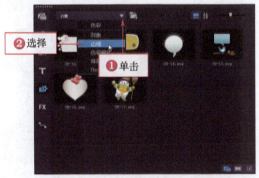

图 3-62　单击"图形"按钮　　　　图 3-63　选择"边框"选项

STEP 05 打开"边框"素材库,单击素材库上方的"添加"按钮,如图 3-64 所示。

STEP 06 弹出"浏览图形"对话框,在其中选择需要添加的边框文件,如图 3-65 所示。

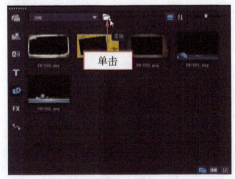

图 3-64　单击"添加"按钮　　　　图 3-65　选择需要添加的边框文件

STEP 07 选择完毕后,单击"打开"按钮,将边框插入到素材库中,如图 3-66 所示。

第 3 章　捕获与导入视频素材

STEP 08 在素材库中选择边框素材,单击鼠标左键并将其拖曳至时间轴面板中的合适位置,如图 3-67 所示。

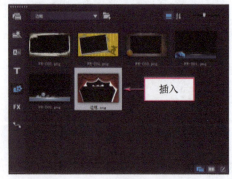
图 3-66 将边框插入到素材库中

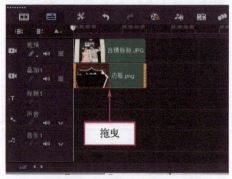
图 3-67 拖曳至时间轴面板中的合适位置

STEP 09 在预览窗口中,可以预览加载的外部边框样式,如图 3-68 所示。

STEP 10 在预览窗口中的边框样式上单击鼠标右键,在弹出的快捷菜单中选择 调整到屏幕大小 选项,如图 3-69 所示。

图 3-68 预览外部边框样式

图 3-69 选择"调整到屏幕大小"选项

STEP 11 执行操作后,即可调整边框样式的大小,使其全屏显示在预览窗口中,效果如图 3-70 所示。

图 3-70 全屏显示在预览窗口中

本章小结

　　本章全面、详尽地介绍了会声会影 2018 的视频素材捕获步骤，同时对具体的操作技巧、方法进行了认真细致的阐述。通过本章的学习，用户可以熟练地通过不同的素材来源捕获所需要的视频素材，为读者进行视频编辑打下良好的基础。

第4章
画面色彩调整与后期处理

章前知识导读

为了使制作的影片更为生动、美观，用户可以使用会声会影 2018 调整画面色彩色调；此外，还可以使用 Photoshop 对素材进行后期处理，校正色彩等。本章主要介绍使用会声会影与 Photoshop 对素材画面进行色彩调整及后期处理等操作技巧。

新手重点索引

运用会声会影处理视频画面色彩色调　　运用 Photoshop 进行素材后期处理

效果图片欣赏

4.1 运用会声会影处理视频画面色彩色调

会声会影 2018 提供了专业的色彩校正功能，用户可以轻松调整素材的亮度、对比度及饱和度等，甚至还可以将影片调成具有艺术效果的色彩。本节主要向读者介绍校正素材色彩与制作画面色彩特效的操作方法。

4.1.1 技巧 1：改变视频素材整体色调

在会声会影 2018 中，如果用户对照片的色调不太满意，可以重新调整照片的色调。

素材文件	光盘\素材\第 4 章\多色树叶.jpg
效果文件	光盘\效果\第 4 章\多色树叶.VSP
视频文件	光盘\视频\第 4 章\4.1.1　技巧 1：改变视频素材整体色调.mp4

【操练+视频】——多色树叶

STEP 01 进入会声会影编辑器，在视频轨中插入一幅图像素材，如图 4-1 所示。

STEP 02 ❶在界面中单击"显示选项面板"按钮，切换至"校正"选项面板，❷在其中单击 色彩校正 下拉按钮，如图 4-2 所示。

图 4-1　插入一幅图像素材

图 4-2　单击"色彩校正"下拉按钮

STEP 03 执行上述操作后，展开相应选项面板，在"色调"选项右侧的数值框中输入参数为-38，如图 4-3 所示。

STEP 04 在预览窗口中，可以预览更改色调后的图像素材效果，如图 4-4 所示。

图 4-3　输入参数

图 4-4　更改色调后的图像素材效果

第 4 章　画面色彩调整与后期处理

4.1.2 技巧2：调整视频素材画面亮度

在会声会影 2018 中，当素材亮度过暗或者太亮时，用户可以调整素材的亮度。

素材文件	光盘\素材\第 4 章\一叶知秋.jpg
效果文件	光盘\效果\第 4 章\一叶知秋.VSP
视频文件	光盘\视频\第 4 章\4.1.2 技巧 2：调整视频素材画面亮度.mp4

【操练+视频】——一叶知秋

STEP 01 进入会声会影编辑器，在视频轨中插入一幅图像素材，如图 4-5 所示。

STEP 02 在预览窗口中，可以查看插入的图像素材效果，如图 4-6 所示。

图 4-5　插入一幅图像素材

图 4-6　预览插入的图像素材效果

STEP 03 ❶单击"显示选项面板"按钮，切换至"校正"选项面板，❷在其中单击 ▶ 色彩校正 下拉按钮，展开相应选项面板，在"亮度"选项右侧的数值框中，❸输入参数为 38，如图 4-7 所示。

STEP 04 在预览窗口中，可以预览更改亮度后的图像效果，如图 4-8 所示。

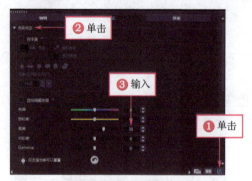

图 4-7　输入参数

图 4-8　更改亮度后的图像效果

> **专家指点**
>
> 亮度是指颜色的明暗程度，它通常使用 -100～100 之间的整数来度量。在正常光线下照射的色相被定义为标准色相。一些亮度高于标准色相的，称为该色相的高度；反之称为该色相的阴影。

4.1.3 技巧3：增强视频画面的饱和度

在会声会影 2018 中使用饱和度功能，可以调整整张照片或单个颜色分量的色相、饱和度和亮度值，还可以同步调整照片中所有的颜色。下面介绍调整图像饱和度的操作方法。

素材文件	光盘\素材\第 4 章\白色雏菊.jpg
效果文件	光盘\效果\第 4 章\白色雏菊.VSP
视频文件	光盘\视频\第 4 章\4.1.3 技巧 3：增强视频画面的饱和度.mp4

【操练+视频】——白色雏菊

STEP 01 进入会声会影编辑器，在视频轨中插入一幅图像素材，如图 4-9 所示。

STEP 02 在预览窗口中，可以查看插入的图像素材效果，如图 4-10 所示。

图 4-9 插入一幅图像素材　　　　图 4-10 预览插入的图像素材效果

STEP 03 ❶单击"显示选项面板"按钮，切换至"校正"选项面板，❷在其中单击 ▶ 色彩校正 下拉按钮，展开相应选项面板，在"饱和度"选项右侧的数值框中，❸输入参数为 30，如图 4-11 所示。

STEP 04 在预览窗口中，可以预览更改饱和度后的图像效果，如图 4-12 所示。

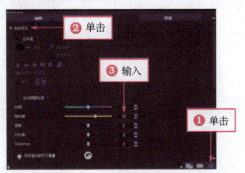

图 4-11 输入数值　　　　图 4-12 更改饱和度后的图像效果

专家指点

在会声会影 2018 的选项面板中设置饱和度参数时，饱和度参数值设置得越低，图像画面的饱和度越灰；饱和度参数值设置得越高，图像颜色越鲜艳，色彩画面更越强。
在会声会影 2018 中，如果用户需要去除视频画面中的色彩，此时可以将饱和度参数设置为-100，即可去除视频素材的画面色彩。

第 4 章　画面色彩调整与后期处理

4.1.4 技巧4：调整视频画面的对比度

对比度是指图像中阴暗区域最亮的白与最暗的黑之间不同亮度范围的差异。在会声会影 2018 中，用户可以轻松对素材的对比度进行调整。

素材文件	光盘\素材\第 4 章\城市交通.jpg
效果文件	光盘\效果\第 4 章\城市交通.VSP
视频文件	光盘\视频\第 4 章\4.1.4　技巧4：调整视频画面的对比度.mp4

【操练+视频】——城市交通

STEP 01 进入会声会影编辑器，在视频轨中插入一幅图像素材，如图 4-13 所示。

STEP 02 在预览窗口中，可以查看插入的图像素材效果，如图 4-14 所示。

图 4-13　插入一幅图像素材

图 4-14　预览插入的图像素材效果

STEP 03 单击"显示选项面板"按钮，切换至"校正"选项面板，❶在其中单击 色彩校正 下拉按钮，展开相应选项面板，在"对比度"选项右侧的的数值框中，❷输入参数为 40，如图 4-15 所示。

STEP 04 在预览窗口中，可以预览更改对比度的图像效果，如图 4-16 所示。

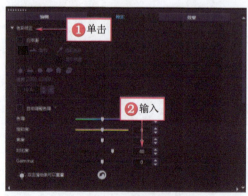

图 4-15　输入参数

图 4-16　更改对比度的图像效果

专家指点

"对比度"选项用于调整素材的对比度，其取值范围为 -100～100 之间的整数。数值越高，素材对比度越大；反之则降低素材的对比度。

4.1.5 技巧 5：制作视频画面钨光效果

钨光白平衡也称为"白炽灯"或"室内光"，可以修正偏黄或者偏红的画面，一般适用于在钨光灯环境下拍摄的照片或者视频素材。下面向读者介绍设置钨光效果画面的具体操作方法。

素材文件	光盘\素材\第 4 章\灯火阑珊.jpg
效果文件	光盘\效果\第 4 章\灯火阑珊.VSP
视频文件	光盘\视频\第 4 章\4.1.5　技巧 5：制作视频画面钨光效果.mp4

【操练+视频】——灯火阑珊

STEP 01　进入会声会影编辑器，在视频轨中插入一幅图像素材，如图 4-17 所示。

STEP 02　在预览窗口中，可以查看插入的图像素材效果，如图 4-18 所示。

图 4-17　插入一幅图像素材

图 4-18　预览插入的图像素材效果

STEP 03　在"校正"选项面板中，❶单击 ▶ 色彩校正 下拉按钮，展开相应选项面板，❷选中 ✓ 白平衡 复选框，❸单击"白平衡"选项区中的"钨光"按钮，如图 4-19 所示。

STEP 04　执行上述操作后，即可设置为钨光效果，预览效果如图 4-20 所示。

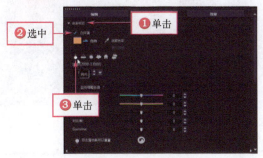

图 4-19　单击"钨光"按钮

图 4-20　预览效果

> **专家指点**
>
> 在选项面板的"白平衡"选项区中，用户还可以手动选取色彩来设置素材画面的白平衡效果。在"白平衡"选项区中，单击"选取色彩"按钮，在预览窗口中需要的颜色上单击鼠标左键，即可吸取颜色，用吸取的颜色改变素材画面的白平衡效果。

4.1.6 技巧 6：制作视频画面日光效果

日光效果可以修正色调偏红的视频或照片素材，一般适用于灯光夜景、日出、日落及焰火等。下面向读者介绍在会声会影 2018 中为素材画面添加日光效果的操作方法。

素材文件	光盘\素材\第 4 章\傍晚时分.jpg
效果文件	光盘\效果\第 4 章\傍晚时分.VSP
视频文件	光盘\视频\第 4 章\4.1.6　技巧 6：制作视频画面日光效果.mp4

【操练+视频】——傍晚时分

STEP 01　进入会声会影编辑器，在视频轨中插入一幅图像素材，如图 4-21 所示。

STEP 02　在预览窗口中，可以查看插入的图像素材效果，如图 4-22 所示。

图 4-21　插入一幅图像素材

图 4-22　预览插入的图像素材效果

STEP 03　在"校正"选项面板中，❶单击 色彩校正 下拉按钮，进入相应选项面板，❷选中 白平衡 复选框，❸单击"白平衡"选项区中的"日光"按钮，如图 4-23 所示。

STEP 04　执行上述操作后，即可设置为日光效果，预览效果如图 4-24 所示。

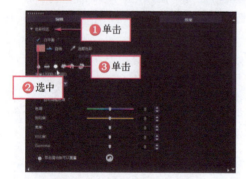

图 4-23　单击"日光"按钮

图 4-24　预览效果

4.1.7　技巧 7：制作视频画面荧光效果

应用荧光效果可以使素材画面呈现偏蓝的冷色调，同时可以修正偏黄的照片。

素材文件	光盘\素材\第 4 章\微距摄影.jpg
效果文件	光盘\效果\第 4 章\微距摄影.VSP
视频文件	光盘\视频\第 4 章\4.1.7　技巧 7：制作视频画面荧光效果.mp4

【操练+视频】——微距摄影

STEP 01　进入会声会影编辑器，在视频轨中插入一幅图像素材，如图 4-25 所示。

STEP 02　在预览窗口中，可以查看插入的图像素材效果，如图 4-26 所示。

图 4-25 插入一幅图像素材

图 4-26 预览插入的图像素材效果

STEP 03 在"校正"选项面板中，❶单击 ▶ 色彩校正 下拉按钮，进入相应选项面板，❷选中 ✓ 白平衡 复选框，❸单击"白平衡"选项区中的"荧光"按钮 ，如图 4-27 所示。

STEP 04 执行上述操作后，即可设置为荧光效果，预览效果如图 4-28 所示。

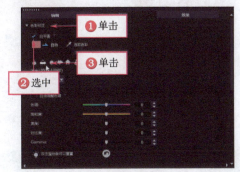

图 4-27 单击"荧光"按钮

图 4-28 预览效果

4.1.8 技巧 8：制作视频画面云彩效果

在会声会影 2018 中，应用云彩效果可以使素材画面呈现偏黄的暖色调，同时可以修正偏蓝的照片。下面向读者介绍添加云彩效果的操作方法。

	素材文件	光盘\素材\第 4 章\晚霞美景.jpg
	效果文件	光盘\效果\第 4 章\晚霞美景.VSP
	视频文件	光盘\视频\第 4 章\4.1.8　技巧 8：制作视频画面云彩效果.mp4

【操练+视频】——晚霞美景

STEP 01 进入会声会影编辑器，在视频轨中插入一幅图像素材，如图 4-29 所示。

STEP 02 在预览窗口中，可以查看插入的图像素材效果，如图 4-30 所示。

STEP 03 在"校正"选项面板中，❶单击 ▶ 色彩校正 下拉按钮，进入相应选项面板，❷选中 ✓ 白平衡 复选框，❸单击"白平衡"选项区中的"云彩"按钮 ，如图 4-31 所示。

STEP 04 执行上述操作后，即可设置为云彩效果，预览效果如图 4-32 所示。

第 4 章　画面色彩调整与后期处理

图 4-29 插入一幅图像素材　　　　　图 4-30 预览插入的图像素材效果

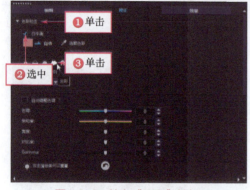

图 4-31 单击"云彩"按钮　　　　　图 4-32 预览效果

专家指点

在选项面板的"白平衡"选项区中,用户还可以单击"选取色彩"按钮,然后在预览窗口中的图像上吸取相应的颜色,即可改变图像的整体色调,制作出梦幻多彩的图像画面效果,使画面更加唯美、漂亮。

4.2 运用 Photoshop 进行素材后期处理

除了使用会声会影处理素材画面外,用户还可以使用 Photoshop 对素材进行后期处理,然后再将后期处理过的素材文件导入会声会影 2018 编辑面板中。本节主要向读者介绍运用 Photoshop 进行素材后期处理的操作技巧。

4.2.1 技巧 1:对画面进行二次构图调整

通过 Photoshop 对素材进行二次构图,不仅可以让原来的画面构图更鲜明,而且还可以让照片焕发新生。当照片素材主体不突出时,可以通过后期增加暗角来调整画面,突出照片的主体。下面向读者介绍二次构图调整的操作方法。

	素材文件	光盘\素材\第 4 章\大山美景.jpg
	效果文件	光盘\效果\第 4 章\大山美景.psd、大山美景.jpg
	视频文件	光盘\视频\第 4 章\4.2.1　技巧 1:对画面进行二次构图调整.mp4

【操练+视频】——大山美景

STEP 01 单击 文件(F) | 打开(O)... 命令，打开一幅图像素材，如图4-33所示。

STEP 02 单击❶滤镜(T) | ❷镜头校正(R)... 命令，如图4-34所示。

图4-33 打开一幅图像素材

图4-34 单击"镜头校正"命令

STEP 03 弹出"镜头校正"对话框，在"自定"选项卡中设置"晕影"选项区中的参数依次为-95、67，如图4-35所示。

STEP 04 设置完成后单击"确定"按钮，即可看到照片的四角增加了暗影突出主体，最终效果如图4-36所示。

图4-35 设置参数

图4-36 最终效果

4.2.2 技巧2：将画面裁剪为4∶3或16∶9尺寸

当图像素材多出一些不需要的部分时，用户可以使用Photoshop中的裁剪工具，将素材画面裁剪为4∶3或16∶9的尺寸。下面为读者介绍具体的操作方法。

素材文件	光盘\素材\第 4 章\交通工具.jpg
效果文件	光盘\效果\第 4 章\交通工具.jpg
视频文件	光盘\视频\第 4 章\4.2.2 技巧 2：将画面裁剪为 4:3 或 16:9 尺寸.mp4

【操练+视频】——交通工具

STEP 01 按【Ctrl+O】组合键，打开一幅图像素材，如图 4-37 所示。

STEP 02 选取工具箱中的裁剪工具，然后将鼠标移至图像编辑窗口的图像素材上方并单击，调出裁剪控制框，如图 4-38 所示。

图 4-37 打开一幅图像素材　　　图 4-38 调出剪裁控制框

STEP 03 在工具属性栏上，设置自定义裁剪比例为 4:3 或 16:9，如图 4-39 所示，然后将鼠标移至裁剪控制框内，单击鼠标左键并拖动图像素材至合适的位置。

图 4-39 设置自定义裁剪比例

STEP 04 执行操作后，按【Enter】键完成裁剪，即可将画面裁剪成 16:9 的尺寸，效果如图 4-40 所示。

图 4-40 裁剪后的效果

4.2.3 技巧 3：修复画面中的污点图像完善画质

在 Photoshop 中的污点修复画笔工具能够自动分析鼠标单击处及周围图像的不透明度、颜色与质感，从而进行采样与修复操作。污点画笔工具只需在图像中有杂色或污渍的地方单击鼠标左键拖曳，进行涂抹即可修复图像。下面为读者详细介绍运用污点修复画笔工具修复图像的操作方法。

	素材文件	光盘\素材\第 4 章\营养美味.jpg
	效果文件	光盘\效果\第 4 章\营养美味.jpg
	视频文件	光盘\视频\第 4 章\4.2.3　技巧 3：修复画面中的污点图像完善画质.mp4

【操练+视频】——营养美味

STEP 01 单击 文件(F) | 打开(O)... 命令，打开一幅图像素材，如图 4-41 所示。

STEP 02 选取工具箱中的污点修复画笔工具，如图 4-42 所示。

图 4-41　打开一幅图像素材

图 4-42　选取污点修复画笔工具

STEP 03 移动鼠标至图像编辑窗口中的合适位置，单击鼠标左键并拖曳，对图像进行涂抹，鼠标涂抹过的区域呈黑色，如图 4-43 所示。

STEP 04 释放鼠标左键，即可使用污点修复画笔工具修复图像，最终效果如图 4-44 所示。

图 4-43　涂抹图像

图 4-44　最终效果

4.2.4　技巧 4：使用"亮度/对比度"调整图像色彩

在拍摄的画面中难免会出现亮度、对比度不够的情况，这个时候可以通过 Photoshop 使用"亮度/对比度"命令对图像的色彩进行简单的调整，对图像的每个像素进行同样的调整。下面向读者介绍具体的操作方法。

素材文件	光盘\素材\第4章\溪水交响乐.jpg
效果文件	光盘\效果\第4章\溪水交响乐.jpg
视频文件	光盘\视频\第4章\4.2.4 技巧4：使用"亮度/对比度"调整图像色彩.mp4

【操练+视频】——溪水交响乐

STEP 01 单击 文件(F) | 打开(O)... 命令，打开一幅图像素材，如图4-45所示。

STEP 02 单击菜单栏中的 图像(I) | 调整(J) | 亮度/对比度(C)... 命令，弹出"亮度/对比度"对话框，如图4-46所示。

图4-45 打开一幅图像素材

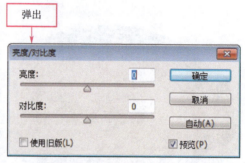

图4-46 "亮度/对比度"对话框

STEP 03 设置"亮度"为64、"对比度"为70，如图4-47所示。

STEP 04 单击"确定"按钮，即可调整图像的色彩亮度，最终效果如图4-48所示。

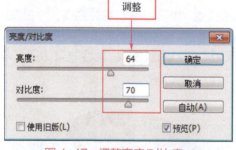

图4-47 调整亮度/对比度

图4-48 最终效果

专家指点

"亮度/对比度"对话框中各主要选项含义如下。
- 亮度：用于调整图像的亮度，该值为正时增加图像亮度，为负时降低图像亮度。
- 对比度：用于调整图像对比度，正值时增加对比度，负值时降低对比度。

4.2.5 技巧5：使用"色相/饱和度"调整图像色相

"色相/饱和度"命令可以精确地调整整幅图像，或单个颜色成分的色相、饱和度和明度，可以同步调整图像中所有的颜色。"色相/饱和度"命令也可以用于CMYK颜色模式的图像中，有利于调整图像颜色值，使之处于输出设备的范围中。下面向读者详细介绍运用"色相/饱和度"命令调整图像色相的操作方法。

素材文件	光盘\素材\第 4 章\奔袭而来.jpg
效果文件	光盘\效果\第 4 章\奔袭而来.jpg
视频文件	光盘\视频\第 4 章\4.2.5 技巧 5：使用"色相/饱和度"调整图像色相.mp4

【操练+视频】——奔袭而来

STEP 01 单击 文件(F) | 打开(O)... 命令，打开一幅图像素材，如图 4-49 所示。

STEP 02 单击菜单栏中的 图像(I) | 调整(J) | 色相/饱和度(H)... 命令，弹出"色相/饱和度"对话框，设置"色相"为-30、"饱和度"为 20，如图 4-50 所示。

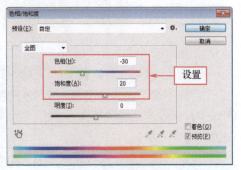

图 4-49 打开一幅图像素材　　　　图 4-50 设置相应参数

专家指点

"色相/饱和度"对话框各选项含义如下。
- 预设：在"预设"列表框中提供了 8 种色相/饱和度预设。
- 通道：在"通道"列表框中可以选择全图、红色、黄色、绿色、青色、蓝色和洋红通道进行调整。
- 色相：色相是各类颜色的相貌称谓，用于改变图像的颜色。可通过在该数值框中输入数值或拖动滑块来调整。
- 饱和度：饱和度是指色彩的鲜艳程度，也称为色彩的纯度。设置数值越大，色彩越鲜艳；数值越小，就越接近黑白图像。
- 明度：明度是指图像的明暗程度，设置的数值越大，图像就越亮；数值越小，图像就越暗。
- 着色：选中该复选框后，如果前景色是黑色或白色，图像会转换为红色；如果前景色不是黑色或白色，则图像会转换为当前前景色的色相；变为单色图像以后，可以拖动"色相"滑块修改颜色，或者拖动下面的两个滑块来调整饱和度和明度。
- 在图像上单击并拖动可修改饱和度：使用该工具在图像上单击设置取样点以后，向右拖曳鼠标可以增加图像的饱和度；向左拖曳鼠标可以降低图像的饱和度。

STEP 03 单击"确定"按钮，即可调整图像色相，最终效果如图 4-51 所示。

专家指点

除了可以使用"色相/饱和度"命令调整图像色彩以外，还可以按【Ctrl + U】组合键调出"色相/饱和度"对话框，并调整图像色相。

图 4-51 最终效果

4.2.6 技巧 6：使用"色彩平衡"调整图像偏色

"色彩平衡"命令主要通过对处于高光、中间调及阴影区域中的指定颜色进行增加或减少，来改变图像的整体色调。下面向读者详细介绍运用"色彩平衡"命令调整图像偏色的操作方法。

素材文件	光盘\素材\第 4 章\浪漫情调.jpg
效果文件	光盘\效果\第 4 章\浪漫情调.jpg
视频文件	光盘\视频\第 4 章\4.2.6　技巧 6：使用"色彩平衡"调整图像偏色.mp4

【操练+视频】——浪漫情调

STEP 01　单击 文件(F) | 打开(O)... 命令，打开一幅图像素材，如图 4-52 所示。

STEP 02　单击 图像(I) | 调整(J) | 色彩平衡(B)... 命令，弹出"色彩平衡"对话框，设置"色阶"为 0、100、20，如图 4-53 所示。

图 4-52　打开一幅图像素材

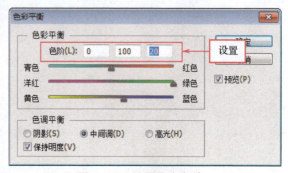

图 4-53　设置相应参数

专家指点

在图 4-53 中，分别显示了"青色与红色"、"洋红与绿色"、"黄色与蓝色"这 3 对互补的颜色，每一对颜色中间的滑块用于控制各主要色彩的增减。

STEP 03　单击"确定"按钮，即可调整图像偏色，最终效果如图 4-54 所示。

图 4-54　最终效果

4.2.7　技巧 7：使用"替换颜色"替换图像色调

"替换颜色"命令能够基于特定颜色通过在图像中创建蒙版来调整色相、饱和度和明度值，"替换颜色"命令能够将整幅图像或者选定区域的颜色用指定的颜色替换。下面向读者详细介绍运用"替换颜色"命令替换图像颜色的操作方法。

素材文件	光盘\素材\第 4 章\梦中蝴蝶.jpg
效果文件	光盘\效果\第 4 章\梦中蝴蝶.jpg
视频文件	光盘\视频\第 4 章\4.2.7　技巧 7：使用"替换颜色"替换图像色调.mp4

【操练+视频】——梦中蝴蝶

STEP 01　单击 文件(F) | 打开(O)... 命令，打开一幅图像素材，如图 4-55 所示。

STEP 02　单击 图像(I) | 调整(J) | 替换颜色(R)... 命令，弹出"替换颜色"对话框，❶单击"吸管工具"按钮，在黑色矩形框中适当位置单击鼠标左键，❷单击"添加到取样"按钮，在蝴蝶图案上多次单击鼠标左键，❸选中蝴蝶图案，❹单击"结果"色块，如图 4-56 所示。

图 4-55　打开一幅图像素材

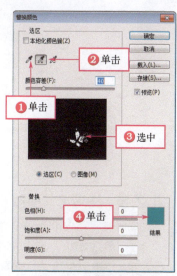

图 4-56　选中蝴蝶图案

STEP 03 弹出"拾色器（结果颜色）"对话框，❶设置 RGB 参数值分别为 213、8、247，❷单击"确定"按钮，如图 4-57 所示。

STEP 04 返回"替换颜色"对话框，如图 4-58 所示。

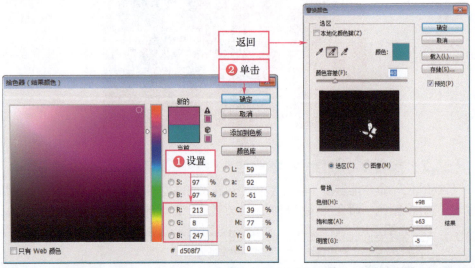

图 4-57　设置 RGB 参数值　　　　图 4-58　返回"替换颜色"对话框

> **专家指点**
> 选中"选区"单选按钮，可以以蒙版方式进行显示，其中白色表示选中的颜色，黑色表示未选中的颜色，灰色表示只选中了部分颜色；选中"图像"单选按钮，则只显示图像。

STEP 05 单击"确定"按钮，即可替换图像颜色，最终效果如图 4-59 所示。

图 4-59　最终效果

4.2.8　技巧 8：使用"渐变映射"制作彩色渐变效果

"渐变映射"命令的主要功能是将图像灰度范围映射到指定的渐变填充色。

	素材文件	光盘\素材\第 4 章\彩色画笔.jpg
	效果文件	光盘\效果\第 4 章\彩色画笔.jpg
	视频文件	光盘\视频\第 4 章\4.2.8　技巧 8：使用"渐变映射"制作彩色渐变效果.mp4

【操练+视频】——彩色画笔

STEP 01　单击 文件(F) | 打开(O)... 命令，打开一幅图像素材，如图 4-60 所示。

STEP 02　单击 图像(I) | 调整(J) | 渐变映射(G)... 命令，弹出"渐变映射"对话框，❶单击"点按可打开'渐变'拾色器"按钮，展开相应的面板，❷选择相应颜色块，如图 4-61 所示。

图 4-60　打开一幅图像素材

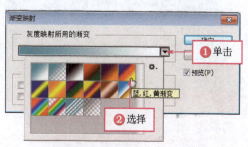

图 4-61　选择相应颜色块

STEP 03　单击"确定"按钮，即可替换图像颜色，最终效果如图 4-62 所示。

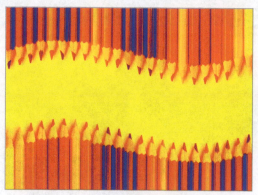

图 4-62　最终效果

本章小结

本章以实例的形式向读者介绍了如何运用会声会影 2018 改变素材色调、调整素材画面亮度、增强画面饱和度、制作钨光效果、制作日光效果等实操技巧，以及运用 Photoshop 轻松调整不足或有缺陷图像的色相、饱和度、对比度和亮度，修正色彩平衡等后期处理技巧，对每一种方法、每一个选项都进行了详细的介绍。通过本章的学习，用户可以对调整、校正素材色彩及后期处理有了很好的掌握，并能熟练地运用会声会影和 Photoshop 对素材进行画面色彩调整等，为后面章节的学习奠定良好的基础。

第 4 章　画面色彩调整与后期处理

编辑与剪辑篇

第 5 章 编辑与制作视频运动特效

 章前知识导读

在会声会影 2018 编辑器中，用户可以对素材进行编辑和校正，使制作的影片更为生动、美观。在本章中主要向用户介绍编辑视频素材、管理视频素材、制作图像摇动效果、使用运动跟踪特技及应用 360 视频编辑功能等内容。

 新手重点索引

编辑与处理视频素材	制作视频运动与马赛克特效
管理视频素材	应用 360 视频编辑功能
制作图像摇动效果	

效果图片欣赏

5.1 编辑与处理视频素材

在会声会影 2018 中添加视频素材后，为制作更美观、流畅的影片，用户可以对视频素材进行编辑。本节主要向读者介绍在会声会影 2018 中，编辑视频素材的操作方法。

5.1.1 处理 1：对视频画面进行变形扭曲

在会声会影 2018 的视频轨和覆叠轨中的视频素材上，用户都可以将其进行变形操作，如调整视频宽高比、放大视频、缩小视频等。下面介绍在会声会影 2018 中变形视频素材的操作方法。

素材文件	光盘\素材\第 5 章\山水相融.mpg
效果文件	光盘\效果\第 5 章\山水相融.VSP
视频文件	光盘\视频\第 5 章\5.1.1　处理 1：对视频画面进行变形扭曲.mp4

【操练+视频】——山水相融

STEP 01 进入会声会影编辑器，在时间轴面板的视频轨中插入一段视频素材，如图 5-1 所示。

STEP 02 在导览面板中，单击"变形工具"下拉按钮，如图 5-2 所示。

图 5-1　插入一段视频素材　　　　图 5-2　单击"变形工具"下拉按钮

STEP 03 在弹出的下拉列表框中，选择"比例模式"对素材进行变形操作，如图 5-3 所示。

STEP 04 在预览窗口中，拖曳素材四周的控制柄，如图 5-4 所示，即可将素材变形成所需的效果。

STEP 05 执行操作后，单击"播放"按钮，即可预览视频效果，如图 5-5 所示。

> **专家指点**
>
> 使用会声会影 2018，在导览面板的"变形工具"下拉列表中一共有两个途径可进行变形，除了"比例变形"工具外，用户还可以使用"裁剪变形"工具对素材进行变形操作。
>
> 如果用户对于变形后的视频效果不满意，此时可以还原对视频素材的变形操作。用户可以在预览窗口中的视频素材上单击鼠标右键，在弹出的快捷菜单中选择"重置变形"选项，即可还原被变形的视频素材。

图 5-3 对素材进行变形操作　　图 5-4 拖曳素材四周的控制柄

图 5-5 预览视频效果

5.1.2 处理 2：调整视频素材整体的区间

在会声会影 2018 中编辑视频素材时，用户可以调整视频素材的区间长短，使调整后的视频素材可以更好地适用于所编辑的项目。下面将向读者介绍调整视频素材区间的具体操作方法。

	素材文件	光盘\素材\第 5 章\落叶纷飞.mpg
	效果文件	光盘\效果\第 5 章\落叶纷飞.VSP
	视频文件	光盘\视频\第 5 章\5.1.2　处理 2：调整视频素材整体的区间.mp4

【操练+视频】——落叶纷飞

STEP 01　进入会声会影编辑器，在时间轴面板的视频轨中插入一段视频素材，如图 5-6 所示。

STEP 02　单击"显示选项面板"按钮，展开"编辑"选项面板，在其中将鼠标拖曳至"视频区间"数值框中所需修改的数值上，单击鼠标左键，呈可编辑状态，如图 5-7 所示。

STEP 03　输入所需的数值 0:00:03:000，如图 5-8 所示，按【Enter】键确认。

STEP 04　执行以上操作后，即可调整视频素材区间长度，时间轴面板中的效果如图 5-9 所示。

STEP 05　单击导览面板中的"播放"按钮，即可预览视频画面效果，如图 5-10 所示。

图 5-6 插入一段视频素材

图 5-7 呈可编辑状态

图 5-8 输入所需的数值

图 5-9 时间轴面板中的效果

图 5-10 预览视频画面效果

专家指点

在会声会影 2018 中,用户在选项面板中单击"视频区间"数值框右侧的微调按钮,也可调整视频区间。

5.1.3 处理 3:单独调整视频的背景音量

使用会声会影 2018 对视频素材进行编辑时,为了使视频与背景音乐互相协调,用户可以根据需要对视频素材的声音进行调整。

素材文件	光盘\素材\第 5 章\可爱小狗.mpg
效果文件	光盘\效果\第 5 章\可爱小狗.VSP
视频文件	光盘\视频\第 5 章\5.1.3 处理 3：单独调整视频的背景音量.mp4

【操练+视频】——可爱小狗

STEP 01 进入会声会影编辑器，在时间轴面板的视频轨中插入一段视频素材，如图 5-11 所示。

STEP 02 单击"显示选项面板"按钮，展开"编辑"选项面板，在"素材音量"数值框中输入所需的数值 80，如图 5-12 所示，按【Enter】键确认，即可调整视频素材的音量大小。

图 5-11 插入一段视频素材

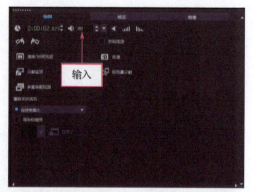
图 5-12 输入数值

专家指点

在会声会影 2018 中对视频进行编辑时，如果用户不需要使用视频的背景音乐，而需要重新添加一段音乐作为视频的背景音乐，此时用户可以将视频现有的背景音乐调整为静音。其操作方法很简单，用户首先选择视频轨中需要调整为静音的视频素材，展开"视频"选项面板，然后单击"素材音量"右侧的"静音"按钮，即可设置视频素材的背景音乐为静音。

5.1.4 处理 4：分离视频画面与背景声音

在会声会影中进行视频编辑时，有时需要将视频素材的视频部分和音频部分进行分离，然后替换成其他音频或对音频部分做进一步的调整。

素材文件	光盘\素材\第 5 章\戈壁地带.mpg
效果文件	光盘\效果\第 5 章\戈壁地带.VSP
视频文件	光盘\视频\第 5 章\5.1.4 处理 4：分离视频画面与背景声音.mp4

【操练+视频】——戈壁地带

STEP 01 进入会声会影编辑器，在时间轴面板的视频轨中插入一段视频素材，如图 5-13 所示。

STEP 02 ❶在时间轴面板中选中需要分离音频的视频素材，如图 5-14 所示，包含音频的素材，❷其缩略图左下角会显示图标。

图 5-13 插入一段视频素材

图 5-14 选中需要分离音频的视频素材

STEP 03 单击鼠标右键，在弹出的快捷菜单中选择 分离音频 选项，如图 5-15 所示。

STEP 04 执行操作后，即可将视频与音频分离，如图 5-16 所示。

图 5-15 选择"分离音频"选项

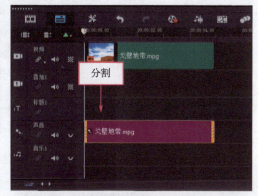
图 5-16 分离音频

专家指点

在时间轴面板的视频轨中，选择需要分离音频的视频素材，单击"显示选项面板"按钮，展开"编辑"选项面板，在其中单击"分割音频"按钮，执行操作后也可以将视频与背景声音进行分割操作。另外，用户通过在菜单栏中单击"编辑"|"分离音频"命令，也可以快速将视频与声音进行分割。

5.1.5 处理 5：制作视频的慢动作和快动作播放

在会声会影 2018 中，用户可通过设置视频的回放速度，来实现快动作或慢动作的效果，下面向读者介绍操作方法。

	素材文件	光盘\素材\第 5 章\花儿绽放.mpg
	效果文件	光盘\效果\第 5 章\花儿绽放.VSP
	视频文件	光盘\视频\第 5 章\5.1.5 处理 5：制作视频的慢动作和快动作播放.mp4

【操练+视频】——花儿绽放

STEP 01 进入会声会影编辑器，在时间轴面板的视频轨中插入一段视频素材，如图 5-17 所示。

STEP 02 单击"显示选项面板"按钮，展开"编辑"选项面板，如图 5-18 所示。

第 5 章 编辑与制作视频运动特效

图 5-17 插入一段视频素材

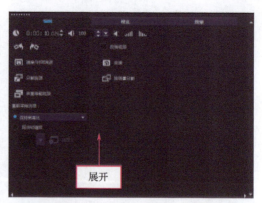

图 5-18 展开"编辑"选项面板

> **专家指点**
> 在视频轨素材上单击鼠标右键,在弹出的快捷菜单中选择"速度/时间流逝"选项,也可以弹出"速度/时间流逝"对话框。

STEP 03 在"编辑"选项面板中单击 速度/时间流逝 按钮,如图 5-19 所示。

STEP 04 弹出"速度/时间流逝"对话框,在"速度"右侧的数值框中,❶输入参数值为 200,如图 5-20 所示;❷或向右拖曳"速度"下方的滑块,直至"速度"参数显示为 200,表示制作视频的快动作播放效果。

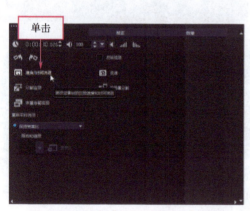

图 5-19 单击"速度/时间流逝"按钮

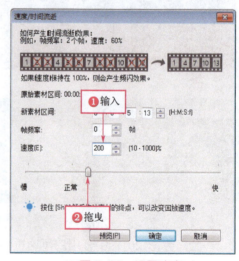

图 5-20 设置速度

STEP 05 单击"确定"按钮,即可设置视频以快动作的方式进行播放。在导览面板中单击"播放"按钮▶,即可预览视频效果,如图 5-21 所示。

5.1.6 处理 6:制作视频画面的倒播效果

在电影中经常可以看到物品破碎后又复原的效果,要在会声会影 2018 中制作出这种效果是非常简单的,用户只要逆向播放一次影片即可。下面向读者介绍反转视频素材的具体操作方法。

图 5-21 预览视频效果

素材文件	光盘\素材\第 5 章\猿猴集锦.VSP
效果文件	光盘\效果\第 5 章\猿猴集锦.VSP
视频文件	光盘\视频\第 5 章\5.1.6　处理 6：制作视频画面的倒播效果.mp4

【操练+视频】——猿猴集锦

STEP 01 进入会声会影编辑器，单击 文件 | 打开项目 命令，打开一个项目文件，如图 5-22 所示。

图 5-22 打开一个项目文件

STEP 02 单击导览面板中的"播放"按钮，预览时间轴中的视频画面效果，如图 5-23 所示。

图 5-23 预览视频画面效果

图 5-23 预览视频画面效果（续）

STEP 03 在视频轨中，选择插入的视频素材，双击视频轨中的视频素材，在"编辑"选项面板中选中"反转视频"复选框，如图 5-24 所示。

图 5-24 选中"反转视频"复选框

STEP 04 执行操作后，即可反转视频素材，单击导览面板中的"播放"按钮，即可在预览窗口中观看视频反转后的效果，如图 5-25 所示。

> **专家指点**
>
> 在会声会影 2018 中，用户只能对视频素材进行反转操作，对照片素材无法进行反转操作。

图 5-25 观看视频反转后的效果

图 5-25　观看视频反转后的效果（续）

5.1.7　处理 7：从视频播放中抓拍视频快照

制作视频画面特效时，如果用户对某个视频画面比较喜欢，可以将该视频画面抓拍下来，存于素材库面板中。下面向读者介绍抓拍视频快照的操作方法。

素材文件	光盘\素材\第 5 章\城市建筑.mpg
效果文件	光盘\效果\第 5 章\城市建筑.VSP
视频文件	光盘\视频\第 5 章\5.1.7　处理 7：从视频播放中抓拍视频快照.mp4

【操练+视频】——城市建筑

STEP 01　进入会声会影编辑器，在时间轴面板的视频轨中插入一段视频素材，如图 5-26 所示。

图 5-26　插入一段视频素材

STEP 02　在时间轴面板中选择需要抓拍照片的视频文件，如图 5-27 所示。
STEP 03　将时间线移至需要抓拍视频画面的位置，如图 5-28 所示。

专家指点

在会声会影 X6 之前的软件版本中，"抓拍快照"功能存在于"视频"选项面板中；而在会声会影 X6 之后的软件版本中，"抓拍快照"功能存在于"编辑"菜单下，用户在操作时需要找对"抓拍快照"功能的位置。

第 5 章　编辑与制作视频运动特效

图 5-27　选择需要抓拍照片的视频文件

图 5-28　确定时间线的位置

STEP 04　在菜单栏中单击❶ 编辑(E) 菜单下的❷ 抓拍快照 命令，如图 5-29 所示。

STEP 05　执行操作后，即可抓拍视频快照，被抓拍的视频快照将显示在"照片"素材库中，如图 5-30 所示。

图 5-29　单击"抓拍快照"命令

图 5-30　显示在"照片"素材库中

5.1.8　处理 8：调节视频中某段区间的播放速度

使用会声会影 2018 中的"变速"功能，可以使用慢动作唤起视频中的剧情，或加快实现独特的缩时效果。下面向读者介绍运用"变速"功能编辑视频播放速度的操作方法。

素材文件	光盘\素材\第 5 章\喜庆片头.mpg
效果文件	光盘\效果\第 5 章\喜庆片头.VSP
视频文件	光盘\视频\第 5 章\5.1.8 处理 8：调节视频中某段区间的播放速度.mp4

【操练+视频】——喜庆片头

STEP 01 进入会声会影编辑器，在时间轴面板的视频轨中插入一段视频素材，如图 5-31 所示。

STEP 02 在菜单栏中单击 编辑(E) 菜单，在弹出的菜单列表中单击 变速... 命令，如图 5-32 所示。

图 5-31 插入一段视频素材

图 5-32 单击"变速"命令

专家指点

在会声会影 2018 中，用户还可以通过以下两种方法执行"变速"功能。
➢ 选择需要变速调节的视频素材，在视频素材上单击鼠标右键，在弹出的快捷菜单中选择"变速"选项。
➢ 选择需要变速调节的视频素材，展开"编辑"选项面板，在其中单击"变速"按钮，也可以弹出"变速"对话框。

STEP 03 执行操作后，弹出"变速"对话框，如图 5-33 所示。

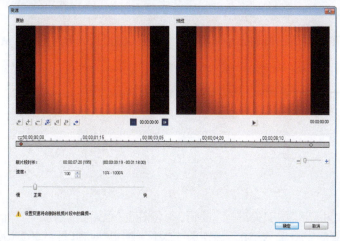

图 5-33 "变速"对话框

第 5 章 编辑与制作视频运动特效

STEP 04 在中间的时间轴上,将时间线移至 00:00:01:00 的位置,如图 5-34 所示。

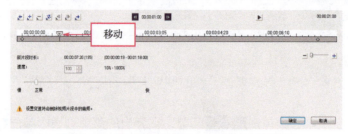

图 5-34　将时间线移至 00:00:01:00 的位置

STEP 05 ❶单击"添加关键帧"按钮,❷在时间线位置添加一个关键帧,如图 5-35 所示。

图 5-35　在时间线位置添加一个关键帧

STEP 06 在"速度"右侧的数值框中输入 400,设置第一段区域中的视频以快进的速度进行播放,如图 5-36 所示。

图 5-36　在数值框中输入 400

STEP 07 在中间的时间轴上,将时间线移至 00:00:05:07 的位置,如图 5-37 所示。

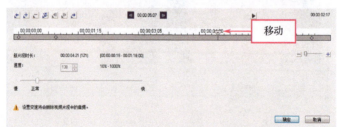

图 5-37　将时间线移至 00:00:05:07 的位置

STEP 08 ❶单击"添加关键帧"按钮,❷在时间线位置添加第二个关键帧,在"速度"右侧的数值框中❸输入 50,设置第二段区域中的视频以缓慢的速度进行播放。设置完成后，❹单击"确定"按钮，即可调整视频的播放速度，如图 5-38 所示。

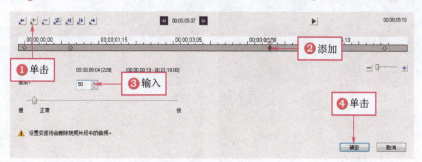

图 5-38　调整视频的播放速度

STEP 09　单击导览面板中的"播放"按钮，预览视频画面效果，如图 5-39 所示。

图 5-39　预览视频画面效果

5.1.9　处理 9：将一段视频剪辑成多段单独视频

在会声会影 2018 中，用户可以将视频轨中的视频素材进行分割操作，使其变为多个小段的视频，为每个小段视频制作相应特效。下面向读者介绍分割多段视频素材的操作方法。

	素材文件	光盘\素材\第 5 章\美食美味.mpg
	效果文件	光盘\效果\第 5 章\美食美味.VSP
	视频文件	光盘\视频\第 5 章\5.1.9　处理 9：将一段视频剪辑成多段单独视频.mp4

【操练+视频】——美食美味

STEP 01　进入会声会影编辑器，在时间轴面板的视频轨中插入一段视频素材，如图 5-40 所示。

STEP 02　在视频轨中，将时间线移至需要分割素材的位置，如图 5-41 所示。

STEP 03　在菜单栏中❶单击 编辑(E) 菜单，❷在弹出的菜单列表中单击 分割素材 命令，如图 5-42 所示。

STEP 04　或者在视频轨中的视频素材上单击鼠标右键，在弹出的快捷菜单中选择 分割素材 选项，如图 5-43 所示。

第 5 章　编辑与制作视频运动特效

图 5-40　插入一段视频素材　　　　图 5-41　将时间线移至需要分割素材的位置

图 5-42　单击"分割素材"命令　　　　图 5-43　选择"分割素材"选项

STEP 05　执行操作后，即可在时间轴面板中的时间线位置对视频素材进行分割操作，将其分割为两段，如图 5-44 所示。

STEP 06　用同样的操作方法，再次对视频轨中的视频素材进行分割操作，如图 5-45 所示。

图 5-44　对视频素材进行分割操作　　　　图 5-45　再次对视频素材进行分割操作

STEP 07　素材分割完成后，单击导览面板中的"播放"按钮，预览分割视频后的画面效果，如图 5-46 所示。

图 5-46 预览分割视频后的画面效果

5.1.10 处理 10：为视频中的背景音乐添加音频滤镜

在会声会影 2018 中，当用户导入一段视频素材后，如果发现视频的背景音乐有瑕疵，此时用户可以为视频中的背景音乐添加音频滤镜，使制作的视频更加符合用户的制作要求。

素材文件	光盘\素材\第 5 章\古城夜景.VSP
效果文件	光盘\效果\第 5 章\古城夜景.VSP
视频文件	光盘\视频\第 5 章\5.1.10　处理 10：为视频中的背景音乐添加音频滤镜.mp4

【操练+视频】——古城夜景

STEP 01 进入会声会影编辑器，在视频轨中插入一段视频素材，如图 5-47 所示。

STEP 02 展开"效果"选项面板，单击 音频滤镜 按钮，如图 5-48 所示。

图 5-47 插入一段视频素材　　　　图 5-48 单击"音频滤镜"按钮

STEP 03 弹出"音频滤镜"对话框，❶选择"嗒声去除"音频滤镜，❷单击"添加"按钮，如图 5-49 所示。

STEP 04 "嗒声去除"音频滤镜即添加至右侧的"已用滤镜"列表框中，如图 5-50 所示。

STEP 05 单击"确定"按钮，即可为视频的背景音乐添加音频滤镜。在导览面板中单击"播放"按钮，预览视频画面效果并聆听音乐的声音，如图 5-51 所示。

第 5 章　编辑与制作视频运动特效

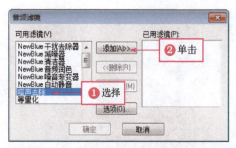
图 5-49 选择"嗒声去除"音频滤镜

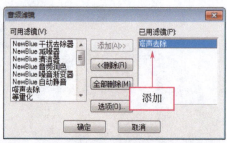
图 5-50 添加至"已用滤镜"列表框中

图 5-51 预览视频画面效果并聆听音乐的声音

5.2 管理视频素材

在使用会声会影 2018 对视频素材进行编辑时,用户可根据编辑需要对视频轨中的素材进行相应的管理,如移动、删除、复制及粘贴等。本节主要向读者介绍管理视频素材的操作方法。

5.2.1 移动与删除不需要使用的素材

在会声会影 2018 中,当插入到时间轴面板中的素材存在错误时,用户可以根据需要移动时间轴面板中的素材顺序,并将不需要的素材进行删除。下面介绍移动与删除素材的操作方法。

	素材文件	光盘\素材\第 5 章\红莲花开.VSP
	效果文件	光盘\效果\第 5 章\红莲花开.VSP
	视频文件	光盘\视频\第 5 章\5.2.1 移动与删除不需要使用的素材.mp4

【操练+视频】——红莲花开

STEP 01 进入会声会影编辑器,单击 文件(F) | 打开项目 命令,打开一个项目文件,如图 5-52 所示。

STEP 02 移动鼠标指针至时间轴面板中的素材"红莲花开.mpg"上,单击鼠标左键选取该素材,如图 5-53 所示。

STEP 03 在素材"红莲花开.mpg"上单击鼠标左键,并将其拖曳至素材"红莲花开1.jpg"的前方,即可移动素材,如图 5-54 所示。

图 5-52　打开一个项目文件

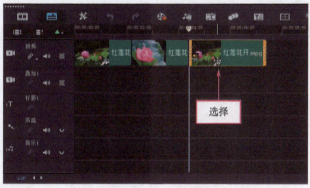

图 5-53　选择素材

STEP 04　在素材"红莲花开 1.jpg"上单击鼠标右键,在弹出的快捷菜单中选择 删除 选项,如图 5-55 所示,可将所选择的素材删除。

图 5-54　移动素材　　　　　　　图 5-55　选择"删除"选项

> **专家指点**
>
> 在会声会影 2018 中,用户在时间轴面板的视频轨中选择需要删除的视频素材后,在菜单栏中单击"编辑"|"删除"命令,可以删除选择的视频素材。或者,在需要删除的视频素材上按【Delete】键,也可以快速进行删除操作。

第 5 章　编辑与制作视频运动特效

5.2.2 制作重复的视频素材画面

在会声会影 2018 中，用户可以根据需要复制时间轴面板中的素材，并将所复制的素材粘贴到时间轴面板或者素材库中，这样可以快速制作重复的视频素材画面内容。

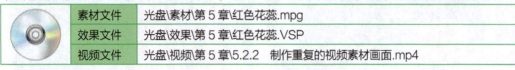

【操练+视频】——红色花蕊

STEP 01 进入会声会影编辑器，在时间轴面板的视频轨中插入一段视频素材，如图 5-56 所示。

STEP 02 移动鼠标指针至时间轴面板中的素材上，单击鼠标右键，在弹出的快捷菜单中选择 复制 选项，如图 5-57 所示。

图 5-56 插入一段视频素材

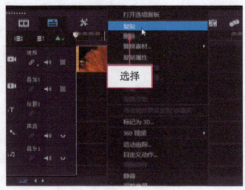

图 5-57 选择"复制"选项

STEP 03 执行复制操作后，将鼠标移至需要粘贴素材的位置，单击鼠标左键，可将所复制的素材粘贴到时间轴面板中，如图 5-58 所示，即可制作重复的视频画面。

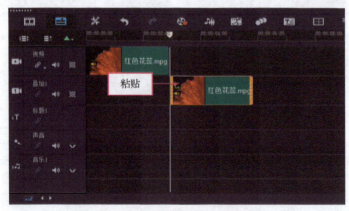

图 5-58 粘贴到时间轴面板中

5.2.3 在时间轴面板中添加视频轨道

在会声会影 2018 的时间轴面板中，如果用户需要在视频中制作多个画中画效果，此时需要在面板中添加多条覆叠轨道，以满足视频制作的需要。

在时间轴面板中需要添加的轨道图标上单击鼠标右键，❶在弹出的快捷菜单中选择 插入轨上方 选项，如图 5-59 所示，执行操作后，❷即可在选择的覆叠轨上方插入一条新的覆叠轨道，如图 5-60 所示。

图 5-59　选择"插入轨上方"选项

图 5-60　插入一条新的覆叠轨道

> **专家指点**
>
> 在会声会影 2018 中，如果用户需要在视频画面中添加多个标题字幕动画效果，此时可以在时间轴面板中添加多条标题轨道，操作方法与添加覆叠轨道的方法一样，只需在标题轨图标上单击鼠标右键，在弹出的快捷菜单中选择"插入轨下方"选项，即可在选择的标题轨下方插入一条新的标题轨道。

5.2.4　删除不需要的轨道和轨道素材

用户在制作视频的过程中，如果不再需要使用某条轨道中的素材文件，此时可以将该轨道直接删除，以提高管理视频素材的效率。

在时间轴面板中需要删除的"叠加 2"覆叠轨图标上单击鼠标右键，❶在弹出的快捷菜单中选择 删除轨 选项，如图 5-61 所示，弹出信息提示框，提示用户此操作无法撤销。单击"确定"按钮，❷即可将选择的轨道和轨道素材文件同时删除，如图 5-62 所示。

图 5-61　选择"删除轨"选项

图 5-62　同时删除轨道和轨道素材

5.2.5　组合与取消组合多个素材片段

在会声会影 2018 中，用户可以将需要编辑的多个素材进行组合操作，然后可以对组合的素材进行批量编辑，这样可以提高视频剪辑的效率。编辑完成后，还可以将组合的素材进行取消组合操作，还原单个素材文件属性，下面介绍具体的操作方法。

	素材文件	光盘\素材\第 5 章\向日葵.VSP
	效果文件	光盘\效果\第 5 章\向日葵.VSP
	视频文件	光盘\视频\第 5 章\5.2.5　组合与取消组合多个素材片段.mp4

【操练+视频】——向日葵

STEP 01　进入会声会影编辑器，打开一个项目文件，如图 5-63 所示。

STEP 02　❶同时选择视频轨中的两个素材，在素材上单击鼠标右键，❷在弹出的快捷菜单中选择 分组 选项，如图 5-64 所示，执行操作后，即可对素材进行组合操作。

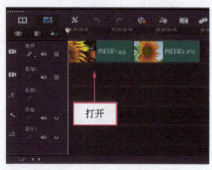

图 5-63　打开一个项目文件

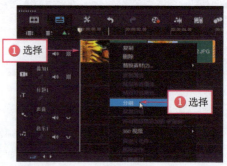

图 5-64　选择"分组"选项

STEP 03　打开"特殊"滤镜素材库，在其中选择需要添加的"气泡"滤镜效果，如图 5-65 所示。

STEP 04　单击鼠标左键并拖曳至被组合的素材上，此时被组合的多个素材将同时应用相同的滤镜，批量添加滤镜特效，素材缩略图的左上角显示了滤镜图标，如图 5-66 所示。

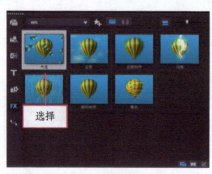

图 5-65　选择需要添加的滤镜效果

图 5-66　左上角显示了滤镜图标

STEP 05　在导览面板中单击"播放"按钮，即可预览组合编辑后的素材效果，如图 5-67 所示。

STEP 06　对素材批量编辑完成后，在组合的素材上单击鼠标右键，❶在弹出的快捷菜单中选择 取消分组 选项，如图 5-68 所示，即可取消组合，❷选择单个素材文件的效果如图 5-69 所示。

图 5-67 预览组合编辑后的素材效果

图 5-68 选择"取消分组"选项　　　图 5-69 选择单个素材文件的效果

专家指点

按【Shift】键的同时，在多个素材上单击鼠标左键，可以同时选择多个素材文件。

5.2.6 应用轨道透明度制作视频效果

"轨透明度"功能主要用于调整轨道中素材的透明度效果，在会声会影 2018 中，时间轴中各个轨道上都做了改进，添加了一些快捷按钮，其中"轨透明度"功能就是其中之一。用户可以在轨道上直接单击"轨透明度"按钮，进入轨道编辑界面，使用关键帧对素材的透明度进行控制，制作出画面若深若浅的效果。下面向用户介绍具体的操作方法。

素材文件	光盘\素材\第 5 章\对角建筑.jpg
效果文件	光盘\效果\第 5 章\对角建筑.VSP
视频文件	光盘\视频\第 5 章\5.2.6　应用轨道透明度制作视频效果.mp4

【操练+视频】——对角建筑

STEP 01 进入会声会影编辑器，❶打开一个项目文件，在"叠加 1"覆叠轨道上，❷单击"轨透明度"按钮，如图 5-70 所示。

STEP 02 进入轨道编辑界面，最上方的直线代表阻光度的参数位置，左侧是阻光度的数值标尺，将鼠标移至直线的开始位置，向下拖曳直线，直至"阻光度"参数显示为 0，如图 5-71 所示，表示素材目前处于完全透明状态。

STEP 03 在直线右侧的合适位置单击鼠标左键，添加一个"阻光度"关键帧，并向上拖曳关键帧，调整关键帧的位置，直至"阻光度"参数显示为 100，表示素材目前处于完全显示状态,如图 5-72 所示,此时轨道素材淡入特效制作完成。

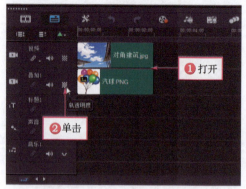

图 5-70 单击"轨透明度"按钮

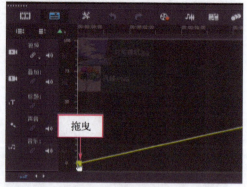

图 5-71 向下拖曳直线

STEP 04 用同样的方法,在右侧合适的位置再次添加一个"阻光度"参数为 100 的关键帧,如图 5-73 所示。

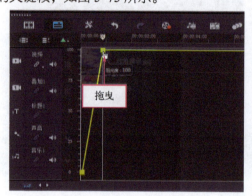

图 5-72 向上拖曳关键帧

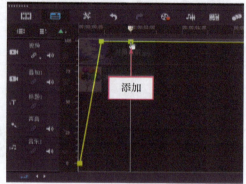

图 5-73 再次添加一个关键帧

STEP 05 用同样的方法,在右侧合适的位置再次添加一个"阻光度"参数为 0 的关键帧,表示素材目前处于完全透明状态,如图 5-74 所示,此时轨道素材淡出特效制作完成。

STEP 06 在时间轴面板的右上方单击"关闭"按钮,如图 5-75 所示,退出轨透明度编辑状态,完成"轨透明度"的特效制作。

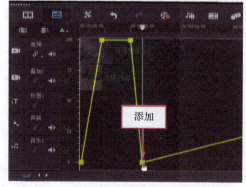

图 5-74 添加第 3 个关键帧

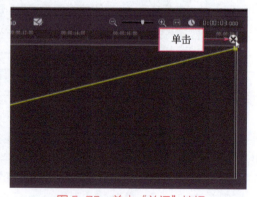

图 5-75 单击"关闭"按钮

STEP 07 在导览面板中单击"播放"按钮,预览制作的视频特效,如图 5-76 所示。

图 5-76 预览制作的视频特效

5.3 制作图像摇动效果

在会声会影 2018 中,摇动与缩放效果是针对图像而言的,在时间轴面板中添加图像文件后,即可在选项面板中为图像添加摇动和缩放效果,使静态的图像运动起来,增强画面的视觉感染力。本节主要向读者介绍为素材添加摇动与缩放效果的操作方法。

5.3.1 效果 1:添加自动摇动和缩放动画

使用会声会影 2018 默认提供的摇动和缩放功能,可以使静态图像产生动态的效果,使制作出来的影片更加生动、形象。

素材文件	光盘\素材\第 5 章\多彩多姿.jpg
效果文件	光盘\效果\第 5 章\多彩多姿.VSP
视频文件	光盘\视频\第 5 章\5.3.1 效果 1:添加自动摇动和缩放动画.mp4

【操练+视频】——多彩多姿

STEP 01 进入会声会影 2018 编辑器,在视频轨中插入一幅图像素材,如图 5-77 所示。

STEP 02 在菜单栏中,❶单击 编辑(E) 菜单,❷在弹出的菜单列表中单击 自动摇动和缩放 命令,如图 5-78 所示。

 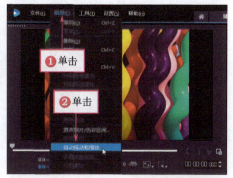

图 5-77 插入一幅图像素材　　图 5-78 单击"自动摇动和缩放"命令

> **专家指点**
>
> 在会声会影 2018 中，用户还可以通过以下两种方法执行"自动摇动和缩放"功能。
> ➢ 在时间轴面板的图像素材上单击鼠标右键，在弹出的快捷菜单中选择"自动摇动和缩放"选项。
> ➢ 选择图像素材，在"照片"选项面板中选中"摇动和缩放"单选按钮。

STEP 03 执行操作后，即可添加自动摇动和缩放效果。单击导览面板中的"播放"按钮，即可预览添加的摇动和缩放效果，如图 5-79 所示。

图 5-79　预览添加的摇动和缩放效果

5.3.2　效果 2：添加预设摇动和缩放动画

在会声会影 2018 中，向读者提供了多种预设的摇动和缩放效果，用户可根据实际需要进行相应选择和应用。下面向读者介绍添加预设的摇动和缩放效果的方法。

	素材文件	光盘\素材\第 5 章\荷花赏析.jpg
	效果文件	光盘\效果\第 5 章\荷花赏析.VSP
	视频文件	光盘\视频\第 5 章\5.3.2　效果 2：添加预设摇动和缩放动画.mp4

【操练+视频】——荷花赏析

STEP 01 进入会声会影 2018 编辑器，在视频轨中插入一幅图像素材，如图 5-80 所示。

STEP 02 在预览窗口中，可以预览视频的画面效果，如图 5-81 所示。

图 5-80　插入一幅图像素材　　　　图 5-81　预览视频的画面效果

STEP 03 打开"编辑"选项面板，选中 摇动和缩放 单选按钮，如图 5-82 所示。

STEP 04 ❶单击"自定义"按钮左侧的下三角按钮,❷在弹出的列表框中选择第 4 排第 3 个摇动和缩放预设样式,如图 5-83 所示。

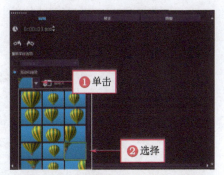

图 5-82 选中"摇动和缩放"单选按钮　　　　图 5-83 选择摇动和缩放预设样式

> **专家指点**
>
> 在会声会影 2018 中,向读者提供了 16 种不同的摇动和缩放预设样式,用户可以根据需要将相应预设样式应用于图像上。

STEP 05 单击导览面板中的"播放"按钮,预览预设的摇动和缩放动画效果,如图 5-84 所示。

图 5-84 预览预设的摇动和缩放动画效果

5.3.3 效果 3:自定义摇动和缩放动画

在会声会影 2018 中,除了可以使用软件预置的摇动和缩放效果外,用户还可以根据需要对摇动和缩放属性进行自定义设置。下面向读者介绍自定义摇动和缩放效果的操作方法。

素材文件	光盘\素材\第 5 章\小巧玲珑.jpg
效果文件	光盘\效果\第 5 章\小巧玲珑.VSP
视频文件	光盘\视频\第 5 章\5.3.3 效果 3：自定义摇动和缩放动画.mp4

【操练+视频】——小巧玲珑

STEP 01 进入会声会影 2018 编辑器，在视频轨中插入一幅图像素材，如图 5-85 所示。

STEP 02 在预览窗口中，可以预览视频的画面效果，如图 5-86 所示。

图 5-85 插入一幅图像素材

图 5-86 预览视频的画面效果

STEP 03 在时间轴工具栏中，单击"摇动和缩放"按钮，如图 5-87 所示。

图 5-87 单击"摇动和缩放"按钮

STEP 04 弹出"摇动和缩放"对话框，设置"编辑模式"为"动态"、"预设大小"为"自定义"，如图 5-88 所示。

图 5-88 "摇动和缩放"对话框

> **专家指点**
>
> 在会声会影 2018 中，如果用户只希望设置图像的缩放效果，而不制作图像摇动效果，此时可以在"摇动和缩放"对话框中设置"编辑模式"为"静态"，执行操作后，将只会缩放图像素材，而不会摇动素材画面。

STEP 05 弹出"摇动和缩放"对话框，❶选择第 1 个关键帧，❷设置"垂直"为 383、"水平"为 356、"缩放率"为 219，如图 5-89 所示。

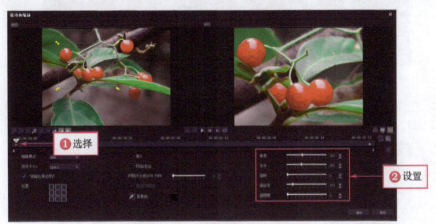

图 5-89　设置第 1 个关键帧

STEP 06 将时间线移至 00:00:01:07 的位置，❶添加一个关键帧，❷设置"垂直"为 206、"水平"为 703、"缩放率"为 247，如图 5-90 所示。

图 5-90　设置第 2 个关键帧

STEP 07 将时间线移至 00:00:02:07 的位置，❶添加一个关键帧，❷设置"垂直"为 578、"水平"为 721、"缩放率"为 181，如图 5-91 所示。

> **专家指点**
>
> 在"摇动和缩放"对话框的左侧有一个"位置"选项区，其中包括 9 个不同方向的按钮，单击相应的按钮可以设置图像中摇动停靠的位置。

第 5 章　编辑与制作视频运动特效

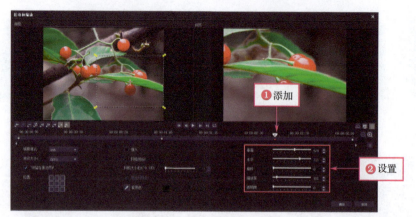

图 5-91 设置第 3 个关键帧

STEP 08 ❶选择最后一个关键帧，❷设置"垂直"为 499、"水平"为 504、"缩放率"为 103，如图 5-92 所示。

图 5-92 设置第 4 个关键帧

STEP 09 设置完成后，单击"确定"按钮，返回会声会影编辑器，单击"播放"按钮，即可预览自定义的摇动和缩放效果，如图 5-93 所示。

图 5-93 预览自定义的摇动和缩放效果

图 5-93　预览自定义的摇动和缩放效果（续）

5.4　制作视频运动与马赛克特效

在会声会影 2018 中，使用软件自带的路径功能和"运动追踪"功能可以制作视频的运动效果，并在视频中应用马赛克特效，对视频中的人物与公司的 LOGO 标志进行马赛克处理。本节主要向读者介绍制作视频运动特效与马赛克特效的操作方法。

5.4.1　特技 1：让素材按指定路径进行运动

在会声会影 2018 中，用户将软件自带的路径动画添加至视频画面上，可以制作出视频的画中画效果，增强视频的感染力。本节主要介绍为素材添加路径运动效果的操作方法。

	素材文件	光盘\素材\第 5 章\凤凰古城.VSP
	效果文件	光盘\效果\第 5 章\凤凰古城.VSP
	视频文件	光盘\视频\第 5 章\5.4.1　特技 1：让素材按指定路径进行运动.mp4

【操练+视频】——凤凰古城

STEP 01　进入会声会影编辑器，单击 文件(F) | 打开项目 命令，打开一个项目文件，如图 5-94 所示。

STEP 02　在预览窗口中，可以预览素材的画面效果，如图 5-95 所示。

图 5-94　打开一个项目文件　　　　图 5-95　预览素材的画面效果

STEP 03　在素材库的左侧单击"路径"按钮 ，如图 5-96 所示。

STEP 04　进入"路径"素材库，在其中选择 P02 路径运动效果，如图 5-97 所示。

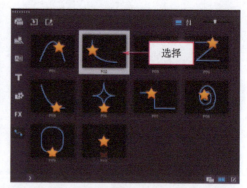

图 5-96 单击"路径"按钮　　　　图 5-97 选择 P02 路径运动效果

> **专家指点**
>
> 在会声会影 2018 中,用户可以使用软件自带的路径动画效果,还可以导入外部的路径动画效果。导入外部路径动画的方法很简单,只需要在"路径"素材库中单击"导入路径"按钮,在弹出的对话框中即可选择需要导入的路径文件,将其导入会声会影软件中。

STEP 05 将选择的路径运动效果拖曳至视频轨中的图像素材上,如图 5-98 所示。

STEP 06 释放鼠标左键,即可为素材添加路径运动效果,在预览窗口中可以预览素材画面,如图 5-99 所示。

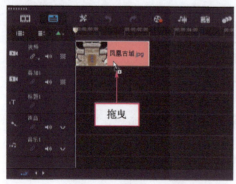
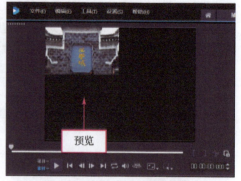

图 5-98 拖曳至视频轨中的图像素材上　　　　图 5-99 预览素材画面

STEP 07 单击导览面板中的"播放"按钮,预览添加路径运动效果后的视频画面,如图 5-100 所示。

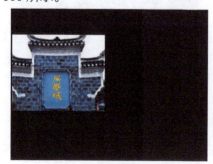
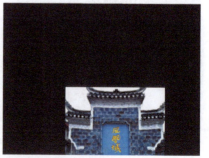

图 5-100 预览添加路径运动效果后的视频画面

5.4.2 特技 2：制作照片展示滚屏画中画特效

在会声会影 2018 的"自定义动作"对话框中，用户可以设置视频的动画属性和运动效果。下面向读者介绍通过自定义动作制作照片展示滚屏画中画特效的操作方法。

素材文件	光盘\素材\第 5 章\美女相框.jpg、美女 1.jpg、美女 2.jpg
效果文件	光盘\效果\第 5 章\美女相框.VSP
视频文件	光盘\视频\第 5 章\5.4.2 特技 2：制作照片展示滚屏画中画特效.mp4

【操练+视频】——美女相框

STEP 01 进入会声会影编辑器，在视频轨中插入一幅图像素材，如图 5-101 所示。

STEP 02 在"编辑"选项面板中，设置素材的区间为 0:00:08:024，如图 5-102 所示。

图 5-101 插入一幅图像素材

图 5-102 设置素材的区间

STEP 03 执行操作后，即可更改素材的区间长度，如图 5-103 所示。

STEP 04 在覆叠轨 1 中插入一幅图像素材，如图 5-104 所示。

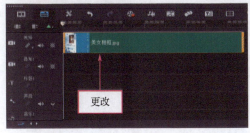
图 5-103 更改素材的区间长度

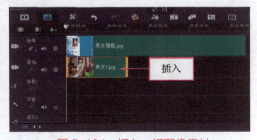
图 5-104 插入一幅图像素材

STEP 05 在"编辑"选项面板中，设置素材的区间为 0:00:07:000，更改素材区间长度，如图 5-105 所示。

STEP 06 在菜单栏中，❶单击 编辑(E) 菜单，❷在弹出的菜单列表中单击 自定义动作... 命令，如图 5-106 所示。

STEP 07 弹出"自定义动作"对话框，❶选择第 1 个关键帧，❷在"位置"选项区中设置 X 为 42、Y 为-140；在"大小"选项区中设置 X 和 Y 均为 30，如图 5-107 所示。

STEP 08 ❶选择第 2 个关键帧，❷在"位置"选项区中设置 X 为 42、Y 为 140，"大小"参数均为 30，如图 5-108 所示。

STEP 09 设置完成后，单击"确定"按钮，即可完成照片滚屏画中画特效的制作。在导览面板中单击"播放"按钮，预览制作的画面效果，如图 5-109 所示。

图 5-105 更改素材区间长度

图 5-106 单击"自定义动作"命令

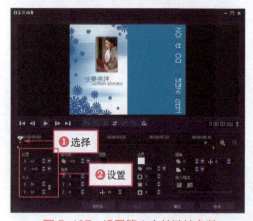

图 5-107 设置第 1 个关键帧参数

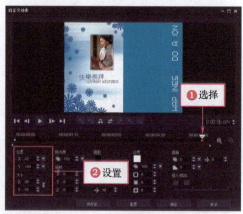

图 5-108 设置第 2 个关键帧参数

图 5-109 预览制作的画面效果

STEP 10　在时间轴面板中，❶插入一条覆叠轨道，❷选择第 1 条覆叠轨道上的素材，单击鼠标右键，❸在弹出的快捷菜单中选择 复制 选项，如图 5-110 所示。

STEP 11　将复制的素材粘贴到第 2 条覆叠轨道中的适当位置，如图 5-111 所示。

STEP 12　在粘贴后的素材文件上单击鼠标右键，在弹出的快捷菜单中选择 ❶ 替换素材… | ❷ 照片… 选项，如图 5-112 所示。

STEP 13　弹出"替换/重新链接素材"对话框，选择需要替换的素材后，单击"打开"按钮，即可替换"叠加 2"轨道中的素材文件，如图 5-113 所示。

图 5-110 选择"复制"选项

图 5-111 粘贴素材文件

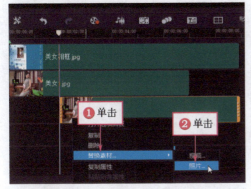

图 5-112 选择"照片"选项

图 5-113 替换"叠加 2"轨道中的素材文件

> **专家指点**
>
> 在会声会影 2018 的"媒体"素材库中,显示素材库中的照片素材后,用户可以在空白位置处单击鼠标右键,在弹出的列表框中选择"导入媒体文件"按钮,弹出"浏览媒体文件"对话框。在该对话框中选择需要的素材文件,然后单击"打开"按钮,将需要的照片素材添加至"媒体"素材库中,拖曳添加的照片素材至时间轴中需要替换的素材上,按【Ctrl】键替换素材文件。

STEP 14 在导览面板中单击"播放"按钮,预览制作的照片滚屏画中画视频效果,如图 5-114 所示。

图 5-114 预览制作的照片滚屏画中画视频效果

第 5 章 编辑与制作视频运动特效

5.4.3 特技 3：在视频中用红圈跟踪人物动态

在会声会影 2018 的"自定路径"对话框中，用户可以设置视频的动画属性和运动效果。下面向读者介绍自定路径的操作方法。

素材文件	光盘\素材\第 5 章\人物移动.mov、红圈.png
效果文件	光盘\效果\第 5 章\人物移动.VSP
视频文件	光盘\视频\第 5 章\5.4.3　特技 3：在视频中用红圈跟踪人物动态.mp4

【操练+视频】——人物移动

STEP 01 在菜单栏中，❶单击 工具(T) 菜单，❷在弹出的菜单列表中单击 运动追踪... 命令，如图 5-115 所示。

STEP 02 弹出"打开视频文件"对话框，在其中选择相应的视频文件，单击"打开"按钮，弹出"运动追踪"对话框。❶将时间线移至 0:00:01:000 的位置，❷在下方单击"按区域设置跟踪器"按钮，如图 5-116 所示。

图 5-115　单击"运动追踪"命令

图 5-116　单击"按区域设置跟踪器"按钮

STEP 03 在预览窗口中，通过拖曳的方式调整青色方框的跟踪位置，移至人物位置处，❶单击"运动追踪"按钮 即可开始播放视频文件，❷并显示运动追踪信息，待视频播放完成后，❸在上方窗格中即可显示运动追踪路径，路径线条以青色线表示，如图 5-117 所示。

STEP 04 单击对话框下方的"确定"按钮，返回会声会影编辑器，在视频轨和覆叠轨中显示了视频文件与运动追踪文件，如图 5-118 所示，完成视频运动追踪操作。

STEP 05 在覆叠轨中，通过拖曳的方式调整覆叠素材的起始位置和区间长度，将覆叠轨中的素材进行替换操作，❶替换为"红圈.png"素材，在"红圈.png"素材上单击鼠标右键，❷在弹出的快捷菜单中选择 匹配动作... 选项，如图 5-119 所示。

STEP 06 弹出"匹配动作"对话框，在下方的"偏移"选项区中设置 X 为 3、Y 为 25；在"大小"选项区中设置 X 为 39、Y 为 27。选择第 2 个关键帧，在下方的"偏移"选项区中设置 X 为 0、Y 为 -2；在"大小"选项区中设置 X 为 39、Y 为 27，如图 5-120 所示。

图 5-117 显示运动追踪路径

图 5-118 显示视频文件与运动追踪文件

图 5-119 选择"匹配动作"选项

图 5-120 设置参数

STEP 07 设置完成后,单击"确定"按钮,即可在视频中用红圈跟踪人物运动路径。单击导览面板中的"播放"按钮,预览视频画面效果,如图 5-121 所示。

图 5-121 预览视频画面效果

第 5 章 编辑与制作视频运动特效

127

5.4.4 特技4：在人物中应用马赛克特效

用户在编辑和处理视频的过程中，有时候需要对视频中的人物进行马赛克处理，不显示人物的面部形态。此时，可以使用会声会影2018中新增的"设置多点跟踪器"功能，对人物进行马赛克处理。

	素材文件	光盘\素材\第5章\马赛克特效.MOV
	效果文件	光盘\效果\第5章\马赛克特效.VSP
	视频文件	光盘\视频\第5章\5.4.4 特技4：在人物中应用马赛克特效.mp4

【操练+视频】——马赛克特效

STEP 01 在菜单栏中，单击 工具(T) 菜单，在弹出的菜单列表中单击 运动追踪 命令，弹出"打开视频文件"对话框，在其中选择需要使用的视频文件，如图5-122所示。

STEP 02 单击"打开"按钮，弹出"运动追踪"对话框，在下方单击❶"设置多点跟踪器"按钮和❷"应用/隐藏马赛克"按钮，如图5-123所示。

图5-122 选择需要使用的视频文件

图5-123 单击相应按钮

STEP 03 在上方预览窗口中，❶通过拖曳4个红色控制柄的方式调整需要进行马赛克处理的范围，❷然后单击"运动追踪"按钮，如图5-124所示。

STEP 04 执行上述操作后，即可开始播放视频文件，并显示动态追踪信息。待视频播放完成后，在上方窗格中即可显示马赛克动态追踪路径，路径线条以青色线表示，如图5-125所示。

STEP 05 单击"确定"按钮，即可在视频中的人物脸部添加马赛克效果，如图5-126所示，完成视频制作。

5.4.5 特技5：遮盖视频中的LOGO标志

有些视频是从网上下载的，视频画面中显示了某些公司的LOGO标志，此时用户可以使用会声会影2018中的"运动追踪"功能，对视频中的LOGO标志进行马赛克处理。

图 5-124　单击"运动追踪"按钮

图 5-125　显示马赛克动态追踪路径

图 5-126　在视频中的人物脸部添加马赛克效果

素材文件	光盘\素材\第 5 章\方圆天下.mpg
效果文件	光盘\效果\第 5 章\方圆天下.VSP
视频文件	光盘\视频\第 5 章\5.4.5　特技 5：遮盖视频中的 LOGO 标志.mp4

【操练+视频】——方圆天下

STEP 01 通过"工具"菜单下的"运动追踪"命令，打开一段需要遮盖 LOGO 标志的视频素材，在下方单击❶"设置多点跟踪器"按钮 和❷"应用/隐藏马赛克"按钮 ，❸并设置"调整马赛克大小"为 10，如图 5-127 所示。

STEP 02 在上方预览窗口中，❶通过拖曳 4 个红色控制柄的方式调整需要遮盖的视频 LOGO 的范围，❷然后单击"运动追踪"按钮 ，如图 5-128 所示。

STEP 03 待运动追踪完成后，❶时间轴位置将显示一条青色线，表示画面已追踪完成，❷单击"确定"按钮，如图 5-129 所示。

STEP 04 返回会声会影编辑器，在导览面板中单击"播放"按钮，在视频中可以预览已被遮盖的 LOGO 标志，效果如图 5-130 所示。

第 5 章　编辑与制作视频运动特效

图 5-127　设置马赛克大小

图 5-128　单击"运动追踪"按钮

图 5-129　画面已追踪完成

图 5-130　预览已被遮盖的 LOGO 标志

5.5　应用 360 视频编辑功能

360 视频编辑功能是会声会影 X10 的新增功能，在会声会影 2018 中，对该功能也进行了改进与新增，包括"插入为 360"、"投影到标准"、"单鱼眼到标准"、"单鱼眼到投影"、"双鱼眼到标准"及"双鱼眼到投影"。使用 360 视频编辑功能，用户可以对视频画面进行 360°的编辑与查看。本节主要以 360 视频编辑功能"投影到标准"为例，介绍应用该功能的操作方法。

5.5.1　打开 360 视频编辑窗口

应用"投影到标准"功能对视频进行 360°编辑前，首先需要打开"投影到标准"对话框，在该对话框中对视频画面进行相关编辑操作。

素材文件	光盘\素材\第 5 章\花开半夏.mpg
效果文件	无
视频文件	光盘\视频\第 5 章\5.5.1　打开 360 视频编辑窗口.mp4

【操练+视频】——花开半夏

STEP 01 进入会声会影编辑器，在视频轨中插入一段视频素材，如图 5-131 所示。

STEP 02 在预览窗口中，预览视频画面效果，如图 5-132 所示。

图 5-131　插入一段视频素材

图 5-132　预览视频画面效果

STEP 03 在视频轨中的素材上单击鼠标右键，在弹出的快捷菜单中选择 ❶ 360 视频 | ❷ 投影到标准选项，如图 5-133 所示。

STEP 04 执行操作后，打开"投影到标准"对话框，如图 5-134 所示。

图 5-133　选择"投影到标准"选项

图 5-134　打开"投影到标准"对话框

5.5.2　添加关键帧编辑视频画面

在"投影到标准"对话框中，用户可以通过添加画面关键帧制作视频的 360 运动效果，下面介绍具体操作方法。

素材文件	光盘\素材\第 5 章\花开半夏.mpg
效果文件	光盘\效果\第 5 章\花开半夏.VSP
视频文件	光盘\视频\第 5 章\5.5.2　添加关键帧编辑视频画面.mp4

【操练+视频】——花开半夏

STEP 01 在上一例的基础上，打开"投影到标准"对话框，❶ 选择第 1 个关键帧，❷ 在下方设置"平移"为-12、"倾斜"为 34、"视野"为 120，如图 5-135 所示。

图 5-135　设置第 1 个关键帧参数

STEP 02 将时间线移至 0:00:01:11 的位置，❶单击"添加关键帧"按钮，❷添加一个关键帧，❸在下方设置"平移"为-63、"倾斜"为 17，如图 5-136 所示。

图 5-136　设置第 2 个关键帧参数

STEP 03 将时间线移至 0:00:02:05 的位置，❶单击"添加关键帧"按钮，❷添加第 3 个关键帧，❸在下方设置"平移"为 20、"倾斜"为-8，如图 5-137 所示。

图 5-137　设置第 3 个关键帧参数

STEP 04 ❶将时间线移至最后一个关键帧的位置，❷在下方设置"平移"为 88、"倾斜"为 13，在预览窗口中可以查看画面效果。视频编辑完成后，❸单击对话框下方的"确定"按钮，如图 5-138 所示。

图 5-138 单击"确定"按钮

> **专家指点**
> 在"投影到标准"对话框中编辑视频时,每设置一个关键帧,在时间线上就会自动添加一个关键帧。

STEP 05 返回会声会影 2018 工作界面,在预览窗口中可以预览制作的视频画面效果,如图 5-139 所示。

图 5-139 预览制作的视频画面效果

第 5 章 编辑与制作视频运动特效

133

> **专家指点**
>
> 应用360视频编辑功能，用户可以根据需要选择不同的编辑功能选项进行视频编辑。如图5-140所示为"插入为360"、"单鱼眼到标准"、"单鱼眼到投影"、"双鱼眼到标准"及"双鱼眼到投影"的效果图。

"插入为360"效果

"单鱼眼到标准"效果

"单鱼眼到投影"效果

"双鱼眼到标准"效果

"双鱼眼到投影"效果

图 5-140 应用 360 视频编辑功能效果

本章小结

　　本章主要介绍了编辑视频素材的各种操作方法，使用会声会影2018进行影片编辑时，素材是很重要的一个元素。本章以实例的形式将编辑素材的每一种方法、每一个选项都进行了详细的介绍。通过本章的学习，用户可以对影片编辑中素材的变形、分割、反转、变速、移动、删除、复制、动态追踪及应用360视频编辑功能有很好的掌握，并能熟练地使用各种视频编辑工具对素材进行编辑，为后面章节的学习奠定良好的基础。

第6章
掌握视频素材的剪辑技术

 章前知识导读

在会声会影 2018 中可以对视频进行相应的剪辑,如剪辑视频片头片尾部分、按场景分割视频、使用多相机编辑器剪辑合成视频等。在进行视频编辑时,用户只要掌握好这些剪辑视频的方法,便可以制作出更为流畅的影片。

 新手重点索引

掌握剪辑视频素材的技巧	使用多相机编辑器剪辑合成视频
按场景分割视频技术	应用时间重新映射精修技巧
多重修整视频素材	

效果图片欣赏

6.1 掌握剪辑视频素材的技巧

在会声会影 2018 中，用户可以对视频素材进行相应的剪辑，剪辑视频素材在视频制作中起着极为重要的作用，用户可以去除视频素材中不需要的部分，并将最精彩的部分应用到视频中。掌握一些常用的视频剪辑方法，可以制作出更为流畅、完美的影片。本节主要向读者介绍在会声会影 2018 中剪辑视频素材的方法。

6.1.1 技巧 1：剪辑视频片尾不需要的部分

在会声会影 2018 中，最快捷、最直观的剪辑方式是在素材缩略图上直接对视频素材进行剪辑。下面向读者介绍通过拖曳的方式剪辑视频片尾不需要的部分的操作方法。

	素材文件	光盘\素材\第 6 章\建筑雕塑.VSP
	效果文件	光盘\效果\第 6 章\建筑雕塑.VSP
	视频文件	光盘\视频\第 6 章\6.1.1　技巧 1：剪辑视频片尾不需要的部分.mp4

【操练+视频】——建筑雕塑

STEP 01 进入会声会影编辑器，单击 文件 | 打开项目 命令，打开一个项目文件，如图 6-1 所示。

STEP 02 将鼠标拖曳至时间轴面板中的视频素材的末端位置，单击鼠标左键并向左拖曳，如图 6-2 所示。

图 6-1　打开一个项目文件　　　　　图 6-2　拖曳鼠标

STEP 03 拖曳至适当位置后，释放鼠标左键，单击导览面板中的"播放"按钮，即可预览剪辑后的视频素材动画效果，如图 6-3 所示。

图 6-3　预览剪辑后的视频素材动画效果

> **专家指点**
> 在会声会影 2018 的视频轨中,当用户拖曳鼠标时,鼠标的右下方会出现一个白色的时间提示框,提示用户修剪的区间。

6.1.2 技巧 2:剪辑视频片头不需要的部分

在会声会影 2018 的修整栏中,有两个"修整标记",在"修整标记"之间的部分代表素材被选取的部分,拖动"修整标记"对素材进行相应的剪辑,在预览窗口中将显示与"修整标记"相对应的帧画面。下面介绍通过"修整标记"剪辑视频片头不需要的部分的操作方法。

素材文件	光盘\素材\第 6 章\十月金秋.mpg
效果文件	光盘\效果\第 6 章\十月金秋.VSP
视频文件	光盘\视频\第 6 章\6.1.2 技巧 2:剪辑视频片头不需要的部分.mp4

【操练+视频】——十月金秋

STEP 01 进入会声会影编辑器,在视频轨中插入一段视频素材,如图 6-4 所示。

STEP 02 将鼠标移至"修整标记"上,单击鼠标左键向右拖曳,如图 6-5 所示。

图 6-4 插入一段视频素材　　　　图 6-5 拖曳"修整标记"

STEP 03 拖曳至适当位置后,释放鼠标左键,单击导览面板中的"播放"按钮 ▶,即可在预览窗口中预览剪辑后的视频素材效果,如图 6-6 所示。

图 6-6 预览剪辑后的视频素材效果

第 6 章 掌握视频素材的剪辑技术

6.1.3 技巧3：同时剪辑视频片头与片尾部分

在会声会影 2018 中，通过时间轴剪辑视频素材也是一种常用的方法，该方法主要通过"开始标记"按钮 [和"结束标记"按钮] 来实现对视频素材的剪辑操作。下面介绍通过时间轴同时剪辑视频片头与片尾素材的操作方法。

	素材文件	光盘\素材\第6章\碧海蓝天.mpg
	效果文件	光盘\效果\第6章\碧海蓝天.VSP
	视频文件	光盘\视频\第6章\6.1.3　技巧3：同时剪辑视频片头与片尾部分.mp4

【操练+视频】——碧海蓝天

STEP 01 进入会声会影编辑器，在时间轴面板的视频轨中插入一段视频素材，如图 6-7 所示。

STEP 02 将鼠标移至时间轴上方的滑块上，鼠标指针呈双箭头形状，如图 6-8 所示。

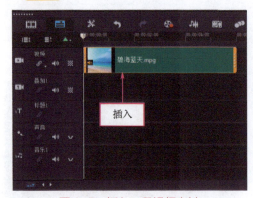

图 6-7　插入一段视频素材　　　　图 6-8　鼠标指针呈双箭头形状

STEP 03 单击鼠标左键并向右拖曳，❶拖曳至 00:00:01:000 位置后，释放鼠标左键，❷然后在预览窗口的右下角单击"开始标记"按钮 [，如图 6-9 所示，即可对视频素材的片头部分进行剪辑。

STEP 04 将鼠标指针移至时间轴上方的滑块上，单击鼠标左键并向右拖曳，❶拖曳至 00:00:05:000 位置后，释放鼠标左键，❷单击预览窗口中右下角的"结束标记"按钮]，如图 6-10 所示，即可对视频素材的片尾部分进行剪辑。

图 6-9　单击"开始标记"按钮　　　　图 6-10　单击"结束标记"按钮

> **专家指点**
>
> 使用会声会影 2018，在时间轴面板中，单击鼠标左键移动时间线滑块，将时间线定位到视频片段中的相应位置，按【F3】键，可以快速设置开始标记；按【F4】键，可以快速设置结束标记。

STEP 05 单击导览面板中的"播放"按钮，即可在预览窗口中预览剪辑后的视频效果，如图 6-11 所示。

图 6-11 预览剪辑后的视频效果

> **专家指点**
>
> 在会声会影 2018 中设置视频开始标记与结束标记时，如果按快捷键【F3】、【F4】没有反应，可能是会声会影软件的快捷键与其他应用程序的快捷键发生冲突所导致的。此时用户需要关闭目前打开的所有应用程序，然后重新启动会声会影软件，即可激活软件中的快捷键功能。

6.1.4 技巧 4：将一段视频剪辑成不同的小段

在会声会影 2018 中，用户还可以通过"根据滑轨位置分割素材"按钮，将视频剪辑成不同的小段。下面向读者介绍通过"根据滑轨位置分割素材"按钮剪辑多段视频素材的操作方法。

	素材文件	光盘\素材\第 6 章\夕阳西下.mpg
	效果文件	光盘\效果\第 6 章\夕阳西下.VSP
	视频文件	光盘\视频\第 6 章\6.1.4 技巧 4：将一段视频剪辑成不同的小段.mp4

【操练+视频】——夕阳西下

STEP 01 进入会声会影编辑器，在时间轴面板的视频轨中插入一段视频素材，如图 6-12 所示。

STEP 02 在导览面板的"时间码"中，❶输入 00:00:02:000，❷单击"根据滑轨位置分割素材"按钮，如图 6-13 所示。

STEP 03 执行上述操作后，视频轨中的素材被剪辑成两段，在时间轴面板中可以查看剪辑后的视频素材，如图 6-14 所示。

STEP 04 用同样的方法，再次对视频轨中的素材进行剪辑，剪辑后的视频素材如

图 6-15 所示。

图 6-12 插入一段视频素材

图 6-13 单击"根据滑轨位置分割素材"按钮

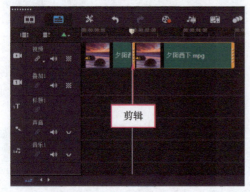

图 6-14 剪辑后的视频素材

图 6-15 再次剪辑后的视频素材

STEP 05 将不需要的素材删除后,单击导览面板中的"播放"按钮▶,即可预览剪辑后的视频效果,如图 6-16 所示。

图 6-16 预览剪辑后的视频效果

6.1.5 保存修整后的视频素材

在会声会影 2018 中,用户可以将剪辑后的视频片段保存到媒体素材库中,方便以后对视频进行调用,或者将剪辑后的视频片段与其他视频片段进行合成应用。

保存修整后的视频素材的操作非常简单，用户对视频进行剪辑操作后，在菜单栏中单击❶ 文件(F) | ❷ 保存修整后的视频 命令，如图 6-17 所示。执行操作后，❸ 即可将剪辑后的视频保存到媒体素材库中，如图 6-18 所示。

图 6-17　单击"保存修整后的视频"命令

图 6-18　保存到媒体素材库中

6.2　按场景分割视频技术

在会声会影 2018 中，使用按场景分割功能，可以将不同场景下拍摄的视频内容分割成多个不同的视频片段。对于不同类型的文件，场景检测也有所不同，如 DV、AVI 文件，可以根据录制时间及内容结构来分割场景；而 MPEG-1 和 MPEG-2 文件，只能按照内容结构来分割视频文件。本节主要向读者介绍按场景分割视频素材的操作方法。

6.2.1　了解按场景分割视频

在会声会影 2018 中，按场景分割视频功能非常强大，它可以将视频画面中的多个场景分割为多个不同的小片段，也可以将多个不同的小片段场景进行合成操作。

选择需要按场景分割的视频素材后，在菜单栏中单击 编辑(E) | 按场景分割... 命令，即可弹出"场景"对话框，如图 6-19 所示。

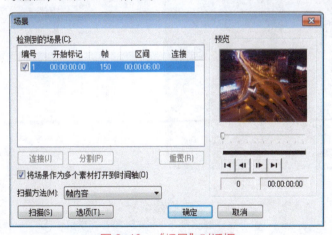

图 6-19　"场景"对话框

在"场景"对话框中，各主要选项含义如下。

第 6 章　掌握视频素材的剪辑技术

141

- "连接"按钮：可以对多个不同的场景进行连接、合成操作。
- "分割"按钮：可以对多个不同的场景进行分割操作。
- "重置"按钮：单击该按钮，可将已经扫描的视频场景恢复到未分割前状态。
- "将场景作为多个素材打开到时间轴"复选框：可以将场景片段作为多个素材插入到时间轴面板中进行应用。
- "扫描方法"列表框：在该列表框中，用户可以选择视频扫描的方法，默认选项为"帧内容"。
- "扫描"按钮：单击该按钮，可以开始对视频素材进行扫描操作。
- "选项"按钮：单击该按钮，可以设置视频检测场景时的敏感度值。
- "预览"框：在预览区域内，可以预览扫描的视频场景片段。

6.2.2　技术1：在素材库中分割视频多个场景

下面向读者介绍在会声会影2018的素材库中分割视频场景的操作方法。

素材文件	光盘\素材\第6章\沙漠之旅.mpg
效果文件	无
视频文件	光盘\视频\第6章\6.2.2　技术1：在素材库中分割视频多个场景.mp4

【操练+视频】——沙漠之旅

STEP 01　进入媒体素材库，在素材库中的空白位置上单击鼠标右键，在弹出的快捷菜单中选择 插入媒体文件... 选项，如图6-20所示。

STEP 02　弹出"浏览媒体文件"对话框，❶在其中选择需要按场景分割的视频素材，❷单击"打开"按钮，如图6-21所示。

图6-20　选择"插入媒体文件"选项　　　图6-21　选择视频素材

STEP 03　即可在素材库中添加选择的视频素材，如图6-22所示。

STEP 04　在菜单栏中，单击❶ 编辑(E) | ❷ 按场景分割... 命令，如图6-23所示。

STEP 05　执行操作后，弹出"场景"对话框，❶其中显示了一个视频片段，❷单击左下角的"扫描"按钮，如图6-24所示。

图 6-22 添加选择的视频素材

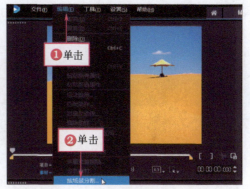
图 6-23 单击"按场景分割"命令

STEP 06 稍等片刻,即可扫描出视频中的多个不同场景,如图 6-25 所示。

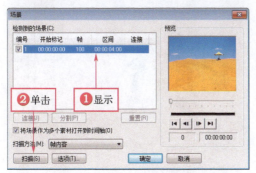
图 6-24 单击"扫描"按钮

图 6-25 扫描出视频中的多个不同场景

STEP 07 执行上述操作后,单击"确定"按钮,即可在素材库中显示按照场景分割的多个视频素材,如图 6-26 所示。

图 6-26 显示按照场景分割的多个视频素材

专家指点

在素材库中的视频素材上单击鼠标右键,在弹出的快捷菜单中选择"按场景分割"选项,也可以弹出"场景"对话框。

STEP 08 选择相应的场景片段,在预览窗口中可以预览视频的场景画面,效果如

第 6 章 掌握视频素材的剪辑技术

图 6-27 所示。

图 6-27　预览视频的场景画面

6.2.3　技术 2：在时间轴中分割视频多个场景

下面向读者介绍在会声会影 2018 的时间轴中按场景分割视频片段的操作方法。

素材文件	光盘\素材\第 6 章\可爱动物.mpg
效果文件	光盘\效果\第 6 章\可爱动物.VSP
视频文件	光盘\视频\第 6 章\6.2.3　技术 2：在时间轴中分割视频多个场景.mp4

【操练+视频】——可爱动物

STEP 01 进入会声会影 2018 编辑器，在时间轴中插入一段视频素材，如图 6-28 所示。

STEP 02 ❶选择需要分割的视频文件，单击鼠标右键，❷在弹出的快捷菜单中选择 按场景分割... 选项，如图 6-29 所示。

STEP 03 弹出"场景"对话框，单击"扫描"按钮，如图 6-30 所示。

STEP 04 执行操作后，即可根据视频中的场景变化开始扫描，❶扫描结束后将按照编号显示出分割的视频片段，分割完成后，❷单击"确定"按钮，如图 6-31 所示。

STEP 05 返回会声会影编辑器，在时间轴中显示了分割的多个场景片段，效果如图 6-32 所示。

STEP 06 选择相应的场景片段，在预览窗口中可以预览视频的场景画面，效果如图 6-33 所示。

图 6-28 插入一段视频素材

图 6-29 选择"按场景分割"选项

图 6-30 单击"扫描"按钮

图 6-31 单击"确定"按钮

图 6-32 显示了分割的多个场景片段

图 6-33 预览视频的场景画面

第 6 章 掌握视频素材的剪辑技术

图 6-33 预览视频的场景画面（续）

6.3 多重修整视频素材

用户如果需要从一段视频中间一次修整出多个片段，可以使用"多重修整视频"功能。该功能相对于"按场景分割"功能而言更为灵活，用户还可以在已经标记了起点和终点的修整素材上进行更为精细的修整。本节主要向读者介绍多重修整视频素材的操作方法。

6.3.1 了解多重修整视频

进行多重修整视频操作之前，首先需要打开"多重修整视频"对话框，其方法很简单，只需在菜单栏中单击"多重修整视频"命令即可。

将视频素材添加至素材库中，❶然后将素材拖曳至故事板中，在视频素材上单击鼠标右键，❷在弹出的快捷菜单中选择 多重修整视频... 选项，如图 6-34 所示，或者在菜单栏中单击 ❸ 编辑(E) | ❹ 多重修整视频... 命令，如图 6-35 所示。

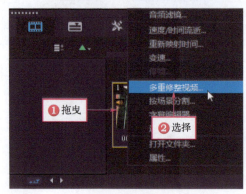
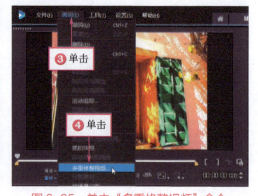

图 6-34 选择"多重修整视频"选项　　　图 6-35 单击"多重修整视频"命令

执行操作后，即可弹出"多重修整视频"对话框，拖曳对话框下方的滑块，即可预览视频画面，如图 6-36 所示。

图 6-36　弹出"多重修整视频"对话框

在"多重修整视频"对话框中，各主要选项含义如下。
- "反转选取"按钮：可以反转选取视频素材的片段。
- "向后搜索"按钮：可以将时间线定位到视频第 1 帧的位置。
- "向前搜索"按钮：可以将时间线定位到视频最后 1 帧的位置。
- "自动检测电视广告"按钮：可以自动检测视频片段中的电视广告。
- "检测敏感度"选项区：该选项区包含低、中、高 3 种敏感度设置，用户可根据实际需要进行相应选择。
- "播放修整的视频"按钮：可以播放修整后的视频片段。
- "修整的视频区间"面板：在该面板中显示了修整的多个视频片段文件。
- "设置开始标记"按钮[：可以设置视频的开始标记位置。
- "设置结束标记"按钮]：可以设置视频的结束标记位置。
- "转到特定的时间码" 0:00:00.00：可以转到特定的时间码位置，用于精确剪辑视频帧位置时非常有效。

6.3.2　快速搜寻间隔

在"多重修整视频"对话框中，设置"快速搜索间隔"为 0:00:08:00，如图 6-37 所示。单击"向前搜索"按钮，即可快速搜索视频间隔，如图 6-38 所示。

图 6-37　设置"快速搜索间隔"为 0:00:08:00

图 6-38　快速搜索视频间隔

6.3.3 标记视频片段

在"多重修整视频"对话框中进行相应的设置,可以标记视频片段的起点和终点,以修剪视频素材。在"多重修整视频"对话框中,❶将滑块拖曳至合适位置后,❷单击"设置开始标记"按钮 [,如图 6-39 所示,确定视频的起始点。

图 6-39 单击"设置开始标记"按钮

❶单击预览窗口下方的"播放"按钮,播放视频素材,至合适位置后单击"暂停"按钮,❷单击"设置结束标记"按钮] ,❸确定视频的终点位置,❹此时选定的区间即可显示在对话框下方的列表框中,❺完成标记第一个修整片段起点和终点的操作,❻单击"确定"按钮,如图 6-40 所示。

图 6-40 标记第一个修整片段起点和终点

返回会声会影编辑器,在导览面板中单击"播放"按钮,即可预览标记的视频片段效果。

6.3.4 删除所选片段

在"多重修整视频"对话框中,将滑块拖曳至合适位置后,❶单击"设置开始标记"

按钮【，②然后单击预览窗口下方的"播放"按钮，查看视频素材，至合适位置后单击"暂停"按钮，③单击"设置结束标记"按钮】，④确定视频的终点位置，⑤此时选定的区间即可显示在对话框下方的列表框中，⑥单击"修整的视频区间"面板中的"删除所选素材"按钮 ✕，如图 6-41 所示。

图 6-41 单击"删除所选素材"按钮

执行上述操作后，即可删除所选素材片段，如图 6-42 所示。

图 6-42 删除所选素材片段

6.3.5 更多修整片段

下面向读者详细介绍在"多重修整视频"对话框中修整多个视频片段的操作方法。

素材文件	光盘\素材\第 6 章\建筑之美.mpg
效果文件	光盘\效果\第 6 章\建筑之美.VSP
视频文件	光盘\视频\第 6 章\6.3.5 更多修整片段.mp4

【操练+视频】——建筑之美

STEP 01 进入会声会影 2018 编辑器，在视频轨中插入一段视频素材，如图 6-43 所示。

STEP 02 选择视频轨中插入的视频素材，在菜单栏中单击 ❶ 编辑(E) |

第 6 章 掌握视频素材的剪辑技术

149

❷多重修整视频…命令，如图6-44所示。

图6-43 插入一段视频素材

图6-44 单击"多重修整视频"命令

STEP 03 执行操作后，弹出"多重修整视频"对话框，❶单击右下角的"设置开始标记"按钮，❷标记视频的起始位置，如图6-45所示。

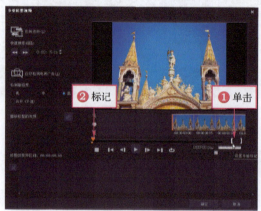

图6-45 标记视频的起始位置

STEP 04 ❶单击"播放"按钮，播放至合适位置后，单击"暂停"按钮，❷单击"设置结束标记"按钮，如图6-46所示，❸选定的区间将显示在对话框下方的列表框中。

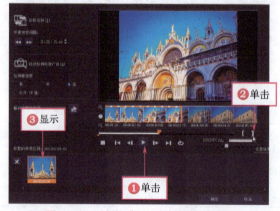

图6-46 单击"设置结束标记"按钮

STEP 05 ❶单击"播放"按钮，查找下一个区间的起始位置，至适当位置后单击"暂停"按钮，❷单击"设置开始标记"按钮，标记素材开始位置，如图6-47所示。

图 6-47 单击"设置开始标记"按钮

STEP 06 ❶单击"播放"按钮,查找区间的结束位置,至合适位置后单击"暂停"按钮,❷然后单击"设置结束标记"按钮,如图 6-48 所示,❸确定视频素材的结束位置,❹在"修整的视频区间"列表框中将显示选定的区间。

图 6-48 单击"设置结束标记"按钮

STEP 07 单击"确定"按钮,返回会声会影编辑器,在视频轨中显示了刚剪辑的两个视频片段,如图 6-49 所示。

STEP 08 ❶切换至故事板视图,❷在其中可查看剪辑的视频区间参数,如图 6-50 所示。

图 6-49 显示了两个视频片段

图 6-50 查看剪辑的视频区间参数

STEP 09 在导览面板中单击"播放"按钮,预览剪辑后的视频画面效果,如图6-51所示。

图6-51 预览剪辑后的视频画面效果

6.3.6 精确标记片段

下面向读者介绍在"多重修整视频"对话框中精确标记视频片段进行剪辑的操作方法。

	素材文件	光盘\素材\第6章\婚庆视频.mpg
	效果文件	光盘\效果\第6章\婚庆视频.VSP
	视频文件	光盘\视频\第6章\6.3.6 精确标记片段.mp4

【操练+视频】——婚庆视频

STEP 01 进入会声会影2018编辑器,在视频轨中插入一段视频素材,如图6-52所示。

STEP 02 在视频素材上单击鼠标右键,在弹出的快捷菜单中选择 多重修整视频… 选项,如图6-53所示。

STEP 03 执行操作后,弹出"多重修整视频"对话框,❶单击右下角的"设置开始标记"按钮,❷标记视频的起始位置,如图6-54所示。

STEP 04 ❶在"转到特定的时间码"文本框中输入0:00:03:00,❷即可将时间线定位到视频中第3秒的位置处,如图6-55所示。

图 6-52 插入一段视频素材

图 6-53 选择"多重修整视频"选项

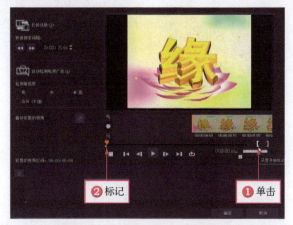

图 6-54 标记视频的起始位置

图 6-55 将时间线定位到视频中第 3 秒的位置

STEP 05 ❶单击"设置结束标记"按钮,如图 6-56 所示,❷选定的区间将显示在对话框下方的列表框中。

STEP 06 ❶继续在"转到特定的时间码"文本框中输入 0:00:05:00,❷即可将时间线定位到视频中第 5 秒的位置处,❸单击"设置开始标记"按钮,❹标记第二段视频的起始位置,如图 6-57 所示。

第 6 章 掌握视频素材的剪辑技术

图 6-56 单击"设置结束标记"按钮

图 6-57 标记第二段视频的起始位置

STEP 07 ❶继续在"转到特定的时间码"文本框中输入 0:00:07:00,❷即可将时间线定位到视频中第 7 秒的位置处,❸单击"设置结束标记"按钮,❹标记第二段视频的结束位置,❺选定的区间将显示在对话框下方的列表框中,如图 6-58 所示。

图 6-58 标记第二段视频的结束位置

STEP 08 单击"确定"按钮,返回会声会影编辑器,在视频轨中显示了刚剪辑的两个视频片段,如图 6-59 所示。

STEP 09 ❶切换至故事板视图，❷在其中可查看剪辑的视频区间参数，如图 6-60 所示。

图 6-59 显示两个视频片段

图 6-60 查看剪辑的视频区间参数

STEP 10 在导览面板中单击"播放"按钮，即可预览剪辑后的视频画面效果，如图 6-61 所示。

图 6-61 预览剪辑后的视频画面效果

6.4 使用多相机编辑器剪辑合成视频

在会声会影 2018 中新增加了多相机编辑器功能，用户可以通过从不同相机、不同角度捕获的事件镜头创建外观专业的视频编辑。通过简单的多视图工作区，可以在播放视频素材的同时进行动态剪辑、合成操作。本节主要向读者介绍使用多相机编辑器剪辑合成视频的操作方法，希望读者熟练掌握本节内容。

6.4.1 特技 1：打开"多相机编辑器"窗口

在会声会影 2018 中，用户使用多相机编辑器剪辑视频素材前，首先需要打开"多相机编辑器"窗口，下面介绍打开该窗口的方法。

在菜单栏中，单击❶ 工具(T) 菜单，❷在弹出的菜单列表中单击 多相机编辑器... 命令，如图 6-62 所示，或者在时间轴面板的上方，❸单击"多相机编辑器"按钮 ，如图 6-63 所示。

图 6-62 单击"多相机编辑器"命令　　图 6-63 单击"多相机编辑器"按钮

执行操作后，即可打开"多相机编辑器"窗口，如图 6-64 所示。

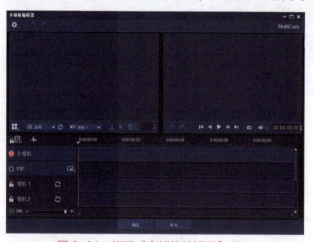

图 6-64 打开"多相机编辑器"窗口

6.4.2 特技 2：剪辑、合成多个视频画面

在会声会影 2018 中，使用"多相机编辑器"功能可以更加快速地进行视频的剪辑，可以对大量的素材进行选择、搜索、剪辑点确定、时间线对位等基本操作。在多相机素材同步播放的时候，可以实时切换到需要的镜头，播放一遍之后就直接完成一部影片的剪辑，这使普通家庭用户在没有完整硬件设备的时候，也可以极大地提高剪辑视频的效

率。本节主要向读者介绍剪辑、合成多个视频画面的操作方法。

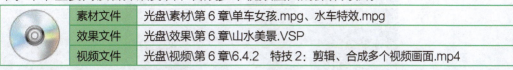

素材文件	光盘\素材\第 6 章\单车女孩.mpg、水车特效.mpg
效果文件	光盘\效果\第 6 章\山水美景.VSP
视频文件	光盘\视频\第 6 章\6.4.2 特技 2：剪辑、合成多个视频画面.mp4

【操练+视频】——山水美景

STEP 01 进入"多相机编辑器"窗口，在下方的"相机 1"轨道右侧空白处单击鼠标右键，在弹出的快捷菜单中选择 导入源 选项，如图 6-65 所示。

STEP 02 在弹出的相应对话框中，❶选择需要添加的视频文件，❷单击"打开"按钮，如图 6-66 所示。

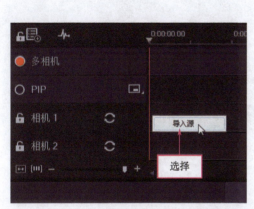

图 6-65 选择"导入源"选项

图 6-66 单击"打开"按钮

STEP 03 执行上述操作后，即可添加视频至"相机 1"轨道中，如图 6-67 所示。

图 6-67 添加视频至"相机 1"轨道

STEP 04 用同样的方法，在"相机 2"轨道中添加一段视频，如图 6-68 所示。

STEP 05 ❶单击左上方的第一个预览框，❷即可在"多相机"轨道上添加"相机 1"轨道的视频画面，如图 6-69 所示。

图 6-68 在"相机 2"轨道中添加一段视频

图 6-69 添加视频到"多相机"轨道

STEP 06 ❶拖动时间轴上方的滑块到 00:00:03:00 的位置处,❷单击左上方的第二个预览框,❸对视频进行剪辑操作,如图 6-70 所示。

图 6-70 对视频进行剪辑操作

STEP 07 剪辑、合成两段视频画面后,单击下方的"确定"按钮,返回会声会影编辑器，合成的视频文件将显示在"媒体"素材库中，如图 6-71 所示。

图 6-71 显示在"媒体"素材库中

STEP 08 单击左上方的导览面板中的"播放"按钮，预览剪辑后的视频画面效果，如图 6-72 所示。

图 6-72 预览剪辑后的视频画面效果

6.5 应用时间重新映射精修技巧

在会声会影 2018 编辑器中，使用"时间重新映射"功能，可以帮助用户更加精准地修整视频的播放速度，制作出视频的快动作或慢动作特效。本节主要向读者介绍应用重新映射时间精修视频片段的操作方法。

6.5.1 打开"时间重新映射"窗口

在会声会影 2018 中，用户使用"时间重新映射"功能精修视频素材前，首先需要打开"时间重新映射"窗口，下面介绍打开该窗口的方法。

素材文件	光盘\素材\第 6 章\喜庆贺寿.mpg
效果文件	无
视频文件	光盘\视频\第 6 章\6.5.1　打开"时间重新映射"窗口.mp4

【操练+视频】——喜庆贺寿

STEP 01 进入会声会影编辑器，在时间轴面板的视频轨中插入一段视频素材，如

第 6 章 掌握视频素材的剪辑技术

159

图 6-73 所示。

STEP 02 在菜单栏中，单击❶ 工具(T) | ❷ 重新映射时间…命令，如图 6-74 所示。

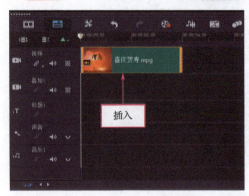

图 6-73 插入一段视频素材

图 6-74 单击"重新映射时间"命令

STEP 03 执行操作后，弹出"时间重新映射"窗口，如图 6-75 所示，在其中可以编辑视频画面。

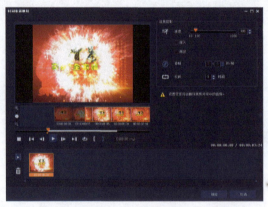

图 6-75 弹出"时间重新映射"窗口

6.5.2 用"时间重新映射"剪辑视频画面

下面介绍使用"时间重新映射"功能精修视频画面的具体操作方法。

素材文件	光盘\素材\第 6 章\喜庆贺寿.mpg
效果文件	光盘\效果\第 6 章\喜庆贺寿.VSP
视频文件	光盘\视频\第 6 章\6.5.2 用"时间重新映射"剪辑视频画面.mp4

【操练+视频】——喜庆贺寿

STEP 01 通过"重新映射时间"命令，打开"时间重新映射"窗口，将时间线移至 0:00:00:06 的位置处，如图 6-76 所示。

STEP 02 ❶在窗口右侧单击"停帧"按钮，❷设置"停帧"的时间为 3 秒，表示在该处静态停帧 3 秒的时间，❸此时窗口下方显示了一幅停帧的静态图像，如图 6-77 所示。

图 6-76 移动时间线的位置

图 6-77 显示一幅停帧的静态图像

STEP 03 在预览窗口下方,❶将时间线移至 0:00:01:05 的位置处,❷在窗口右上方设置 "速度" 为 50,如图 6-78 所示,表示以慢动作的形式播放视频。

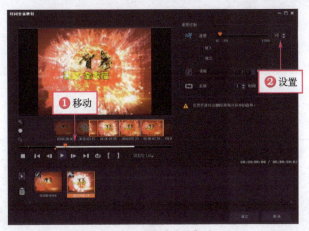

图 6-78 设置 "速度" 为 50

STEP 04 在预览窗口下方,向右拖曳时间线滑块,将时间线移至 0:00:03:07 的位置处,如图 6-79 所示。

第 6 章 掌握视频素材的剪辑技术

161

图 6-79 移动时间线的位置

STEP 05 ❶再次单击"停帧"按钮,如图 6-80 所示,❷设置"停帧"的时间为 3 秒,❸在时间线位置再次添加一幅停帧的静态图像。

图 6-80 单击"停帧"按钮

STEP 06 视频编辑完成后,单击窗口下方的"确定"按钮,返回会声会影编辑器,在视频轨中可以查看精修完成的视频文件,如图 6-81 所示。

图 6-81 查看精修完成的视频文件

STEP 07 在导览面板中单击"播放"按钮,预览精修的视频画面,效果如图 6-82 所示。

图 6-82 预览精修的视频画面

本章小结

　　本章主要向读者介绍了剪辑视频素材的多种技术，包括普通的剪辑方法，如剪辑视频的片尾、剪辑视频的片头、同时剪辑视频片头与片尾、将一段视频剪辑成不同的小段等；还讲解了按场景分割视频技术，如在素材库中分割场景、在时间轴中分割场景等；同时详细介绍了多重修整视频素材的方法、对视频素材的帧进行精确定位，以及使用多相机剪辑合成视频画面；在本章最后向读者详细介绍了应用时间重新映射精修技巧。希望读者学完本章以后，可以熟练掌握各种视频剪辑技术，修剪出更多精彩的视频片段。

滤镜与转场篇

第 7 章 应用神奇的滤镜效果

📋 章前知识导读

会声会影 2018 中，为用户提供了多种滤镜效果，对视频素材进行编辑时，可以将它应用到视频素材上，通过视频滤镜不仅可以掩饰视频素材的瑕疵，还可以令视频产生绚丽的视觉效果，使制作出来的视频更具表现力。

📖 新手重点索引

了解视频滤镜　　　　　　　　　　使用滤镜调整视频画面色调
掌握滤镜的基本操作　　　　　　　制作常见的专业视频画面特效

🎨 效果图片欣赏

7.1 了解视频滤镜

在如今这多媒体、多元素的时代，在影视节目中应用特效越来越频繁，视频滤镜效果是特效的一种。通过对视频应用滤镜效果，可以使制作出来的视频更加绚丽。本节主要向读者简单介绍视频滤镜的基础知识。

7.1.1 滤镜效果简介

视频滤镜是指可以应用到视频素材中的效果，它可以改变视频文件的外观和样式。会声会影 2018 提供了多达 13 大类 70 多种滤镜效果以供用户选择，如图 7-1 所示。

"NewBlue 样品效果"滤镜特效

"暗房"滤镜特效

"调整"滤镜特效

"二维映射"滤镜特效

"特殊"滤镜特效

"相机镜头"滤镜特效

图 7-1　滤镜效果

第 7 章　应用神奇的滤镜效果

165

运用视频滤镜对视频进行处理，可以掩盖一些由于拍摄造成的缺陷，并可以使画面更加生动。通过这些滤镜效果，可以模拟各种艺术效果，并对素材进行美化。图7-2所示为原图与应用滤镜后的效果。

"旋转草绘"视频滤镜特效

"彩色笔"视频滤镜特效

 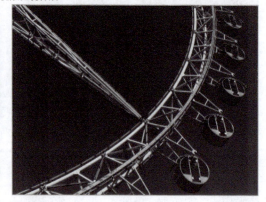

"单色"视频滤镜特效

图7-2　原图与应用滤镜后的效果

7.1.2 掌握"效果"选项面板

当用户为素材添加滤镜效果后，展开滤镜"效果"选项面板，如图7-3所示，在其中可以设置相关的滤镜属性。

图 7-3 "效果"选项面板

在"效果"选项面板中，各选项含义如下。
- 替换上一个滤镜：选中该复选框，将新滤镜应用到素材中时，将替换素材中已经应用的滤镜。如果希望在素材中应用多个滤镜，则不选中此复选框。
- 已用滤镜：显示已经应用到素材中的视频滤镜列表。
- 上移滤镜▲：单击该按钮可以调整视频滤镜在列表中的显示位置，使当前所选择的滤镜提前应用。
- 下移滤镜▼：单击该按钮可以调整视频滤镜在列表中的显示位置，使当前所选择的滤镜延后应用。
- 删除滤镜✕：选中已经添加的视频滤镜，单击该按钮可以从视频滤镜列表中删除所选择的视频滤镜。
- 预设：会声会影为滤镜效果预设了多种不同的类型，单击右侧的下三角按钮，从弹出的下拉列表中可以选择不同的预设类型，并将其应用到素材中。
- 自定义滤镜：单击"自定义滤镜"按钮，在弹出的对话框中可以自定义滤镜属性。根据所选滤镜类型的不同，在弹出的对话框中设置不同的选项参数。
- 显示网格线：选中该复选框，可以在预览窗口中显示网格线效果。

7.2 掌握滤镜的基本操作

视频滤镜可以说是会声会影 2018 的一大亮点，越来越多的滤镜特效出现在各种影视节目中，它可以使美丽的画面更加生动、绚丽多彩，从而创作出非常神奇的、变幻莫测的媲美好莱坞大片的视觉效果。本节主要介绍视频滤镜的基本操作。

7.2.1 添加单个视频滤镜

视频滤镜是指可以应用到素材上的效果，它可以改变素材的外观和样式，用户可以通过运用这些视频滤镜，对素材进行美化，制作出精美的视频作品。

素材文件	光盘\素材\第 7 章\红色荆棘.jpg
效果文件	光盘\效果\第 7 章\红色荆棘.VSP
视频文件	光盘\视频\第 7 章\7.2.1 添加单个视频滤镜.mp4

【操练+视频】——红色荆棘

STEP 01 进入会声会影编辑器,在故事板中插入一幅图像素材,如图 7-4 所示。

STEP 02 ❶单击"滤镜"按钮 FX,切换至"滤镜"素材库,❷在其中选择"自动草绘"滤镜效果,如图 7-5 所示,单击鼠标左键并拖曳至故事板中的图像上方,添加滤镜效果。

图 7-4 插入一幅图像素材

图 7-5 选择"自动草绘"滤镜效果

STEP 03 单击导览面板中的"播放"按钮,即可预览视频滤镜效果,如图 7-6 所示。

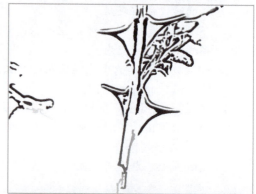

图 7-6 预览视频滤镜效果

7.2.2 添加多个视频滤镜

在会声会影 2018 中，当用户为一个图像素材添加多个视频滤镜效果时，所产生的效果是多个视频滤镜效果的叠加。会声会影 2018 允许用户最多只能在同一个素材上添加 5 个视频滤镜效果。

素材文件	光盘\素材\第 7 章\打鱼撒网.jpg
效果文件	光盘\效果\第 7 章\打鱼撒网.VSP
视频文件	光盘\视频\第 7 章\7.2.2　添加多个视频滤镜.mp4

【操练+视频】——打鱼撒网

STEP 01　进入会声会影编辑器，在故事板中插入一幅图像素材,效果如图 7-7 所示。

STEP 02　❶单击"滤镜"按钮 FX，切换至"滤镜"素材库，❷在其中选择"翻转"滤镜效果，如图 7-8 所示。

图 7-7　插入一幅图像素材

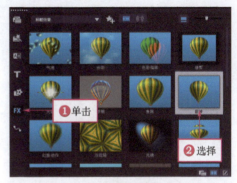

图 7-8　选择"翻转"滤镜效果

STEP 03　单击鼠标左键并拖曳至故事板中的图像素材上,释放鼠标左键,即可在"效果"选项面板中，查看已添加的视频滤镜效果，如图 7-9 所示。

STEP 04　用同样的方法，为图像素材再次添加"视频摇动和缩放"和"云彩"滤镜效果，在"效果"选项面板中查看滤镜效果，如图 7-10 所示。

图 7-9　查看已添加的视频滤镜效果

图 7-10　查看多个滤镜效果

专家指点

会声会影 2018 提供了多种视频滤镜特效，使用这些视频滤镜特效，可以制作出各种变幻莫测的神奇的视觉效果，从而使视频作品更加吸引人们的眼球。

STEP 05 单击导览面板中的"播放"按钮，预览多个视频滤镜效果，如图 7-11 所示。

图 7-11 预览多个视频滤镜效果

7.2.3 选择滤镜预设样式

用户可以使用会声会影中提供的各种滤镜预设样式，使画面更加符合用户的要求。

	素材文件	光盘\素材\第 7 章\白鹤展翅.VSP
	效果文件	光盘\效果\第 7 章\白鹤展翅.VSP
	视频文件	光盘\视频\第 7 章\7.2.3　选择滤镜预设样式.mp4

【操练+视频】——白鹤展翅

STEP 01 进入会声会影编辑器，打开一个项目文件，如图 7-12 所示。

STEP 02 在"效果"选项面板中，❶单击 自定义滤镜 左侧的下三角按钮，❷在弹出的列表框中选择第 2 排第 1 个滤镜预设样式，如图 7-13 所示。

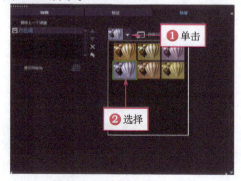

图 7-12 打开一个项目文件　　　　图 7-13 选择滤镜预设样式

STEP 03 在预览窗口可以查看制作的视频滤镜预设样式，效果如图 7-14 所示。

图 7-14 预览制作的视频滤镜预设样式

> **专家指点**
>
> 所谓预设样式，是指会声会影通过对滤镜效果的某些参数进行调节后，形成一个固定的效果，并嵌套在系统中，用户可以通过直接选择这些预设样式，快速地对滤镜效果进行设置。选择不同的预设样式，图像画面所产生的效果也会不同。

7.2.4 自定义视频滤镜

在会声会影 2018 中每种视频滤镜的属性均不相同，针对不同的视频滤镜效果所弹出的"自定义"对话框的名称及其中的属性参数均有所不同。对视频滤镜效果进行自定义操作，可以制作出更加精美的画面效果。

素材文件	光盘\素材\第 7 章\两朵小花.VSP
效果文件	光盘\效果\第 7 章\两朵小花.VSP
视频文件	光盘\视频\第 7 章\7.2.4　自定义视频滤镜.mp4

【操练+视频】——两朵小花

STEP 01 进入会声会影编辑器，打开一个项目文件，如图 7-15 所示。
STEP 02 在"效果"选项面板中，单击 自定义滤镜 按钮，如图 7-16 所示。

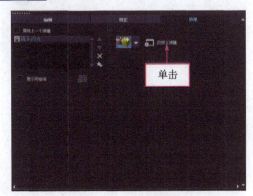

图 7-15 打开一个项目文件　　　　图 7-16 单击"自定义滤镜"按钮

STEP 03 弹出"镜头闪光"对话框，❶在左侧预览窗口中拖曳十字形图标至合适位置，如图 7-17 所示，❷单击"确定"按钮，即可自定义视频滤镜效果。

第 7 章　应用神奇的滤镜效果

图 7-17 拖曳十字形图标至合适位置

STEP 04 单击导览面板中的"播放"按钮,预览自定义滤镜效果,如图 7-18 所示。

图 7-18 预览自定义滤镜效果

7.2.5 替换之前的视频滤镜

当用户为素材添加视频滤镜后,如果发现某个视频滤镜未达到预期的效果,此时可将该视频滤镜效果进行替换。

素材文件	光盘\素材\第 7 章\水珠涟漪.VSP
效果文件	光盘\效果\第 7 章\水珠涟漪.VSP
视频文件	光盘\视频\第 7 章\7.2.5　替换之前的视频滤镜.mp4

【操练+视频】——水珠涟漪

STEP 01　进入会声会影编辑器，插入一幅图像素材，如图 7-19 所示。

STEP 02　在"效果"选项面板中，选中 替换上一个滤镜 复选框，如图 7-20 所示。

图 7-19　插入一幅图像素材

图 7-20　选中"替换上一个滤镜"复选框

专家指点

替换视频滤镜效果时，一定要确认"效果"选项面板中的"替换上一个滤镜"复选框处于选中状态，因为如果没有选中该复选框，那么系统并不会用新添加的视频滤镜效果替换之前添加的滤镜效果，而是同时使用两个滤镜效果。

STEP 03　在"滤镜"素材库中，选择"镜像"滤镜效果，如图 7-21 所示。

STEP 04　单击鼠标左键并拖曳至故事板中的图像素材上方，执行操作后，即可替换上一个视频滤镜，在"效果"选项面板中可以查看替换后的视频滤镜效果，如图 7-22 所示。

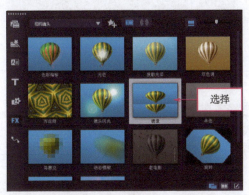

图 7-21　选择"镜像"滤镜效果

图 7-22　查看替换后的视频滤镜效果

STEP 05　单击导览面板中的"播放"按钮，预览替换视频滤镜后的图像画面效果，如图 7-23 所示。

第 7 章　应用神奇的滤镜效果

图 7-23　预览替换视频滤镜后的图像画面效果

7.2.6　删除不需要的视频滤镜

在会声会影 2018 中，如果用户对某个滤镜效果不满意，此时可以将该视频滤镜删除。用户可以在选项面板中删除一个或多个视频滤镜。

素材文件	光盘\素材\第 7 章\大雁南飞.VSP
效果文件	光盘\效果\第 7 章\大雁南飞.VSP
视频文件	光盘\视频\第 7 章\7.2.6　删除不需要的视频滤镜.mp4

【操练+视频】——大雁南飞

STEP 01 进入会声会影编辑器，打开一个项目文件，如图 7-24 所示。

STEP 02 在"效果"选项面板中，单击"删除滤镜"按钮，如图 7-25 所示，执行操作后，即可删除该视频滤镜。

图 7-24　打开一个项目文件　　　　　图 7-25　单击"删除滤镜"按钮

STEP 03 单击导览面板中的"播放"按钮，预览删除视频滤镜后的素材前后对比效果，如图 7-26 所示。

图 7-26　删除视频滤镜后的素材前后对比效果

7.3 使用滤镜调整视频画面色调

在会声会影 2018 中，如果视频拍摄时白平衡设置不当，或者现场光线情况比较复杂，拍摄的视频画面会出现整段或局部偏色现象，此时可以利用会声会影 2018 中的色彩调整类视频滤镜有效地解决这种偏色问题，使其还原为正确的色彩。本节主要向读者介绍使用滤镜调整视频画面色调的操作方法。

7.3.1 调整 1：调整视频画面曝光度不足

使用"自动曝光"滤镜只有一种滤镜预设样式，主要是通过调整图像的光线来达到曝光的效果，适合在光线比较暗的素材上使用。下面介绍使用"自动曝光"滤镜调整视频画面色调的操作方法。

素材文件	光盘\素材\第 7 章\湖中风景.jpg	
效果文件	光盘\效果\第 7 章\湖中风景.VSP	
视频文件	光盘\视频\第 7 章\7.3.1　调整 1：调整视频画面曝光度不足.mp4	

【操练+视频】——湖中风景

STEP 01 进入会声会影编辑器，在故事板中插入一幅图像素材，如图 7-27 所示。

STEP 02 在预览窗口中可以预览插入的图像素材效果，如图 7-28 所示。

图 7-27　插入一幅图像素材

图 7-28　预览图像素材效果

STEP 03 ❶单击"滤镜"按钮，在"滤镜"素材库中，❷单击窗口上方的"画廊"按钮，在弹出的列表框中选择 暗房 选项，打开 暗房 素材库，❸选择"自动曝光"滤镜效果，如图 7-29 所示。

STEP 04 单击鼠标左键并拖曳至故事板中的图像素材上方，释放鼠标左键，即可添加"自动曝光"滤镜。单击导览面板中的"播放"按钮，预览"自动曝光"滤镜效果，如图 7-30 所示。

> **专家指点**
>
> 在会声会影 2018 中， 暗房 素材库中的"自动曝光"滤镜效果主要是运用从胶片到相片的一个转变过程为影片带来由暗到亮的转变效果。

第 7 章　应用神奇的滤镜效果

图 7-29 选择"自动曝光"滤镜效果

图 7-30 预览"自动曝光"滤镜效果

7.3.2 调整 2：调整视频的亮度和对比度

在会声会影 2018 中，如果图像亮度和对比度不足或过度，此时可通过"亮度和对比度"滤镜效果，调整图像的亮度和对比度。下面介绍使用"亮度和对比度"滤镜调整视频画面的操作方法。

素材文件	光盘\素材\第 7 章\烛光之美.jpg
效果文件	光盘\效果\第 7 章\烛光之美.VSP
视频文件	光盘\视频\第 7 章\7.3.2　调整 2：调整视频的亮度和对比度.mp4

【操练+视频】——烛光之美

STEP 01　进入会声会影编辑器，在故事板中插入一幅图像素材，如图 7-31 所示。
STEP 02　在预览窗口中可预览插入的图像素材效果，如图 7-32 所示。

图 7-31 插入一幅图像素材

图 7-32 预览图像素材效果

STEP 03　在 暗房 滤镜素材库中，选择"亮度和对比度"滤镜效果，如图 7-33 所示，单击鼠标左键并拖曳至故事板中的图像素材上方，添加"亮度和对比度"滤镜。
STEP 04　❶打开"效果"选项面板，❷在其中单击滤镜列表框右方的 自定义滤镜 按钮，如图 7-34 所示。

> **专家指点**
>
> 在会声会影 2018 中为素材添加"亮度和对比度"滤镜后，在"效果"选项面板中单击 自定义滤镜 左侧的下三角按钮，在弹出的列表框中可以选择相应的滤镜预设样式。

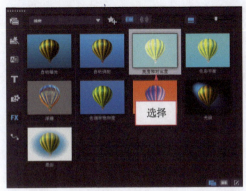
图 7-33 选择"亮度和对比度"滤镜效果

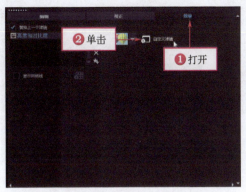
图 7-34 单击"自定义滤镜"按钮

STEP 05 弹出"亮度和对比度"对话框,在其中设置"亮度"为-15、"对比度"为 10,如图 7-35 所示。

图 7-35 设置参数

STEP 06 ❶选择最后一个关键帧,❷设置"亮度"为 35、"对比度"为 10,如图 7-36 所示。

图 7-36 设置最后一个关键帧的参数

STEP 07 设置完成后,单击"确定"按钮,返回会声会影编辑器,单击导览面板中的"播放"按钮,即可预览调整亮度和对比度后的视频滤镜效果,如图 7-37 所示。

第 7 章 应用神奇的滤镜效果

图 7-37 预览视频滤镜效果

7.3.3 调整 3：调整视频画面的色彩平衡

在会声会影 2018 中，用户可以通过应用"色彩平衡"视频滤镜，还原照片色彩。下面介绍使用"色彩平衡"滤镜的操作方法。

素材文件	光盘\素材\第 7 章\紫色花朵.jpg
效果文件	光盘\效果\第 7 章\紫色花朵.VSP
视频文件	光盘\视频\第 7 章\7.3.3 调整 3：调整视频画面的色彩平衡.mp4

【操练+视频】——紫色花朵

STEP 01 进入会声会影编辑器，在故事板中插入所需的图像素材，如图 7-38 所示。

STEP 02 在预览窗口中可预览插入的图像素材效果，如图 7-39 所示。

图 7-38 插入图像素材　　　　图 7-39 预览图像素材效果

STEP 03 ❶打开 暗房 素材库，❷在其中选择"色彩平衡"滤镜效果，如图 7-40 所示。

STEP 04 单击鼠标左键，并将其拖曳至故事板中的素材图像上，在"效果"选项面板中单击 自定义滤镜 按钮，如图 7-41 所示。

STEP 05 弹出"色彩平衡"对话框，❶选择第 1 个关键帧，❷设置"红"为 10、"绿"为 50、"蓝"为-20，如图 7-42 所示。用同样的方法设置第 2 个关键帧相应的参数。

STEP 06 设置完成后，单击"确定"按钮，返回会声会影编辑器，即可完成"色彩平衡"滤镜效果的制作，在预览窗口中可预览"色彩平衡"滤镜效果，如图 7-43 所示。

图 7-40 选择"色彩平衡"滤镜效果
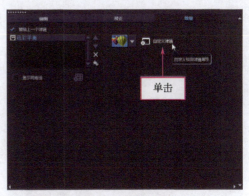
图 7-41 单击"自定义滤镜"按钮

图 7-42 设置各参数

图 7-43 预览"色彩平衡"滤镜效果

7.3.4 调整4：消除视频画面的偏色问题

若素材图像添加"色彩平衡"滤镜效果后，还存在偏色的现象，用户可在其中添加关键帧，以消除偏色。下面介绍消除视频画面偏色的操作方法。

	素材文件	光盘\素材\第 7 章\乡村生活.jpg
	效果文件	光盘\效果\第 7 章\乡村生活.VSP
	视频文件	光盘\视频\第 7 章\7.3.4　调整 4：消除视频画面的偏色问题.mp4

【操练+视频】——乡村生活

STEP 01 进入会声会影编辑器，在故事板中插入所需的图像素材，如图 7-44 所示。

第 7 章　应用神奇的滤镜效果

STEP 02 在预览窗口中可预览插入的图像素材效果,如图 7-45 所示。

图 7-44 插入图像素材　　　　　图 7-45 预览图像素材效果

STEP 03 为素材添加"色彩平衡"滤镜效果,在"效果"选项面板中单击 自定义滤镜 按钮,如图 7-46 所示。

图 7-46 单击"自定义滤镜"按钮

STEP 04 弹出"色彩平衡"对话框,在其中将时间指示器移至 00:00:02:00 的位置处,选择需要添加帧的位置,如图 7-47 所示。

图 7-47 选择需要添加帧的位置

STEP 05 ❶单击"添加关键帧"按钮,❷添加关键帧,❸设置"红"为-44、"绿"为 76、"蓝"为 72,❹单击"确定"按钮,如图 7-48 所示。

图 7-48 设置各参数

> **专家指点**
> 在"色彩平衡"对话框中设置图像的参数后,单击右侧的"播放"按钮,可以在对话框中预览调整后的视频画面效果。

STEP 06 返回会声会影编辑器,单击导览面板中的"播放"按钮,即可预览滤镜效果,如图 7-49 所示。

图 7-49 预览滤镜效果

7.4 制作常见的专业视频画面特效

在会声会影 2018 中,为用户提供了大量的滤镜效果,用户可以根据需要应用这些滤镜效果,制作出精美的视频画面。本节主要向读者介绍运用视频滤镜制作视频特效的操作方法,希望读者熟练掌握本节内容。

7.4.1 特效 1:制作海底漩涡视频特效

在会声会影 2018 中,"漩涡"视频滤镜是指为素材添加一个螺旋形的水涡,按顺时针方向旋转的一种效果,主要是运用旋转扭曲的效果来制作梦幻般的彩色漩涡画面。

素材文件	光盘\素材\第 7 章\海洋生物.jpg
效果文件	光盘\效果\第 7 章\海洋生物.VSP
视频文件	光盘\视频\第 7 章\7.4.1 特效 1:制作海底漩涡视频特效.mp4

第 7 章 应用神奇的滤镜效果

【操练+视频】——海洋生物

STEP 01 进入会声会影编辑器，在故事板中插入一幅图像素材，如图7-50所示。

STEP 02 在"滤镜"素材库中，❶单击窗口上方的"画廊"按钮，❷在弹出的列表框中选择 二维映射 选项，如图7-51所示。

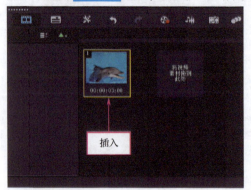

图7-50 插入一幅图像素材　　　　　图7-51 选择"二维映射"选项

STEP 03 在 二维映射 滤镜组中，选择"漩涡"滤镜效果，如图7-52所示。

STEP 04 单击鼠标左键并拖曳至故事板中的图像素材上，如图7-53所示，为其添加"漩涡"滤镜。

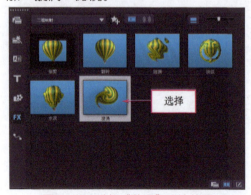

图7-52 选择"漩涡"滤镜效果　　　　　图7-53 拖曳至图像素材上

STEP 05 单击导览面板中的"播放"按钮，预览制作的视频漩涡滤镜效果，如图7-54所示。

图7-54 预览制作的视频漩涡滤镜效果

7.4.2 特效 2：制作水波荡漾视频特效

"水流"滤镜效果主要用于在画面上添加流水的效果，仿佛通过流动的水观看图像。

素材文件	光盘\素材\第 7 章\溪水流淌.jpg
效果文件	光盘\效果\第 7 章\溪水流淌.VSP
视频文件	光盘\视频\第 7 章\7.4.2 特效 2：制作水波荡漾视频特效.mp4

【操练+视频】——溪水流淌

STEP 01 进入会声会影编辑器，在故事板中插入一幅图像素材，如图 7-55 所示。

STEP 02 在"滤镜"素材库中，选择"水流"滤镜效果，如图 7-56 所示。单击鼠标左键并拖曳至故事板中的图像素材上方，添加"水流"滤镜。

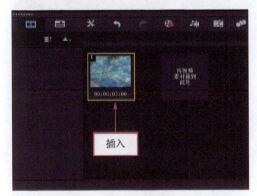
图 7-55 插入一幅图像素材

图 7-56 选择"水流"滤镜效果

STEP 03 单击导览面板中的"播放"按钮，预览制作的水波荡漾效果，如图 7-57 所示。

图 7-57 预览制作的水波荡漾效果

7.4.3 特效 3：制作视频的放大镜特效

在会声会影 2018 中，"鱼眼"滤镜主要是模仿鱼眼效果，当图像素材添加该效果后，会像鱼眼一样放大突出显示出来，类似放大镜放大图像的效果。

素材文件	光盘\素材\第 7 章\金鱼游动.jpg
效果文件	光盘\效果\第 7 章\金鱼游动.VSP
视频文件	光盘\视频\第 7 章\7.4.3 特效 3：制作视频的放大镜特效.mp4

第 7 章 应用神奇的滤镜效果

【操练+视频】——金鱼游动

STEP 01 进入会声会影编辑器，在故事板中插入一幅图像素材，如图7-58所示。

STEP 02 在"滤镜"素材库中，❶单击窗口上方的"画廊"按钮，在弹出的列表框中选择三维纹理映射选项，在三维纹理映射滤镜组中，❷选择"鱼眼"滤镜效果，如图7-59所示。单击鼠标左键并拖曳至故事板中的图像素材上方，添加"鱼眼"滤镜。

图7-58 插入一幅图像素材

图7-59 选择"鱼眼"滤镜效果

STEP 03 在导览面板中，可以预览制作的视频放大镜效果，如图7-60所示。

图7-60 预览制作的视频放大镜效果

专家指点

在会声会影2018中制作视频特效时，"鱼眼"滤镜常用于突出显示图像中的某一部分。

7.4.4 特效4：制作聚拢视觉冲击特效

在会声会影2018中，"往内挤压"滤镜效果主要是指从图像的外边向中心挤压变形，给人带来强烈的视觉冲击。

素材文件	光盘\素材\第7章\黄色菊花.jpg	
效果文件	光盘\效果\第7章\黄色菊花.VSP	
视频文件	光盘\视频\第7章\7.4.4 特效4：制作聚拢视觉冲击特效.mp4	

【操练+视频】——黄色菊花

STEP 01 进入会声会影编辑器，在故事板中插入一幅图像素材，如图7-61所示。

STEP 02 在"滤镜"素材库中，选择"往内挤压"滤镜效果，如图7-62所示。单击鼠标左键并拖曳至故事板中的图像素材上方，添加"往内挤压"滤镜。

图 7-61 插入一幅图像素材

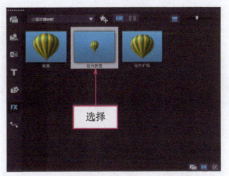
图 7-62 选择"往内挤压"滤镜效果

STEP 03 单击导览面板中的"播放"按钮,预览制作的聚拢视觉冲击画面效果,如图 7-63 所示。

图 7-63 预览制作的聚拢视觉冲击画面效果

7.4.5 特效 5:制作视频周围羽化特效

在会声会影 2018 中,"晕影"滤镜效果主要用于描述人物晕影的形状,羽化后呈圆形显示。用户也可以通过设置滤镜的预设样式,制作视频画面周围呈方形的羽化效果。下面介绍应用"晕影"视频滤镜制作视频特效的操作方法。

素材文件	光盘\素材\第 7 章\温文尔雅.jpg
效果文件	光盘\效果\第 7 章\温文尔雅.VSP
视频文件	光盘\视频\第 7 章\7.4.5 特效 5:制作视频周围羽化特效.mp4

【操练+视频】——温文尔雅

STEP 01 进入会声会影编辑器,在故事板中插入一幅图像素材,如图 7-64 所示。

STEP 02 在"滤镜"素材库中,选择"晕影"滤镜效果,如图 7-65 所示。单击鼠标左键并拖曳至故事板中的图像素材上方,添加"晕影"滤镜。

专家指点

在会声会影 2018 中的"效果"选项面板中,提供了多种"晕影"滤镜预设样式,用户可根据需要进行相应选择。

图 7-64 插入一幅图像素材

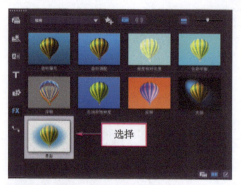

图 7-65 选择"晕影"滤镜效果

STEP 03 在"效果"选项面板中，❶单击 自定义滤镜 左侧的下三角按钮，❷在弹出的列表框中选择第 2 排第 1 个滤镜预设样式，如图 7-66 所示。

STEP 04 执行操作后，在预览窗口中可以预览制作的视频周围呈方形羽化的效果，如图 7-67 所示。

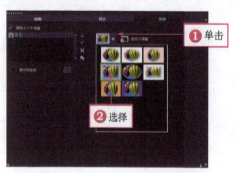

图 7-66 选择滤镜预设样式

图 7-67 预览制作的视频周围呈方形羽化的效果

STEP 05 在"效果"选项面板中，❶单击 自定义滤镜 左侧的下三角按钮，❷在弹出的列表框中选择第 1 排第 2 个滤镜预设样式，如图 7-68 所示。

STEP 06 执行操作后，在预览窗口中可以预览制作的视频周围呈圆形羽化的效果，如图 7-69 所示。

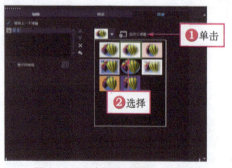

图 7-68 选择滤镜预设样式

图 7-69 预览制作的视频周围呈圆形羽化的效果

7.4.6 特效 6：制作唯美 MTV 视频色调

在会声会影 2018 中，应用"发散光晕"滤镜，可以制作出非常唯美的 MTV 视频画面色调特效。下面向读者介绍应用"发散光晕"滤镜的操作方法。

素材文件	光盘\素材\第 7 章\雨久花开.jpg	
效果文件	光盘\效果\第 7 章\雨久花开.VSP	
视频文件	光盘\视频\第 7 章\7.4.6　特效 6：制作唯美 MTV 视频色调.mp4	

【操练+视频】——雨久花开

STEP 01　进入会声会影编辑器，在故事板中插入一幅图像素材，如图 7-70 所示。

STEP 02　在"滤镜"素材库中，❶单击窗口上方的"画廊"按钮，在弹出的列表框中选择 相机镜头 选项，在 相机镜头 滤镜组中，❷选择"发散光晕"滤镜效果，如图 7-71 所示。单击鼠标左键并拖曳至故事板中的图像素材上方，添加"发散光晕"滤镜。

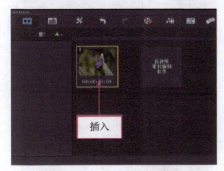
图 7-70　插入一幅图像素材

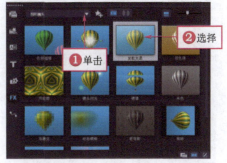
图 7-71　选择"发散光晕"滤镜效果

STEP 03　单击导览面板中的"播放"按钮，预览制作的唯美 MTV 视频画面色调效果，如图 7-72 所示。

图 7-72　预览制作的唯美 MTV 视频画面色调效果

7.4.7　特效 7：制作视频云彩飘动特效

在会声会影 2018 中，"云雾"滤镜主要用于在视频画面上添加流动的云彩效果，可以模仿天空中的云彩。

素材文件	光盘\素材\第 7 章\风景秀丽.jpg	
效果文件	光盘\效果\第 7 章\风景秀丽.VSP	
视频文件	光盘\视频\第 7 章\7.4.7　特效 7：制作视频云彩飘动特效.mp4	

【操练+视频】——风景秀丽

STEP 01　进入会声会影编辑器，在故事板中插入一幅图像素材，如图 7-73 所示。

第 7 章　应用神奇的滤镜效果

STEP 02 在"滤镜"素材库中,❶单击窗口上方的"画廊"按钮,❷在弹出的列表框中选择 特殊 选项,如图7-74所示。

图7-73 插入一幅图像素材

图7-74 选择"特殊"选项

STEP 03 在 特殊 滤镜组中,选择"云彩"滤镜效果,如图7-75所示。

STEP 04 单击鼠标左键并拖曳至故事板中的图像素材上方,添加"云彩"滤镜。在"效果"选项面板中,❶单击 自定义滤镜 左侧的下三角按钮,❷在弹出的列表框中选择第2排第1个滤镜预设样式,如图7-76所示。

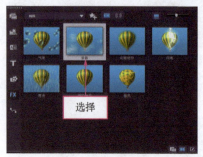

图7-75 选择"云彩"滤镜效果

图7-76 选择滤镜预设样式

专家指点

在选项面板中,软件向用户提供了12种不同的"云彩"预设滤镜效果,每种预设效果都有云彩流动的特色,用户可根据实际需要进行应用。

STEP 05 单击"播放"按钮,预览制作的视频云彩飘动特效,如图7-77所示。

图7-77 预览制作的视频云彩飘动特效

7.4.8 特效 8：制作细雨绵绵画面特效

在会声会影 2018 中，"雨点"滤镜效果可以在画面上添加雨丝的效果，模仿大自然中下雨的场景。

素材文件	光盘\素材\第 7 章\雨中荷叶.jpg
效果文件	光盘\效果\第 7 章\雨中荷叶.VSP
视频文件	光盘\视频\第 7 章\7.4.8 特效 8：制作细雨绵绵画面特效.mp4

【操练+视频】——雨中荷叶

STEP 01 进入会声会影编辑器，在故事板中插入一幅图像素材，如图 7-78 所示。

STEP 02 在 特殊 滤镜素材库中，选择"雨点"滤镜效果，如图 7-79 所示。单击鼠标左键并拖曳至故事板中的图像素材上方，添加"雨点"滤镜。

图 7-78 插入一幅图像素材

图 7-79 选择"雨点"滤镜效果

STEP 03 单击导览面板中的"播放"按钮，预览细雨绵绵画面特效，如图 7-80 所示。

图 7-80 预览细雨绵绵画面特效

7.4.9 特效 9：制作雪花纷飞画面特效

使用"雨点"滤镜效果不仅可以制作出下雨的效果，还可以模仿大自然中下雪的场景。

素材文件	光盘\素材\第 7 章\冬日雪景.jpg
效果文件	光盘\效果\第 7 章\冬日雪景.VSP
视频文件	光盘\视频\第 7 章\7.4.9 特效 9：制作雪花纷飞画面特效.mp4

第 7 章 应用神奇的滤镜效果

【操练+视频】——冬日雪景

STEP 01 进入会声会影编辑器,在故事板中插入一幅图像素材,如图7-81所示。

STEP 02 在"滤镜"素材库中,❶单击窗口上方的"画廊"按钮,在弹出的列表框中选择 特殊 选项,在 特殊 滤镜组中,❷选择"雨点"滤镜效果,如图7-82所示。

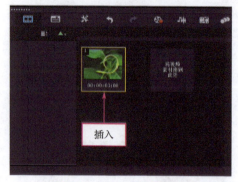
图7-81 插入一幅图像素材

图7-82 选择"雨点"滤镜效果

STEP 03 单击鼠标左键并拖曳至故事板中的图像素材上方,添加"雨点"滤镜,在"效果"选项面板中单击 自定义滤镜 按钮,如图7-83所示。

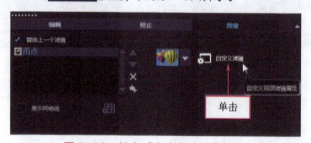
图7-83 单击"自定义滤镜"按钮

STEP 04 弹出"雨点"对话框,❶选择第1个关键帧,❷设置"密度"为300、"长度"为5、"宽度"为50、"背景模糊"为60、"变化"为40,如图7-84所示。

图7-84 设置第1个关键帧参数

STEP 05 ❶选择最后一个关键帧,❷设置"密度"为320、"长度"为5、"宽度"为75、"背景模糊"为15、"变化"为65,如图7-85所示。

图 7-85 设置最后一个关键帧参数

STEP 06 单击"确定"按钮,即可制作雪花纷飞画面特效,如图 7-86 所示。

图 7-86 制作雪花纷飞画面特效

7.4.10 特效 10:制作电闪雷鸣画面特效

在会声会影 2018 中,"闪电"滤镜可以模仿大自然中闪电照射的效果。下面向读者介绍应用"闪电"滤镜的操作方法。

素材文件	光盘\素材\第 7 章\夜幕降临.jpg
效果文件	光盘\效果\第 7 章\夜幕降临.VSP
视频文件	光盘\视频\第 7 章\7.4.10 特效 10:制作电闪雷鸣画面特效.mp4

【操练+视频】——夜幕降临

STEP 01 进入会声会影编辑器,在故事板中插入一幅图像素材,如图 7-87 所示。

STEP 02 在"滤镜"素材库中,选择"闪电"滤镜效果,单击鼠标左键并拖曳至故事板中的图像素材上方,添加"闪电"滤镜,并设置预设样式,如图 7-88 所示。

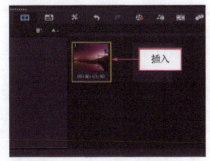 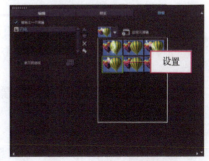

图 7-87 插入一幅图像素材 图 7-88 设置预设样式

第 7 章 应用神奇的滤镜效果

191

STEP 03 单击导览面板中的"播放"按钮,预览电闪雷鸣画面特效,如图 7-89 所示。

图 7-89 预览电闪雷鸣画面特效

7.4.11 特效 11:制作人像局部马赛克特效

在会声会影 2018 中,使用"修剪"滤镜与"马赛克"滤镜可以制作出人像局部马赛克特效,下面介绍具体的制作方法。

素材文件	光盘\素材\第 7 章\美丽新娘.jpg
效果文件	光盘\效果\第 7 章\美丽新娘.VSP
视频文件	光盘\视频\第 7 章\7.4.11 特效 11:制作人像局部马赛克特效.mp4

【操练+视频】——美丽新娘

STEP 01 进入会声会影编辑器,在故事板中插入一幅图像素材,如图 7-90 所示。

STEP 02 在预览窗口中,可以预览素材的画面,如图 7-91 所示。

STEP 03 切换至时间轴视图模式,将视频轨中的素材复制到覆叠轨中,如图 7-92 所示。

STEP 04 在预览窗口中的覆叠素材上单击鼠标右键,在弹出的快捷菜单中选择调整到屏幕大小选项,如图 7-93 所示。

STEP 05 ❶单击"滤镜"按钮,切换至"滤镜"素材库,❷单击窗口上方的"画廊"按钮,❸在弹出的列表框中选择二维映射选项,如图 7-94 所示。

图 7-90　插入一幅图像素材

图 7-91　预览素材的画面

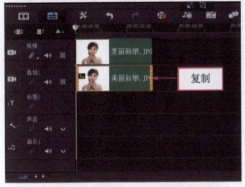
图 7-92　将素材复制到覆叠轨中

图 7-93　选择"调整到屏幕大小"选项

STEP 06 在二维映射滤镜组中，选择"修剪"滤镜效果，如图 7-95 所示。

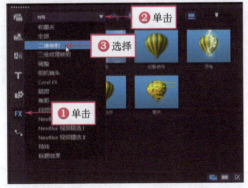
图 7-94　选择"二维映射"选项

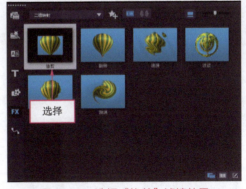
图 7-95　选择"修剪"滤镜效果

STEP 07 单击鼠标左键并拖曳至覆叠轨中的图像素材上，如图 7-96 所示，释放鼠标，添加滤镜效果。

STEP 08 展开"效果"选项面板，在其中单击自定义滤镜按钮，如图 7-97 所示。

STEP 09 弹出"修剪"对话框，在下方设置"宽度"为 20、"高度"为 17、"填充色"为白色，调整修剪区域，如图 7-98 所示。选择第 2 个关键帧，设置相同的参数和修剪区域。

第 7 章　应用神奇的滤镜效果

图 7-96 拖曳至覆叠轨中的图像素材上

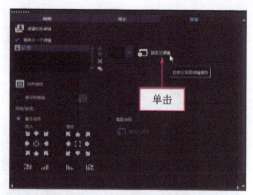
图 7-97 单击"自定义滤镜"按钮

图 7-98 设置修剪参数和修剪区域

STEP 10 设置完成后,单击"确定"按钮,在"效果"选项面板中单击 遮罩和色度键 按钮,进入相应选项面板。❶在其中选中 应用覆叠选项 复选框,❷设置"类型"为"色度键","针对遮罩的相似度"为 0,吸取颜色为白色,如图 7-99 所示,对覆叠素材进行抠图操作。

STEP 11 设置完成后,❶为覆叠轨中的素材添加"马赛克"滤镜,在"效果"选项面板中,❷单击"自定义滤镜"按钮,如图 7-100 所示。

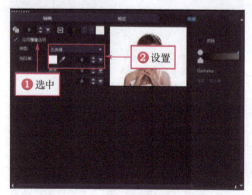
图 7-99 设置抠图的相关参数

图 7-100 为素材添加"马赛克"滤镜

STEP 12 弹出"马赛克"对话框,在下方设置"宽度"和"高度"均为 25,如图 7-101 所示,并为第 2 个关键帧设置相同的参数。

图 7-101 设置马赛克参数

STEP 13 设置完成后,单击"确定"按钮,即可完成人像局部马赛克特效的制作,效果如图 7-102 所示。

图 7-102 人像局部马赛克特效

本章小结

　　本章全面介绍了会声会影 2018 视频滤镜效果的添加、替换、删除、自定义等具体的操作方法,以实例的形式将添加与编辑滤镜特效的每一种方法、每一个选项都进行了详细的介绍。通过本章的学习,用户可以熟练掌握会声会影 2018 视频滤镜的各种使用方法和技巧,并能够理论结合实践地将视频滤镜效果合理地运用到所制作的视频作品中。

第 7 章　应用神奇的滤镜效果

第 8 章
应用精彩的转场效果

📋 章前知识导读

在会声会影 2018 中，转场其实就是一种特殊的滤镜，它是在两个媒体素材之间的过渡效果。本章主要向读者介绍编辑与修饰转场效果的操作方法，其中包括转场效果简介、转场的基本操作、设置转场属性及应用各种转场效果等内容。

📖 新手重点索引

转场效果简介	制作影视单色过渡画面
转场的基本操作	制作视频转场画面特效
设置转场切换属性	

🎨 效果图片欣赏

8.1 转场效果简介

如果用户有效、合理地使用转场，则可以使制作的影片呈现出专业的视频效果。从本质上讲，影片剪辑就是选取所需的图像及视频片段进行重新排列组合，而转场效果就是连接这些素材的方式，所以转场效果的应用在视频编辑领域中占有很重要的地位。

8.1.1 了解转场效果

会声会影为用户提供了 17 个大类上百种的转场效果，"转场"素材库如图 8-1 所示。合理地运用这些转场效果，可以使素材与素材之间过渡得更加生动、自然，从而制作出绚丽多彩的视频作品。

"过滤"转场库

"胶片"转场库

"遮罩"转场库

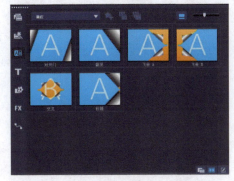
"果皮"转场库

"卷动"转场库

"擦拭"转场库

图 8-1 "转场"素材库

第 8 章 应用精彩的转场效果

197

在视频编辑操作中,最常使用的切换方式是一个素材与另一个素材紧密连接,使其直接过渡,这种方法称为"硬切换";另一种就是使用一些特殊效果,在素材与素材之间产生自然、流畅及平滑的过渡,这种方法称为"软切换","软切换"转场样式如图 8-2 所示。

"果皮"转场效果

"过滤"转场效果

"擦拭"转场效果

图 8-2 "软切换"转场样式

8.1.2 "转场"选项面板

在会声会影 2018 中,用户可以通过"转场"选项面板来调整转场的各项参数,如调整各转场效果的区间长度、设置转场的边框效果、设置转场的边框颜色及设置转场的柔化边缘属性等,如图 8-3 所示。不同的转场效果,在选项面板中的选项也会有所不同,给人们带来不一样的视觉效果。

图 8-3 "转场"选项面板

在"转场"选项面板中,各主要选项含义如下。

➢ "区间"数值框:该数值框用于调整转场的播放时间长度,并显示当前播放转场所需的时间值。单击数值框右侧的微调按钮,可以调整数值的大小,也可单击数值框中的数值,待数值处于闪烁状态时输入所需的数字,按【Enter】键确认,即可改变当前转场的播放时间长度。

➢ "边框"数值框:在该数值框中,用户可以输入所需的数值,来改变转场边框的宽度,单击其右侧的微调按钮,也可调整边框数值的大小。

➢ "色彩"色块:单击该选项右侧的色块,在弹出的颜色面板中,用户可以根据需要选择转场边框的颜色。

➢ "柔化边缘"选项:在该选项右侧有 4 个按钮,代表转场的 4 种柔化边缘程度,用户可以根据需要单击相应的按钮,设置不同的柔化边缘效果。

➢ "方向"选项区:在该选项区中,单击不同的方向按钮,可以设置转场效果的播放效果。

8.2 转场的基本操作

若转场效果运用得当,可以增加影片的观赏性和流畅性,从而提高影片的艺术档次。相反,若运用不当,有时会使观众产生错觉,或者产生画蛇添足的效果,也会大大降低影片的观赏价值。本节主要介绍转场效果的基本操作,包括添加转场效果、移动转场效果、替换转场效果及删除转场效果等。

8.2.1 在素材之间添加转场效果

转场必须添加到两段素材之间,因此,在添加之前需要先把影片分割成素材片段,或者直接把多个素材添加到故事板上。会声会影 2018 为用户提供了上百种的转场效果,用户可根据需要手动添加适合的转场效果，从而制作出绚丽多彩的视频作品。

素材文件	光盘\素材\第8章\动物世界1.jpg、动物世界2.jpg
效果文件	光盘\效果\第8章\动物世界.VSP
视频文件	光盘\视频\第8章\8.2.1　在素材之间添加转场效果.mp4

【操练+视频】——动物世界

STEP 01　进入会声会影编辑器，在故事板中插入两幅图像素材，如图8-4所示。

STEP 02　❶单击"转场"按钮，切换至"转场"素材库，❷单击窗口上方的"画廊"按钮，❸在弹出的列表框中选择 三维 选项，如图8-5所示。

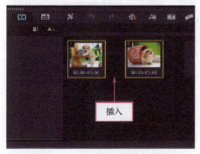
图8-4　插入两幅图像素材

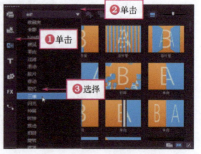
图8-5　选择"三维"选项

STEP 03　在 三维 转场素材库中，选择"飞行木板"转场效果，如图8-6所示。

STEP 04　单击鼠标左键并拖曳至故事板中的两幅图像素材之间，添加"飞行木板"转场效果，如图8-7所示。

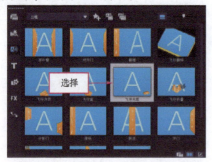
图8-6　选择"飞行木板"转场效果

图8-7　添加"飞行木板"转场效果

STEP 05　在导览面板中单击"播放"按钮，预览"飞行木板"转场效果，如图8-8所示。

图8-8　预览"飞行木板"转场效果

8.2.2 在多个素材间移动转场效果

在会声会影 2018 中，如果用户需要调整转场效果的位置，则可先选择需要移动的转场效果，然后再将其拖曳至合适位置，即可移动转场效果。

素材文件	光盘\素材\第 8 章\清吧美景.VSP
效果文件	光盘\效果\第 8 章\清吧美景.VSP
视频文件	光盘\视频\第 8 章\8.2.2　在多个素材间移动转场效果.mp4

【操练+视频】——清吧美景

STEP 01 进入会声会影编辑器，单击 文件(F) | 打开项目 命令，打开一个项目文件，如图 8-9 所示。

图 8-9　打开一个项目文件

STEP 02 在导览面板中单击"播放"按钮，预览视频转场效果，如图 8-10 所示。

图 8-10　预览视频转场效果

STEP 03 在时间轴面板或故事板中，❶选择第 1 张图像与第 2 张图像之间的转场效果，❷单击鼠标左键并拖曳至第 2 张图像与第 3 张图像之间，如图 8-11 所示。

> **专家指点**
>
> 在编辑转场效果时，用户可对两个素材之间不需要的转场效果进行删除操作，然后在需要的位置处添加相应的转场效果。

第 8 章　应用精彩的转场效果

图 8-11 拖曳转场效果

STEP 04 释放鼠标左键，即可移动转场效果，如图 8-12 所示。

图 8-12 移动转场效果

STEP 05 在导览面板中单击"播放"按钮，预览移动转场效果后的视频画面，如图 8-13 所示。

 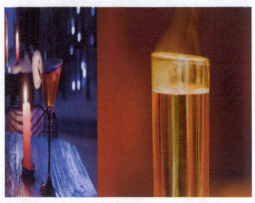

图 8-13 预览移动转场效果后的视频画面

8.2.3 替换之前添加的转场效果

在会声会影 2018 中的素材之间，用户添加相应的转场效果后，还可以根据需要对转场效果进行替换操作，直至找到合适的转场效果。

素材文件	光盘\素材\第 8 章\非主流画面.VSP
效果文件	光盘\效果\第 8 章\非主流画面.VSP
视频文件	光盘\视频\第 8 章\8.2.3 替换之前添加的转场效果.mp4

【操练+视频】——非主流画面

STEP 01 进入会声会影编辑器，单击 文件(F) | 打开项目 命令，打开一个项目文件，如图 8-14 所示。

图 8-14 打开一个项目文件

STEP 02 在导览面板中单击"播放"按钮，预览现有的转场效果，如图 8-15 所示。

图 8-15 预览现有的转场效果

STEP 03 切换至"转场"素材库，❶单击窗口上方的"画廊"按钮，❷在弹出的列表框中选择 果皮 选项，如图 8-16 所示。

STEP 04 打开 果皮 转场组，在其中选择"拉链"转场效果，如图 8-17 所示。

> **专家指点**
>
> 在"转场"素材库中选择相应转场效果后，单击鼠标右键，在弹出的快捷菜单中选择"对视频轨应用当前效果"选项，弹出提示信息框，提示用户是否要替换已添加的转场效果，单击"是"按钮，也可以快速替换视频轨中的转场效果。

STEP 05 在选择的转场效果上单击鼠标左键并拖曳至视频轨中的两幅图像素材之间已有的转场效果上方，如图 8-18 所示。

第 8 章 应用精彩的转场效果

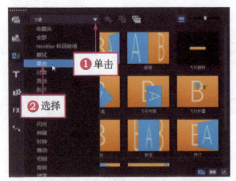
图 8-16 选择 "果皮" 选项

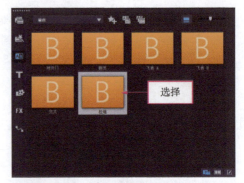
图 8-17 选择 "拉链" 转场效果

STEP 06 释放鼠标左键，即可替换之前添加的转场效果，如图 8-19 所示。

图 8-18 添加至图像之间

图 8-19 替换之前添加的转场效果

STEP 07 在导览面板中单击 "播放" 按钮，预览替换之后的转场效果，如图 8-20 所示。

图 8-20 预览替换之后的转场效果

专家指点

在会声会影 2018 中，用户也可以对时间轴中不喜欢的转场效果进行删除操作，然后再添加新的转场效果至图像之间。

8.2.4 删除不需要的转场效果

在会声会影 2018 中,如果添加的转场效果不符合用户的需要,可以将其删除。删除转场效果的操作方法很简单,有以下两种方法。

➢ ❶在故事板中选择需要删除的转场效果,单击鼠标右键,❷在弹出的快捷菜单中选择 删除 选项,如图 8-21 所示,❸即可删除转场效果。

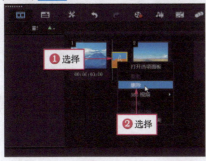

图 8-21 选择"删除"选项和删除转场后的效果

➢ 在故事板中选择需要删除的转场效果,按【Delete】键,直接删除选择的转场效果。

8.3 设置转场切换属性

上一节介绍了添加、移动、替换和删除转场效果的方法后,接下来介绍使用选项面板设置转场的方法,如改变转场切换的方向、设置转场播放的时间长度、设置转场的边框效果及设置转场的边框颜色等。

8.3.1 改变转场切换的方向

在会声会影 2018 中,为时间轴中的素材添加相应的转场效果后,在"转场"选项面板中,用户还可以根据需要改变转场效果的运动方向,使其效果更自然。

素材文件	光盘\素材\第 8 章\天台美景.VSP
效果文件	光盘\效果\第 8 章\天台美景.VSP
视频文件	光盘\视频\第 8 章\8.3.1 改变转场切换的方向.mp4

【操练+视频】——天台美景

STEP 01 进入会声会影编辑器,单击 文件 | 打开项目 命令,打开一个项目文件,如图 8-22 所示。

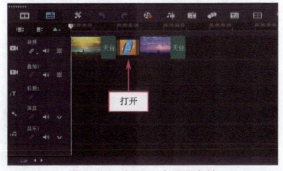

图 8-22 打开一个项目文件

第 8 章 应用精彩的转场效果

STEP 02 在导览面板中单击"播放"按钮,预览视频转场效果,如图8-23所示。

图8-23 预览视频转场效果

STEP 03 在视频轨中选择需要设置方向的转场效果,在"转场"选项面板的"方向"选项区中,单击"垂直对开门"按钮,如图8-24所示。

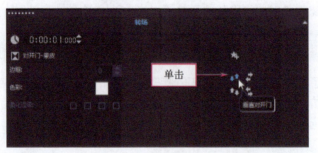

图8-24 单击"垂直对开门"按钮

> **专家指点**
>
> 在会声会影2018中,用户选择不同的转场效果,其"方向"选项区中的转场"方向"选项也会不一样。

STEP 04 执行操作后,即可改变转场效果的运动方向,在导览面板中单击"播放"按钮,预览更改方向后的转场效果,如图8-25所示。

图8-25 预览更改方向后的转场效果

8.3.2 设置转场播放的时间长度

为素材之间添加转场效果并调节转场效果之后，可以对转场效果的部分属性进行相应的设置，从而制作出丰富的视觉效果。转场的默认时间为 1s，用户可根据需要设置转场的播放时间。

素材文件	光盘\素材\第 8 章\春意盎然.VSP
效果文件	光盘\效果\第 8 章\春意盎然.VSP
视频文件	光盘\视频\第 8 章\8.3.2　设置转场播放的时间长度.mp4

【操练+视频】——春意盎然

STEP 01　进入会声会影编辑器，打开一个项目文件，选择转场效果，如图 8-26 所示。

STEP 02　在"转场"选项面板的"区间"数值框中输入 0:00:02:000，如图 8-27 所示。

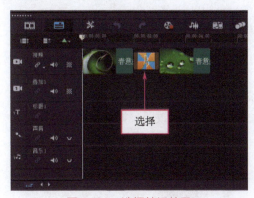

图 8-26　选择转场效果

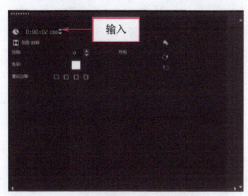

图 8-27　输入区间数值

STEP 03　在时间轴面板中，可以预览调整区间后的转场效果，如图 8-28 所示。

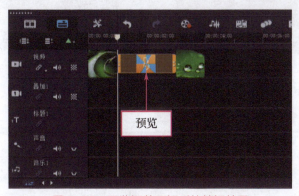

图 8-28　预览调整区间后的转场效果

STEP 04　在导览面板中单击"播放"按钮，预览设置转场时间长度后的画面效果，如图 8-29 所示。

图 8-29 预览设置转场时间长度后的画面效果

8.3.3 设置转场的边框效果

会声会影 2018 提供了上百种转场效果,用户可以为许多转场效果设置相应的边框样式,从而为转场效果锦上添花,加强效果的审美度。

素材文件	光盘\素材\第 8 章\山间花草 1.jpg、山间花草 2.jpg
效果文件	光盘\效果\第 8 章\山间花草.VSP
视频文件	光盘\视频\第 8 章\8.3.3 设置转场的边框效果.mp4

【操练+视频】——山间花草

STEP 01 进入会声会影编辑器,在故事板中插入两幅素材图像,如图 8-30 所示。

STEP 02 在两幅素材图像之间添加"擦拭-圆形"转场效果,如图 8-31 所示。

图 8-30 插入两幅素材图像　　　　图 8-31 添加"擦拭-圆形"转场效果

STEP 03 在导览面板中单击"播放"按钮,预览视频转场效果,如图 8-32 所示。

图 8-32 预览视频转场效果

STEP 04 在"转场"选项面板的"边框"数值框中输入2,设置边框大小,如图8-33所示。

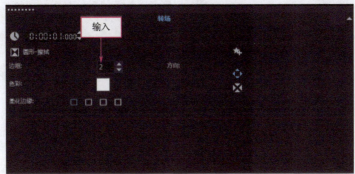

图 8-33 设置边框大小

STEP 05 在导览面板中单击"播放"按钮,预览设置边框后的转场动画效果,如图 8-34 所示。

图 8-34 预览设置边框后的转场动画效果

8.3.4 设置转场的边框颜色

"转场"选项面板中的"色彩"选项区主要用于设置转场效果的边框颜色。该选项提供了多种颜色样式,用户可根据需要进行相应的选择。

打开上一例的效果文件,选择需要设置的转场效果,在"转场"选项面板中,❶单击"色彩"选项右侧的色块,❷在弹出的颜色面板中选择黄色,如图 8-35 所示,❸此时转场边框的颜色已更改为黄色,如图 8-36 所示。

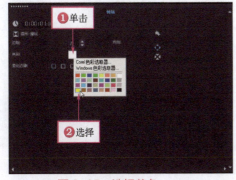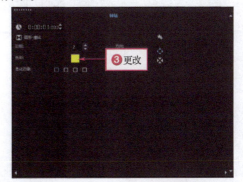

图 8-35 选择黄色　　　　　图 8-36 更改为黄色

第 8 章　应用精彩的转场效果

209

单击"播放"按钮,即可预览更改颜色后的转场边框效果,如图8-37所示。

图8-37 预览更改颜色后的转场边框效果

专家指点

在会声会影2018中,转场边框宽度的取值范围为0~10。

8.4 制作影视单色过渡画面

在会声会影 2018 中,用户还可以在故事板中添加单色过渡画面,该过渡效果起到间歇作用,让观众有想象的空间。本节主要介绍制作影视单色过渡画面的方法。

8.4.1 单色1:制作单色背景画面

在故事板中添加单色画面的操作方法很简单,只需选择相应的色彩色块,拖曳至故事板中即可。下面介绍单色画面添加的操作方法。

素材文件	光盘\素材\第 8 章\礼品拍摄.jpg
效果文件	光盘\效果\第 8 章\礼品拍摄.VSP
视频文件	光盘\视频\第 8 章\8.4.1 单色1:制作单色背景画面.mp4

【操练+视频】——礼品拍摄

STEP 01 进入会声会影编辑器,在故事板中插入一幅图像素材,如图8-38所示。
STEP 02 在预览窗口中预览插入的图像效果,如图8-39所示。

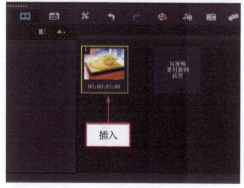

图8-38 插入一幅图像素材　　　　图8-39 预览插入的图像效果

STEP 03 ❶单击"图形"按钮,切换至"图形"选项卡,❷在"色彩"素材库中选择蓝色色块,如图8-40所示。

STEP 04 单击鼠标左键并将其拖曳至故事板中,添加单色画面,如图8-41所示。

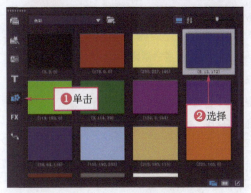
图8-40 选择蓝色色块

图8-41 添加单色画面

STEP 05 ❶单击"转场"按钮,切换至"转场"选项卡,❷选择"交叉淡化"转场效果,如图8-42所示。

STEP 06 单击鼠标左键并将其拖曳至故事板中的适当位置,添加"交叉淡化"转场效果,如图8-43所示。

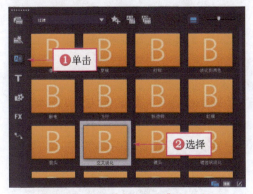
图8-42 选择"交叉淡化"转场效果

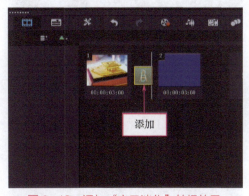
图8-43 添加"交叉淡化"转场效果

STEP 07 单击导览面板中的"播放"按钮,预览添加单色画面效果,如图8-44所示。

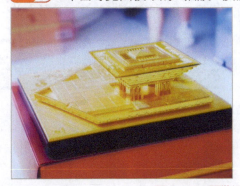

图8-44 预览添加单色画面效果

第8章 应用精彩的转场效果

8.4.2 单色2：自定义单色素材

在会声会影 2018 中，添加单色画面后，用户还可以根据需要对单色画面进行相应的编辑操作，如更改色块颜色属性等。下面介绍自定义单色素材的操作方法。

素材文件	光盘\素材\第 8 章\冰激凌.VSP
效果文件	光盘\效果\第 8 章\冰激凌.VSP
视频文件	光盘\视频\第 8 章\8.4.2　单色2：自定义单色素材.mp4

【操练+视频】——冰激凌

STEP 01　进入会声会影编辑器，打开一个项目文件，如图 8-45 所示。

STEP 02　单击"播放"按钮，在预览窗口中预览打开的项目效果，如图 8-46 所示。

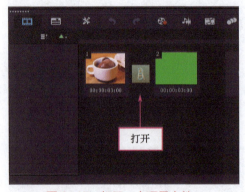

图 8-45　打开一个项目文件

图 8-46　预览打开的项目效果

STEP 03　在故事板中选择需要编辑的色彩色块，如图 8-47 所示。

STEP 04　在"色彩"选项面板中，❶单击"色彩选取器"左侧的色块，弹出颜色面板，❷选择第 1 排第 6 个颜色，如图 8-48 所示。

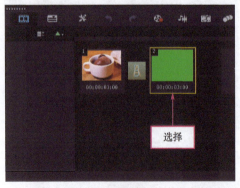

图 8-47　选择需要编辑的色彩色块

图 8-48　选择相应颜色

STEP 05　执行上述操作后，即可更改单色画面的颜色，如图 8-49 所示。

STEP 06　单击导览面板中的"播放"按钮，在预览窗口中预览自定义单色素材后的效果，如图 8-50 所示。

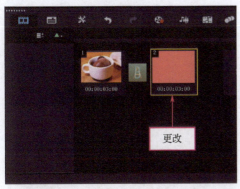

图 8-49　更改单色画面的颜色　　　　　图 8-50　预览自定义单色素材后的效果

> **专家指点**
> 在图 8-48 中选择"Corel 色彩选取器"选项,在弹出的对话框中用户可以手动输入色彩的颜色参数值,以制作出需要的色彩色块。

8.4.3　单色 3：制作黑屏过渡效果

在会声会影 2018 中,添加黑屏过渡效果的方法非常简单,只需在黑色和素材之间添加"交叉淡化"转场效果即可。下面介绍添加黑屏过渡效果的操作方法。

素材文件	光盘\素材\第 8 章\城市夜景.jpg
效果文件	光盘\效果\第 8 章\城市夜景.VSP
视频文件	光盘\视频\第 8 章\8.4.3　单色 3：制作黑屏过渡效果.mp4

【操练+视频】——城市夜景

STEP 01　进入会声会影编辑器,在故事板中插入一幅图像素材,如图 8-51 所示。

STEP 02　❶单击"图形"按钮,切换至"图形"选项卡,❷在"色彩"素材库中选择黑色色块,如图 8-52 所示。

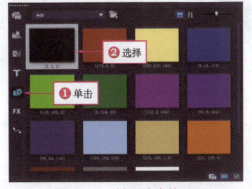

图 8-51　插入一幅图像素材　　　　　　图 8-52　选择黑色色块

STEP 03　单击鼠标左键并将其拖曳至故事板中的适当位置,添加黑色单色画面,如图 8-53 所示。

STEP 04　单击"转场"按钮,切换至"转场"选项卡,选择"交叉淡化"转场效果。单击鼠标左键并将其拖曳至故事板中的适当位置,添加"交叉淡化"转场效果,如图 8-54

所示。

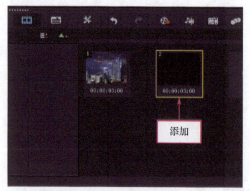

图 8-53 添加黑色单色画面

图 8-54 添加"交叉淡化"转场效果

STEP 05 执行上述操作后，单击导览面板中的"播放"按钮，预览添加的黑屏过渡效果，如图 8-55 所示。

图 8-55 预览添加的黑屏过渡效果

8.5 制作视频转场画面特效

在会声会影 2018 的"三维"转场组中，包括 15 种视频转场特效，如"百叶窗"、"漩涡"、"飞行翻转"、"飞行盒"、"交叉淡化"、"遮罩"及"擦拭"等视频转场效果。本节主要向读者详细介绍应用"三维"视频转场效果的操作方法。

8.5.1 特效 1：制作百叶窗切换特效

"百叶窗"转场效果是"三维"转场类型中最常用的一种，是指素材 A 以百叶窗翻转的方式进行过渡，显示素材 B。

素材文件	光盘\素材\第 8 章\邂逅爱情 1.jpg、邂逅爱情 2.jpg
效果文件	光盘\效果\第 8 章\邂逅爱情.VSP
视频文件	光盘\视频\第 8 章\8.5.1 特效 1：制作百叶窗切换特效.mp4

【操练+视频】——邂逅爱情

STEP 01 进入会声会影编辑器，在故事板中插入两幅图像素材，如图 8-56 所示。

STEP 02 ❶单击"转场"按钮,切换至"转场"素材库,❷单击窗口上方的"画廊"按钮,❸在弹出的列表框中选择三维选项,如图 8-57 所示。

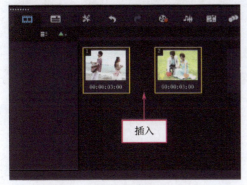

图 8-56 插入两幅图像素材

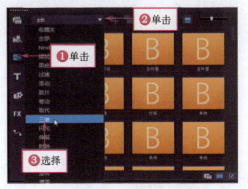

图 8-57 选择"三维"选项

STEP 03 执行上述操作后,在三维转场素材库中选择"百叶窗"转场效果,如图 8-58 所示。

STEP 04 单击鼠标左键并拖曳至故事板中的两幅图像素材之间,添加"百叶窗"转场效果,如图 8-59 所示。

图 8-58 选择"百叶窗"转场效果

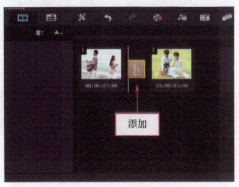

图 8-59 添加"百叶窗"转场效果

STEP 05 在导览面板中单击"播放"按钮,预览百叶窗切换特效,如图 8-60 所示。

图 8-60 预览百叶窗切换特效

第 8 章 应用精彩的转场效果

> **专家指点**
>
> 在会声会影 2018 的"三维"转场组中,运用"飞行盒"转场效果,可以将素材 A 以折叠的形式折成立体的长方体盒子,然后再显示素材 B;运用"开门"转场效果,可以将素材 A 以开门运动的形式显示素材 B 的画面。

8.5.2 特效 2:制作爆炸碎片切换特效

在"三维"转场素材库中,应用"漩涡"转场后,素材 A 将以爆炸碎片的形式融合到素材 B 中。

素材文件	光盘\素材\第 8 章\水果沙拉 1.jpg、水果沙拉 2.jpg
效果文件	光盘\效果\第 8 章\水果沙拉.VSP
视频文件	光盘\视频\第 8 章\8.5.2　特效 2:制作爆炸碎片切换特效.mp4

【操练+视频】——水果沙拉

STEP 01 进入会声会影编辑器,在故事板中插入两幅图像素材,如图 8-61 所示。

STEP 02 ❶单击"转场"按钮,在"转场"素材库的三维转场组中,❷选择"漩涡"转场效果,如图 8-62 所示。单击鼠标左键并将其拖曳至故事板中的两幅图像素材之间,添加"漩涡"转场效果。

图 8-61　插入两幅图像素材

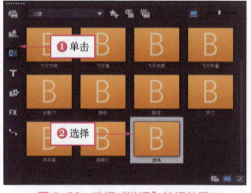

图 8-62　选择"漩涡"转场效果

STEP 03 在导览面板中单击"播放"按钮,预览爆炸碎片切换特效,如图 8-63 所示。

图 8-63　预览爆炸碎片切换特效

8.5.3 特效 3：制作画面飞行翻转特效

在会声会影 2018 中，"飞行翻转"转场是将素材 A 以折叠的形式翻转成立体的长方体盒子，然后再显示素材 B。

素材文件	光盘\素材\第 8 章\鲜花绽放 1.jpg、鲜花绽放 2.jpg
效果文件	光盘\效果\第 8 章\鲜花绽放.VSP
视频文件	光盘\视频\第 8 章\8.5.3　特效 3：制作画面飞行翻转特效.mp4

【操练+视频】——鲜花绽放

STEP 01 进入会声会影编辑器，在故事板中插入两幅图像素材，如图 8-64 所示。

STEP 02 在"转场"素材库的 三维 转场中，选择"飞行翻转"转场效果，如图 8-65 所示。单击鼠标左键并将其拖曳至故事板中的两幅图像素材之间，添加"飞行翻转"转场效果。

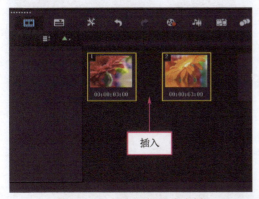

图 8-64　插入两幅图像素材

图 8-65　选择"飞行翻转"转场效果

STEP 03 在导览面板中单击"播放"按钮，预览画面飞行翻转特效，如图 8-66 所示。

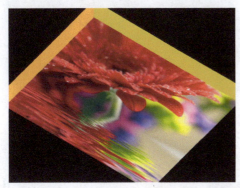

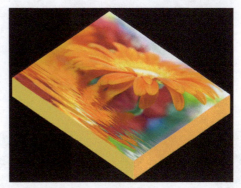

图 8-66　预览画面飞行翻转特效

8.5.4 特效 4：制作立体飞行盒切换特效

在会声会影 2018 中，运用"飞行盒"转场是将素材 A 以折叠的形式折成立体的长方体盒子，然后再显示素材 B。

素材文件	光盘\素材\第 8 章\儿时回忆 1.jpg、儿时回忆 2.jpg
效果文件	光盘\效果\第 8 章\儿时回忆.VSP
视频文件	光盘\视频\第 8 章\8.5.4 特效 4：制作立体飞行盒切换特效.mp4

【操练+视频】——儿时回忆

STEP 01 进入会声会影编辑器，在故事板中插入两幅图像素材，如图 8-67 所示。

STEP 02 在 "转场" 素材库的 三维 转场中，选择 "飞行盒" 转场效果，如图 8-68 所示。单击鼠标左键并将其拖曳至故事板中的两幅图像素材之间，添加 "飞行盒" 转场效果。

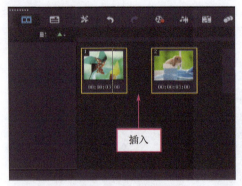

图 8-67 插入两幅图像素材

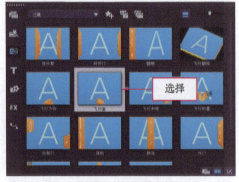

图 8-68 选择 "飞行盒" 转场效果

STEP 03 在导览面板中单击 "播放" 按钮，预览立体飞行盒切换特效，如图 8-69 所示。

图 8-69 预览立体飞行盒切换特效

专家指点

在会声会影 2018 的故事板中，当用户为素材添加 "飞行盒" 转场效果后，在该转场效果上双击鼠标左键，打开 "转场" 选项面板，在其中用户可以设置 "飞行盒" 转场效果的柔化边缘程度，以及转场效果运动的方向等，使制作的转场效果更加符合用户的要求。

8.5.5 特效 5：制作画面裂开切换特效

在会声会影 2018 中，"爆裂" 转场效果是指素材以爆裂的形式从中心裂开往四周扩散,形成相应的过渡效果。

素材文件	光盘\素材\第 8 章\办公场景 1.jpg、办公场景 2.jpg
效果文件	光盘\效果\第 8 章\办公场景.VSP
视频文件	光盘\视频\第 8 章\8.5.5　特效 5:制作画面裂开切换特效.mp4

【操练+视频】——办公场景

STEP 01 进入会声会影编辑器,在故事板中插入两幅图像素材,如图 8-70 所示。

STEP 02 ❶单击"转场"按钮,切换至"转场"素材库,❷单击窗口上方的"画廊"按钮,❸在弹出的列表框中选择 过滤 选项,如图 8-71 所示。

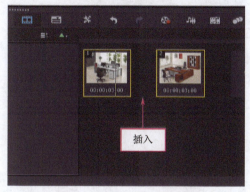

图 8-70　插入两幅图像素材

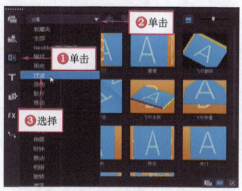

图 8-71　选择"过滤"选项

STEP 03 在 过滤 转场素材库中,选择"爆裂"转场效果,如图 8-72 所示。

STEP 04 单击鼠标左键并拖曳至故事板中的两幅图像素材之间,添加"爆裂"转场效果,如图 8-73 所示。

图 8-72　选择"爆裂"转场效果

图 8-73　添加"爆裂"转场效果

STEP 05 在导览面板中单击"播放"按钮,预览制作的画面裂开切换特效,如图 8-74 所示。

8.5.6　特效 6:制作画面交叉淡化特效

在会声会影 2018 中,"交叉淡化"转场效果是以素材 A 的透明度由 100%转变到 0%,素材 B 的透明度由 0%转变到 100%的一个过程。

第 8 章　应用精彩的转场效果

图 8-74 预览制作的画面裂开切换特效

	素材文件	光盘\素材\第 8 章\采菊东篱 1.jpg、采菊东篱 2.jpg
	效果文件	光盘\效果\第 8 章\一束鲜花.VSP
	视频文件	光盘\视频\第 8 章\8.5.6　特效 6：制作画面交叉淡化特效.mp4

【操练+视频】——采菊东篱

STEP 01　进入会声会影编辑器，在故事板中插入两幅图像素材，如图 8-75 所示。

STEP 02　在"转场"素材库中，❶打开 过滤 转场组，❷选择"交叉淡化"转场效果，如图 8-76 所示。单击鼠标左键并将其拖曳至故事板中的两幅图像素材之间，添加"交叉淡化"转场效果。

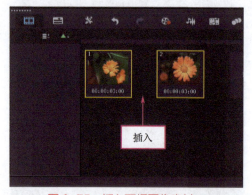
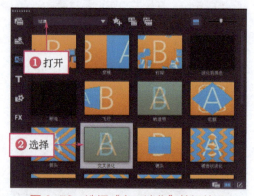

图 8-75　插入两幅图像素材　　　　图 8-76　选择"交叉淡化"转场效果

专家指点

在"过滤"转场组中，其他部分常用的转场效果含义如下。
➢ "燃烧"转场效果是指素材 A 以燃烧的形状过滤，显示素材 B。
➢ "菱形"转场效果是指素材 A 以菱形的形状过滤，显示素材 B。
➢ "漏斗"转场效果是指素材 A 以漏斗缩放的形状过滤，显示素材 B。
➢ "打碎"转场效果是指素材 A 以物品打碎的形状过滤，显示素材 B。

STEP 03　在导览面板中单击"播放"按钮，预览制作的视频画面交叉淡化特效，如图 8-77 所示。

图 8-77 预览制作的视频画面交叉淡化特效

8.5.7 特效 7：制作飞行淡出切换特效

"飞行"转场是指素材 A 以一角飞行至另一角落幕，然后显示素材 B 的过渡效果。

素材文件	光盘\素材\第 8 章\天边彩虹 1.jpg、天边彩虹 2.jpg
效果文件	光盘\效果\第 8 章\天边彩虹.VSP
视频文件	光盘\视频\第 8 章\8.5.7　特效 7：制作飞行淡出切换特效.mp4

【操练+视频】——天边彩虹

STEP 01　进入会声会影编辑器，在故事板中插入两幅图像素材，如图 8-78 所示。

STEP 02　❶在"转场"素材库中打开过滤转场组，❷选择"飞行"转场效果，如图 8-79 所示，并将其拖曳至故事板中的两幅图像素材之间，添加"飞行"转场效果，并设置边框。

图 8-78　插入两幅图像素材　　　　　　图 8-79　选择"飞行"转场效果

STEP 03　在导览面板中单击"播放"按钮，预览飞行淡出切换特效，如图 8-80 所示。

第 8 章　应用精彩的转场效果

221

图 8-80 预览飞行淡出切换特效

8.5.8 特效 8：制作遮罩运动切换特效

"遮罩"转场是指素材 A 以画面遮罩的方式进行运动,然后显示素材 B 的过渡效果。下面介绍具体操作步骤。

	素材文件	光盘\素材\第 8 章\旋转风车 1.jpg、旋转风车 2.jpg
	效果文件	光盘\效果\第 8 章\旋转风车.VSP
	视频文件	光盘\视频\第 8 章\8.5.8 特效 8：制作遮罩运动切换特效.mp4

【操练+视频】——旋转风车

STEP 01 进入会声会影编辑器,在故事板中插入两幅图像素材,如图 8-81 所示。

STEP 02 ❶在"转场"素材库中打开 过渡 转场组,❷选择"遮罩"转场效果,如图 8-82 所示,并将其拖曳至故事板中的两幅图像素材之间,添加"遮罩"转场效果。

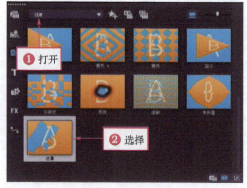

图 8-81 插入两幅图像素材　　　　图 8-82 选择"遮罩"转场效果

STEP 03 在导览面板中单击"播放"按钮,预览遮罩运动切换特效,如图 8-83 所示。

8.5.9 特效 9：制作相册翻页运动特效

在会声会影 2018 中,"相册"转场效果以相册翻动的方式来展现视频或静态画面。相册转场的参数设置丰富,可以选择多种相册布局、封面、背景、大小和位置等。

图 8-83 预览遮罩运动切换特效

素材文件	光盘\素材\第 8 章\娇艳欲滴 1.jpg、娇艳欲滴 2.jpg
效果文件	光盘\效果\第 8 章\娇艳欲滴.VSP
视频文件	光盘\视频\第 8 章\8.5.9 特效 9：制作相册翻页运动特效.mp4

【操练+视频】——娇艳欲滴

STEP 01 进入会声会影编辑器，在故事板中插入两幅图像素材，如图 8-84 所示。

STEP 02 ❶单击"转场"按钮，切换至"转场"素材库，❷单击窗口上方的"画廊"按钮，❸在弹出的列表框中选择 相册 选项，如图 8-85 所示。

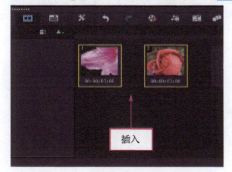 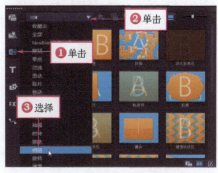

图 8-84 插入两幅图像素材　　　　　　图 8-85 选择"相册"选项

STEP 03 在 相册 转场素材库中选择"翻转"转场效果，如图 8-86 所示。

STEP 04 单击鼠标左键并拖曳至故事板中的两幅图像素材之间，添加"翻转"转场效果，如图 8-87 所示。

图 8-86 选择"翻转"转场效果　　　　　图 8-87 添加"翻转"转场效果

第 8 章　应用精彩的转场效果

STEP 05 在导览面板中单击"播放"按钮,预览相册翻页运动特效,如图 8-88 所示。

图 8-88 预览相册翻页运动特效

本章小结

本章使用大量篇幅,全面介绍了会声会影 2018 转场效果的添加、移动、替换及删除的具体操作方法和技巧,同时对常用的转场效果运用以实例的形式向读者做了详尽的说明和效果展示。通过本章的学习,读者应该全面、熟练地掌握会声会影 2018 转场效果的添加、设置及应用方法,并对转场效果所产生的画面作用有所了解。

覆叠与字幕篇

第 9 章

制作巧妙的覆叠效果

章前知识导读

在电视或电影中，经常会看到在播放一段视频的同时，往往还嵌套播放另一段视频，这就是常说的画中画，即覆叠效果。画中画视频技术的应用，在有限的画面空间中，创造了更加丰富的画面内容。本章主要向读者介绍制作覆叠效果的方法。

新手重点索引

覆叠动画简介	制作覆叠合成特效
覆叠效果的基本操作	制作画面同框分屏特效
制作覆叠遮罩效果	

效果图片欣赏

9.1 覆叠动画简介

所谓覆叠功能，是指会声会影 2018 提供的一种视频编辑方法，它将视频素材添加到时间轴视图中的覆叠轨之后，可以对视频素材进行淡入淡出、进入退出及停靠位置等设置，从而产生视频叠加的效果，为影片增添更多精彩。本节主要向读者介绍覆叠动画的基础知识，包括覆叠属性的设置技巧。

9.1.1 掌握"效果"选项面板

运用会声会影 2018 的覆叠功能，可以使用户在编辑视频的过程中具有更多的表现方式。选择覆叠轨中的素材文件，在"效果"选项面板中可以设置覆叠素材的相关属性与运动特效，如图 9-1 所示。

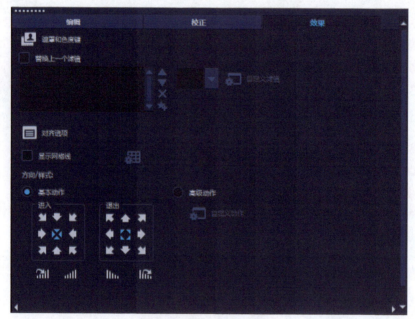

图 9-1 "效果"选项面板

在"效果"选项面板中，各主要选项的具体含义如下。

➢ 遮罩和色度键：单击该按钮，在弹出的选项面板中可以设置覆叠素材的透明度、边框、覆叠类型和相似度等。

➢ 对齐选项：单击该按钮，在弹出的下拉列表中可以设置当前视频的位置及视频对象的宽高比。

➢ 替换上一个滤镜：选中该复选框，新的滤镜将替换素材原来的滤镜效果，并应用到覆叠素材上。若用户需要在覆叠素材中应用多个滤镜效果，则可取消选中该复选框。

➢ 自定义滤镜：单击该按钮，用户可以根据需要对当前添加的滤镜进行自定义设置。

➢ 进入/退出：设置素材进入和离开屏幕时的方向。

➢ 淡入动画效果：单击该按钮，可以将淡入效果添加到当前素材中，覆叠淡入效果如图 9-2 所示。

图 9-2 覆叠淡入效果

➢ 淡出动画效果 : 单击该按钮, 可以将淡出效果添加到当前素材中, 覆叠淡出效果如图 9-3 所示。

图 9-3 覆叠淡出效果

➢ 暂停区间前旋转 /暂停区间后旋转 : 单击相应的按钮, 可以在覆叠画面进入或离开屏幕时应用旋转效果, 同时可在导览面板中设置旋转之前或之后的暂停区间。
➢ 显示网格线: 选中该复选框, 可以在视频中添加网格线。
➢ 高级动作: 选中该单选按钮, 可以设置覆叠素材的路径运动效果。

在选项面板的"方向/样式"选项区中, 各主要按钮含义如下。

➢ "从左上方进入"按钮 : 单击该按钮, 素材将从左上方进入视频动画。
➢ "进入"选项区中的"静止"按钮 : 单击该按钮, 可以取消为素材添加的进入动画效果。
➢ "退出"选项区中的"静止"按钮 : 单击该按钮, 可以取消为素材添加的退出动画效果。
➢ "从右上方进入"按钮 : 单击该按钮, 素材将从右上方进入视频动画。
➢ "从左上方退出"按钮 : 单击该按钮, 素材将从左上方退出视频动画。
➢ "从右上方退出"按钮 : 单击该按钮, 素材将从右上方退出视频动画。

9.1.2 掌握遮罩和色度键设置

在"效果"选项面板中,单击"遮罩和色度键"按钮,将展开"遮罩和色度键"选项面板,在其中可以设置覆盖素材的透明度、边框和遮罩特效,如图 9-4 所示。

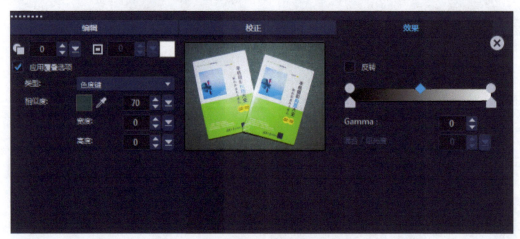

图 9-4 展开"遮罩和色度键"选项面板

在"遮罩和色度键"选项面板中,各主要选项含义如下。

- 透明度:在该数值框中输入相应的参数或者拖动滑块,可以设置素材的透明度。
- 边框:在该数值框中输入相应的参数或者拖动滑块,可以设置边框的厚度,单击右侧的颜色色块,可以选择边框的颜色。
- 应用覆叠选项:选中该复选框,可以指定覆叠素材将被渲染的透明程度。
- 类型:选择是否在覆叠素材上应用预设的遮罩,或指定要渲染为透明的颜色。
- 针对遮罩的色彩相似度:指定要渲染为透明的色彩选择范围。单击右侧的颜色色块,可以选择要渲染为透明的颜色。单击按钮,可以在覆叠素材中选取色彩参数。
- 宽度/高度:从覆叠素材中修剪不需要的边框,可设置要修剪素材的高度和宽度。
- 覆叠预览:会声会影为覆叠选项窗口提供了预览功能,使用户能够同时查看素材调整之前的原貌,方便比较调整后的效果。

9.2 覆叠效果的基本操作

在会声会影 2018 中,当用户为视频添加覆叠素材后,可以对覆叠素材进行相应的编辑操作,包括删除覆叠素材、设置覆叠对象透明度、设置覆叠对象的边框、设置覆叠素材的动画及设置对象对齐方式等属性,使制作的覆叠素材更加美观。本节主要向读者介绍添加与编辑覆叠素材的操作方法。

9.2.1 添加覆叠素材

在会声会影 2018 中,用户可以根据需要在视频轨中添加相应的覆叠素材,从而制作出更具观赏性的视频作品。下面介绍添加覆叠素材的操作方法。

素材文件	光盘\素材\第 9 章\快乐起航.jpg、快乐起航.png
效果文件	光盘\效果\第 9 章\快乐起航.VSP
视频文件	光盘\视频\第 9 章\9.2.1　添加覆叠素材.mp4

【操练+视频】——快乐起航

STEP 01　进入会声会影编辑器，在视频轨中插入一幅图像素材，如图 9-5 所示。

STEP 02　在覆叠轨中的适当位置单击鼠标右键，在弹出的快捷菜单中选择 插入照片... 选项，如图 9-6 所示。

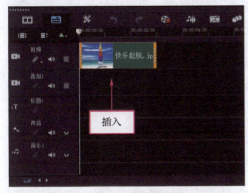
图 9-5　插入一幅图像素材

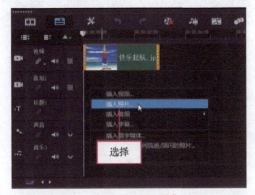
图 9-6　选择"插入照片"选项

专家指点

用户还可以直接将计算机中自己喜欢的图像素材直接拖曳至会声会影 2018 软件的覆叠轨中，释放鼠标左键，也可以快速添加覆叠素材。

STEP 03　弹出"浏览照片"对话框，❶在其中选择相应的照片素材，❷在下方单击"打开"按钮，如图 9-7 所示。

STEP 04　即可在覆叠轨中添加相应的覆叠素材，如图 9-8 所示。

图 9-7　选择相应的照片素材

图 9-8　添加相应的覆叠素材

STEP 05　在预览窗口中，拖曳素材四周的控制柄，调整覆叠素材的位置和大小，如

第 9 章　制作巧妙的覆叠效果

图 9-9 所示。

STEP 06 执行上述操作后，即可完成覆叠素材的添加。单击导览面板中的"播放"按钮，预览覆叠效果，如图 9-10 所示。

图 9-9 调整覆叠素材的位置和大小

图 9-10 预览覆叠效果

9.2.2 删除覆叠素材

在会声会影 2018 中，如果用户不需要覆叠轨中的素材，可以将其删除。下面向读者介绍删除覆叠素材的操作方法。

素材文件	光盘\素材\第 9 章\红色玫瑰.VSP
效果文件	光盘\效果\第 9 章\红色玫瑰.VSP
视频文件	光盘\视频\第 9 章\9.2.2　删除覆叠素材.mp4

【操练+视频】——红色玫瑰

STEP 01 进入会声会影编辑器，单击 文件(F) | 打开项目 命令，打开一个项目文件，如图 9-11 所示。

STEP 02 在预览窗口中，预览打开的项目效果，如图 9-12 所示。

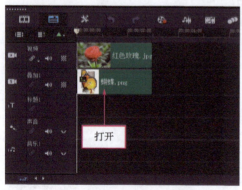

图 9-11 打开一个项目文件

图 9-12 预览打开的项目效果

STEP 03 在时间轴面板的覆叠轨中，选择需要删除的覆叠素材，如图 9-13 所示。

STEP 04 单击鼠标右键，在弹出的快捷菜单中选择 删除 选项，如图 9-14 所示。

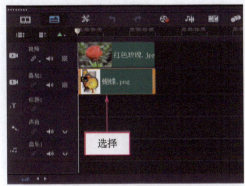 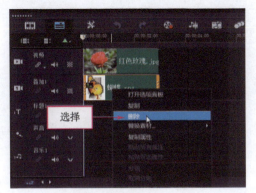

图 9-13 选择需要删除的覆叠素材　　　　　图 9-14 选择"删除"选项

STEP 05　执行上述操作后，即可删除覆叠轨中的素材，如图 9-15 所示。
STEP 06　在预览窗口中，可以预览删除覆叠素材后的效果，如图 9-16 所示。

图 9-15 删除覆叠轨中的素材　　　　　图 9-16 预览删除覆叠素材后的效果

专家指点

在会声会影 2018 中，用户还可以通过以下两种方法删除覆叠素材。
➢ 选择覆叠素材，在菜单栏中单击 编辑(E) | 删除(D) 命令，即可删除覆叠素材。
➢ 选择需要删除的覆叠素材，按【Delete】键，即可删除覆叠素材。

9.2.3 设置覆叠对象透明度

在"透明度"数值框中输入相应的数值，即可设置覆叠素材的透明度效果。下面向读者介绍设置覆叠素材透明度的操作方法。

素材文件	光盘\素材\第 9 章\夕阳景观.VSP
效果文件	光盘\效果\第 9 章\夕阳景观.VSP
视频文件	光盘\视频\第 9 章\9.2.3　设置覆叠对象透明度.mp4

【操练+视频】——夕阳景观

STEP 01　单击 文件 | 打开项目 命令，打开一个项目文件，如图 9-17 所示。
STEP 02　在预览窗口中预览打开的项目效果，如图 9-18 所示。
STEP 03　在覆叠轨中，选择需要设置透明度的覆叠素材，如图 9-19 所示。
STEP 04　❶打开"效果"选项面板，❷单击 遮罩和色度键 按钮，如图 9-20 所示。

第 9 章　制作巧妙的覆叠效果

图 9-17 打开一个项目文件

图 9-18 预览打开的项目效果

图 9-19 选择需要设置透明度的覆叠素材

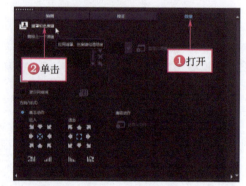

图 9-20 单击"遮罩和色度键"按钮

STEP 05 执行操作后,打开"遮罩和色度键"选项面板,在"透明度"数值框中输入 30,如图 9-21 所示,执行操作后,即可设置覆叠素材的透明度效果。

STEP 06 在预览窗口中,可以预览视频效果,如图 9-22 所示。

图 9-21 设置透明度参数

图 9-22 预览视频效果

9.2.4 设置覆叠对象的边框

为了更好地突出覆叠素材,可以为所添加的覆叠素材设置边框。下面介绍在会声会影 2018 中,设置覆叠素材边框的操作方法。

	素材文件	光盘\素材\第 9 章\此生不渝.VSP
	效果文件	光盘\效果\第 9 章\此生不渝.VSP
	视频文件	光盘\视频\第 9 章\9.2.4 设置覆叠对象的边框.mp4

【操练+视频】——此生不渝

STEP 01 进入会声会影编辑器,单击 文件(F) | 打开项目 命令,打开一个项目文件,如图9-23所示。

STEP 02 在预览窗口中,预览打开的项目效果,如图9-24所示。

图9-23 打开一个项目文件　　　　　　图9-24 预览打开的项目效果

STEP 03 在覆叠轨中,选择需要设置边框效果的覆叠素材,如图9-25所示。

STEP 04 ❶打开"效果"选项面板,❷单击 遮罩和色度键 按钮,如图9-26所示。

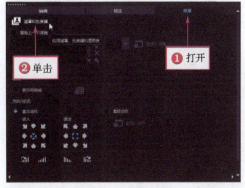

图9-25 选择需要设置边框效果的覆叠素材　　图9-26 单击"遮罩和色度键"按钮

> **专家指点**
>
> 单击"效果"选项面板中的 遮罩和色度键 按钮,在弹出的选项面板中单击"边框"数值框右侧的下三角按钮,弹出透明度滑块,在滑块上单击鼠标左键的同时向右拖曳滑块,至合适的位置后释放鼠标左键,也可调整覆叠素材的边框效果。

STEP 05 打开"遮罩和色度键"选项面板,在"边框"数值框中输入4,如图9-27所示。执行操作后,即可设置覆叠素材的边框效果。

STEP 06 在预览窗口中可以预览视频效果,如图9-28所示。

9.2.5 为覆叠素材设置动画

在会声会影2018中,为插入的覆叠素材图像设置动画效果,可以使覆叠素材的效果更具有吸引力与欣赏力。

第9章 制作巧妙的覆叠效果

233

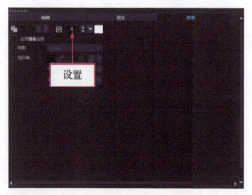

图 9-27 设置边框参数值

图 9-28 预览视频效果

	素材文件	光盘\素材\第 9 章\景色迷人.VSP
	效果文件	光盘\效果\第 9 章\景色迷人.VSP
	视频文件	光盘\视频\第 9 章\9.2.5 为覆叠素材设置动画.mp4

【操练+视频】——景色迷人

STEP 01 进入会声会影编辑器，单击 文件(F) | 打开项目 命令，打开一个项目文件，在预览窗口中可以预览打开的项目效果，如图 9-29 所示。

STEP 02 选择需要设置进入动画的覆叠素材，如图 9-30 所示。

图 9-29 预览打开的项目效果

图 9-30 选择覆叠素材

STEP 03 在"效果"面板的"进入"选项区中，单击"从上方进入"按钮，如图 9-31 所示。

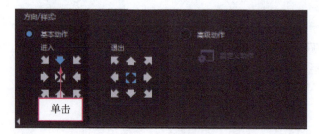

图 9-31 单击"从上方进入"按钮

> **专家指点**
>
> 在会声会影 2018 中，如果用户不需要为覆叠素材设置进入动画效果，此时可以在选项面板的"进入"选项区中，单击"静止"按钮⊠，即可取消覆叠素材的进入动画效果。

STEP 04 执行操作后，即可设置覆叠素材的进入动画效果。在导览面板中单击"播放"按钮，即可预览设置的进入动画，如图 9-32 所示。

图 9-32 预览设置的进入动画

9.2.6 设置对象对齐方式

在"效果"选项面板中，单击"对齐选项"按钮，在弹出的列表框中包含 3 种不同类型的对齐方式，用户可根据需要进行相应设置。下面向读者介绍设置覆叠对齐方式的操作方法。

	素材文件	光盘\素材\第 9 章\鸟语花香.VSP
	效果文件	光盘\效果\第 9 章\鸟语花香.VSP
	视频文件	光盘\视频\第 9 章\9.2.6　设置对象对齐方式.mp4

【操练+视频】——鸟语花香

STEP 01 进入会声会影编辑器，单击 文件(F) | 打开项目 命令，打开一个项目文件，如图 9-33 所示。

STEP 02 在预览窗口中，预览打开的项目效果，如图 9-34 所示。

图 9-33 打开一个项目文件　　　　　图 9-34 预览打开的项目效果

第 9 章　制作巧妙的覆叠效果

235

STEP 03 在覆叠轨中，选择需要设置对齐方式的覆叠素材，如图 9-35 所示。
STEP 04 在预览窗口中，覆叠素材呈选中状态，如图 9-36 所示。

图 9-35　选择覆叠素材

图 9-36　覆叠素材呈选中状态

STEP 05 ❶打开"效果"选项面板，❷单击 对齐选项 按钮，在弹出的列表框中选择❸ 停靠在中央 | ❹ 居中 选项，如图 9-37 所示。

STEP 06 即可设置覆叠素材的对齐方式，在预览窗口中可以预览效果，如图 9-38 所示。

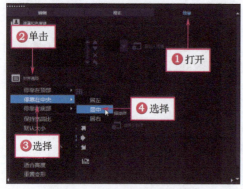

图 9-37　选择"居中"选项

图 9-38　预览效果

9.3　制作覆叠遮罩效果

在会声会影 2018 中，用户还可以根据需要在覆叠轨中设置覆叠对象的遮罩效果，使制作的视频作品更美观。本节主要向读者详细介绍设置覆叠素材遮罩效果的方法，主要包括制作圆形遮罩效果、矩形遮罩效果、特定遮罩效果、心形遮罩效果及椭圆遮罩效果等。

9.3.1　特效 1：制作圆形遮罩特效

在"遮罩创建器"对话框中，通过椭圆工具可以在视频画面上创建圆形的遮罩效果。下面介绍制作圆形遮罩特效的操作方法。

	素材文件	光盘\素材\第 9 章\可爱小狗 1.mpg、可爱小狗 2.mpg
	效果文件	光盘\效果\第 9 章\可爱小狗.VSP
	视频文件	光盘\视频\第 9 章\9.3.1　特效 1：制作圆形遮罩特效.mp4

【操练+视频】——可爱小狗

STEP 01 在视频轨和覆叠轨中分别插入一段视频素材，选择覆叠素材，如图 9-39 所示。

STEP 02 在菜单栏中，单击❶ 工具(T) | ❷ 遮罩创建器... 命令，如图 9-40 所示。

> **专家指点**
>
> 在"遮罩创建器"对话框中，可以由用户在视频中的任何位置创建遮罩效果，这个位置用户可以自由指定，在操作上更加灵活便捷。

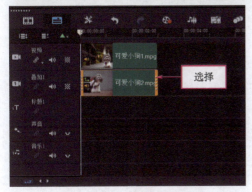 

图 9-39　选择覆叠素材　　　　　　图 9-40　单击"遮罩创建器"命令

STEP 03 弹出"遮罩创建器"对话框，在"遮罩工具"下方选取椭圆工具，如图 9-41 所示。

图 9-41　选取椭圆工具

STEP 04 在左侧预览窗口中单击鼠标左键并拖曳，在视频上绘制一个圆，如图 9-42 所示。

图 9-42　在视频上绘制一个圆

第 9 章　制作巧妙的覆叠效果

237

STEP 05 在右侧"遮罩类型"选项区中选中"静止"单选按钮，如图9-43所示。

图9-43 选中"静止"单选按钮

STEP 06 制作完成后，单击"确定"按钮，返回会声会影编辑器，此时覆叠轨中的素材缩略图显示已绘制好的遮罩样式，如图9-44所示。

STEP 07 在预览窗口中，可以预览制作的视频圆形遮罩效果，如图9-45所示。

图9-44 显示已绘制好的遮罩样式　　　　图9-45 预览制作的视频圆形遮罩效果

STEP 08 拖曳覆叠素材四周的黄色控制柄，调整覆叠素材的大小和位置，如图9-46所示。

STEP 09 制作完成后，单击"播放"按钮，预览制作的圆形遮罩效果，如图9-47所示。

图9-46 调整覆叠素材的大小和位置　　　　图9-47 预览制作的圆形遮罩效果

9.3.2 特效2：制作矩形遮罩特效

在"遮罩创建器"对话框中，通过矩形工具可以在视频画面中创建矩形遮罩效果。

下面介绍制作矩形遮罩效果的操作方法。

素材文件	光盘\素材\第 9 章\鲜花藤蔓 1.mpg、鲜花藤蔓 2.mpg
效果文件	光盘\效果\第 9 章\鲜花藤蔓.VSP
视频文件	光盘\视频\第 9 章\9.3.2 特效 2：制作矩形遮罩特效.mp4

【操练+视频】——鲜花藤蔓

STEP 01 在视频轨和覆叠轨中分别插入一段视频素材，选择覆叠素材，如图 9-48 所示。

STEP 02 在时间轴面板上方，单击"遮罩创建器"按钮，如图 9-49 所示。

图 9-48 选择覆叠素材

图 9-49 单击"遮罩创建器"按钮

STEP 03 弹出"遮罩创建器"对话框，在右侧"遮罩类型"选项区中，❶选中"静止"单选按钮；在"遮罩工具"选项区中，❷选取矩形工具，如图 9-50 所示。

图 9-50 选取矩形工具

STEP 04 在左侧预览窗口中单击鼠标左键并拖曳，❶在视频上绘制一个矩形，制作完成后，❷单击"确定"按钮，如图 9-51 所示。

STEP 05 返回会声会影编辑器，此时覆叠轨中的素材缩略图显示已绘制好的遮罩样式，如图 9-52 所示。

STEP 06 在预览窗口中可以预览创建的遮罩效果，如图 9-53 所示。

STEP 07 在预览窗口中，调整覆叠素材的大小和位置，如图 9-54 所示。

STEP 08 在导览面板中单击"播放"按钮，预览制作的矩形遮罩效果，如图 9-55

第 9 章 制作巧妙的覆叠效果

所示。

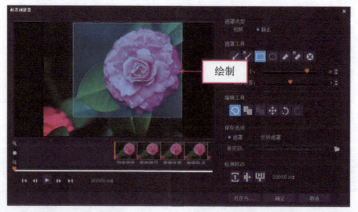

图 9-51　在视频上绘制一个矩形

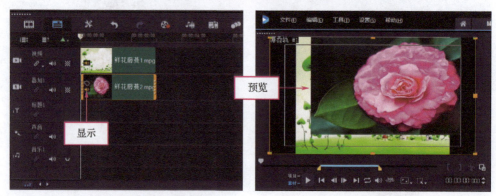

图 9-52　显示已绘制好的遮罩样式　　　　图 9-53　预览创建的遮罩效果

图 9-54　调整覆叠素材的大小和位置　　　　图 9-55　预览制作的矩形遮罩效果

9.3.3　特效 3：制作特定遮罩特效

在"遮罩创建器"对话框中，通过遮罩刷工具可以制作出特定画面或对象的遮罩效果，相当于 Photoshop 中的抠图功能。下面介绍制作特定遮罩效果的操作方法。

	素材文件	光盘\素材\第 9 章\昆虫与花 1.mpg、昆虫与花 2.mpg
	效果文件	光盘\效果\第 9 章\昆虫与花.VSP
	视频文件	光盘\视频\第 9 章\9.3.3　特效 3：制作特定遮罩特效.mp4

【操练+视频】——昆虫与花

STEP 01 在视频轨和覆叠轨中分别插入一段视频素材，如图 9-56 所示。

STEP 02 在覆叠轨中的素材上单击鼠标右键，在弹出的快捷菜单中选择"遮罩创建器..."选项，如图 9-57 所示。

图 9-56 分别插入一段视频素材

图 9-57 选择"遮罩创建器"选项

STEP 03 弹出"遮罩创建器"对话框，在右侧"遮罩类型"选项区中，❶选中"静止"单选按钮；在"遮罩工具"选项区中，❷选取遮罩刷工具，如图 9-58 所示。

图 9-58 选取遮罩刷工具

STEP 04 将鼠标移至左侧预览窗口中，在需要抠取的视频画面上单击鼠标左键并拖曳，创建遮罩区域，如图 9-59 所示。

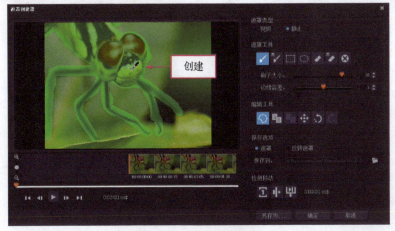

图 9-59 创建遮罩区域

第 9 章 制作巧妙的覆叠效果

STEP 05 遮罩创建完成后释放鼠标左键，被抠取的视频画面将被选中，如图 9-60 所示。

图 9-60　被抠取的视频画面将被选中

STEP 06 制作完成后，单击"确定"按钮，返回会声会影编辑器，在预览窗口中可以调整素材的大小和位置，如图 9-61 所示。

STEP 07 在导览面板中单击"播放"按钮，预览制作的特定遮罩效果，如图 9-62 所示。

图 9-61　调整素材的大小和位置

图 9-62　预览制作的特定遮罩效果

9.3.4　特效 4：制作心形遮罩特效

在会声会影 2018 中，心形遮罩效果是指覆叠轨中的素材以心形的形状遮罩在视频轨中素材的上方。下面介绍设置心形遮罩效果的操作方法。

	素材文件	光盘\素材\第9章\真爱一生.VSP
	效果文件	光盘\效果\第9章\真爱一生.VSP
	视频文件	光盘\视频\第9章\9.3.4　特效4：制作心形遮罩特效.mp4

【操练+视频】——真爱一生

STEP 01 进入会声会影编辑器，单击 文件(F) | 打开项目 命令，打开一个项目文件，如图 9-63 所示。

会声会影 2018 完全自学宝典
（全彩图解、高清视频）

242

STEP 02 在预览窗口中，预览打开的项目效果，如图 9-64 所示。

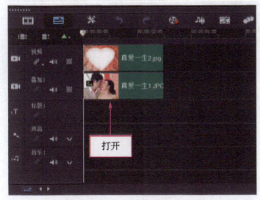

图 9-63 打开一个项目文件

图 9-64 预览打开的项目效果

STEP 03 选择覆叠素材，❶打开"效果"选项面板，单击 遮罩和色度键 按钮，打开相应选项面板，❷选中 应用覆叠选项 复选框，❸单击"类型"下拉按钮，在弹出的列表框中选择"遮罩帧"选项，打开覆叠遮罩列表，❹在其中选择心形遮罩效果，如图 9-65 所示。

STEP 04 此时，即可设置覆叠素材为心形遮罩样式。在导览面板中单击"播放"按钮，预览视频中的心形遮罩效果，如图 9-66 所示。

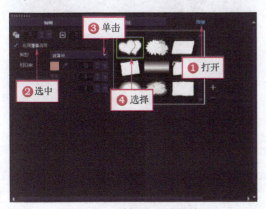

图 9-65 选择心形遮罩效果

图 9-66 预览心形遮罩效果

9.3.5 特效 5：制作椭圆遮罩特效

在会声会影 2018 中，椭圆遮罩效果是指覆叠轨中的素材以椭圆的性质遮罩在视频轨中素材的上方。下面介绍制作椭圆遮罩效果的操作方法。

素材文件	光盘\素材\第 9 章\幸福情侣.VSP
效果文件	光盘\效果\第 9 章\幸福情侣.VSP
视频文件	光盘\视频\第 9 章\9.3.5　特效 5：制作椭圆遮罩特效.mp4

【操练+视频】——幸福情侣

STEP 01 进入会声会影编辑器，单击 文件(F) | 打开项目 命令，打开一个项目文件，如图 9-67 所示。

第 9 章 制作巧妙的覆叠效果

243

STEP 02 在预览窗口中，预览打开的项目效果，如图9-68所示。

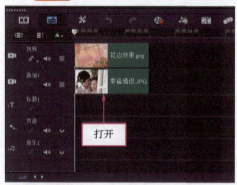

图9-67 打开一个项目文件

图9-68 预览打开的项目效果

STEP 03 在覆叠轨中，选择需要设置椭圆遮罩特效的覆叠素材，如图9-69所示。

STEP 04 ❶打开"效果"选项面板，单击 遮罩和色度键 按钮，打开相应选项面板，❷选中 应用覆叠选项 复选框，如图9-70所示。

图9-69 选择覆叠素材

图9-70 选中"应用覆叠选项"复选框

STEP 05 ❶单击"类型"下拉按钮，❷在弹出的列表框中选择 遮罩帧 选项，如图9-71所示。

图9-71 选择"遮罩帧"选项

STEP 06 打开覆叠遮罩列表，在其中选择椭圆遮罩效果，如图9-72所示。

STEP 07 此时，在预览窗口中可以调整素材的大小和位置，如图9-73所示。

STEP 08 在导览面板中单击"播放"按钮，预览视频中的椭圆遮罩效果，如图9-74所示。

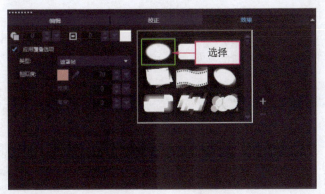

图 9-72 选择椭圆遮罩效果

图 9-73 调整素材的大小和位置

图 9-74 预览视频中的椭圆遮罩效果

专家指点

在会声会影 2018 中，如果用户需要为覆叠素材取消遮罩样式，此时只需在选项面板中取消选中"应用覆叠选项"复选框，即可取消覆叠素材上的遮罩效果。

9.4 制作覆叠合成特效

在会声会影 2018 中，覆叠有多种编辑方式，如制作若隐若现效果、精美相册特效、覆叠转场特效、带边框画中画效果、装饰图案效果、覆叠遮罩特效及覆叠滤镜特效等。本节主要向读者介绍通过覆叠功能制作视频合成特效的操作方法。

9.4.1 合成 1：制作若隐若现画面合成

在会声会影 2018 中，对覆叠轨中的图像素材应用淡入和淡出动画效果，可以使素材显示若隐若现效果。下面向读者介绍制作若隐若现叠加画面效果的操作方法。

	素材文件	光盘\素材\第 9 章\喜庆新年.VSP
	效果文件	光盘\效果\第 9 章\喜庆新年.VSP
	视频文件	光盘\视频\第 9 章\9.4.1 合成 1：制作若隐若现画面合成.mp4

第 9 章 制作巧妙的覆叠效果

245

【操练+视频】——喜庆新年

STEP 01　单击 文件(F) | 打开项目 命令，打开一个项目文件，如图9-75所示。

STEP 02　在预览窗口中，可以预览覆叠素材画面效果，如图9-76所示。

图9-75　打开一个项目文件

图9-76　预览覆叠素材画面效果

STEP 03　选择覆叠素材，在"效果"选项面板中单击❶"淡入动画效果"按钮 和❷"淡出动画效果"按钮 ，如图9-77所示。

图9-77　单击相应的按钮

STEP 04　即可制作覆叠素材若隐若现效果，在导览面板中单击"播放"按钮，即可预览制作的若隐若现动画效果，如图9-78所示。

图9-78　预览制作的若隐若现动画效果

图 9-78 预览制作的若隐若现动画效果（续）

9.4.2 合成 2：制作精美相框合成特效

在会声会影 2018 中，为照片添加相框是一种简单而实用的装饰方式，可以使视频画面更具有吸引力和观赏性。下面向读者介绍制作精美相册特效的操作方法。

素材文件	光盘\素材\第 9 章\猫咪宝贝.jpg、相框.png
效果文件	光盘\效果\第 9 章\猫咪宝贝.VSP
视频文件	光盘\视频\第 9 章\9.4.2 合成 2：制作精美相框合成特效.mp4

【操练+视频】——猫咪宝贝

STEP 01 进入会声会影编辑器，在视频轨中插入一幅图像素材，在预览窗口中，可以预览图像素材画面效果，如图 9-79 所示。

STEP 02 在覆叠轨中插入一幅图像素材，如图 9-80 所示。

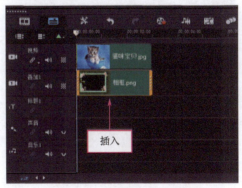

图 9-79 预览图像素材画面效果　　　　图 9-80 插入一幅图像素材

STEP 03 在预览窗口中，调整覆叠素材的大小，如图 9-81 所示。

STEP 04 在导览面板中单击"播放"按钮，预览制作的精美相框特效，如图 9-82 所示。

> **专家指点**
>
> 在会声会影 2018 中，用户制作精美相框特效时，建议用户使用的覆叠素材为 png 格式的透明素材，这样覆叠素材与视频轨中的图像才能很好地合成一张画面。

第 9 章　制作巧妙的覆叠效果

图 9-81 调整覆盖素材的大小

图 9-82 预览制作的精美相框特效

9.4.3 合成 3：制作画中画转场切换特效

在会声会影 2018 中，用户不仅可以为视频轨中的素材添加转场效果，还可以为覆叠轨中的素材添加转场效果。下面向读者介绍制作画中画转场切换特效的操作方法。

素材文件	光盘\素材\第 9 章\背景.jpg、江上焰火 1.jpg、江上焰火 2.jpg
效果文件	光盘\效果\第 9 章\江上焰火.VSP
视频文件	光盘\视频\第 9 章\9.4.3 合成 3：制作画中画转场切换特效.mp4

【操练+视频】——江上焰火

STEP 01 进入会声会影编辑器，在视频轨中插入一幅图像素材，如图 9-83 所示。

STEP 02 打开"编辑"选项面板，在其中设置"照片区间"为 0:00:05:000，如图 9-84 所示，更改素材区间长度。

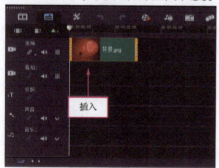
图 9-83 插入一幅图像素材

图 9-84 更改素材区间长度

STEP 03 在时间轴面板的视频轨中，可以查看更改区间长度后的图像素材，如图 9-85 所示。

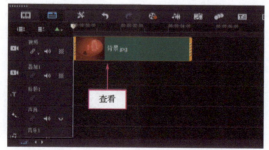
图 9-85 查看更改区间长度后的图像素材

STEP 04 在覆叠轨中，插入两幅图像素材，如图9-86所示。

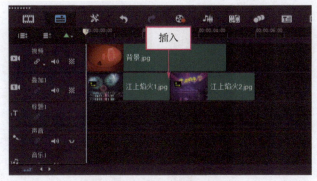

图9-86 插入两幅图像素材

STEP 05 在预览窗口中，可以预览覆叠素材画面效果，如图9-87所示。

STEP 06 ❶打开"转场"素材库，❷单击窗口上方的"画廊"按钮，在弹出的列表框中选择 果皮 选项，进入 果皮 转场组，❸在其中选择"对开门"转场效果，如图9-88所示。

图9-87 预览覆叠素材画面效果

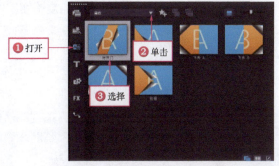

图9-88 选择"对开门"转场效果

STEP 07 将选择的转场效果拖曳至时间轴面板的覆叠轨中两幅图像素材之间，如图9-89所示。

STEP 08 释放鼠标左键，即可在覆叠轨中为覆叠素材添加转场效果，如图9-90所示。

图9-89 拖曳转场至两幅图像素材之间

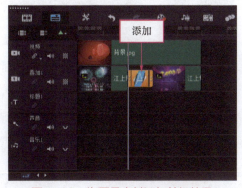

图9-90 为覆叠素材添加转场效果

第9章 制作巧妙的覆叠效果

STEP 09 在导览面板中单击"播放"按钮,预览制作的覆叠转场特效,如图 9-91 所示。

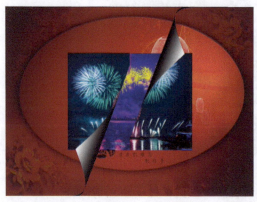

图 9-91 预览制作的覆叠转场特效

9.4.4 合成 4:制作视频装饰图案合成特效

在会声会影 2018 中,如果用户想使画面变得丰富多彩,则可在画面中添加符合视频的装饰图案。下面向读者介绍添加装饰图案的操作方法。

素材文件	光盘\素材\第 9 章\求婚现场.jpg、装饰素材.png
效果文件	光盘\效果\第 9 章\求婚现场.VSP
视频文件	光盘\视频\第 9 章\9.4.4 合成 4:制作视频装饰图案合成特效.mp4

【操练+视频】——求婚现场

STEP 01 进入会声会影编辑器,在视频轨中插入一幅图像素材,如图 9-92 所示。

STEP 02 在预览窗口中,可以预览图像素材画面效果,如图 9-93 所示。

图 9-92 插入一幅图像素材　　　　图 9-93 预览图像素材画面效果

STEP 03 在覆叠轨中,插入一幅图像素材,如图 9-94 所示。

STEP 04 在预览窗口中,可以预览覆叠素材画面效果,如图 9-95 所示。

STEP 05 在预览窗口中拖曳素材四周的控制柄,调整覆叠素材的大小,如图 9-96 所示。

STEP 06 在导览面板中单击"播放"按钮,预览制作的装饰图案特效,如图 9-97 所示。

图 9-94　插入一幅图像素材

图 9-95　预览覆叠素材画面效果

图 9-96　调整覆叠素材的大小

图 9-97　预览制作的装饰图案特效

9.4.5　合成 5：制作覆叠胶片遮罩合成特效

在会声会影 2018 中，遮罩可以使视频轨和覆叠轨中的素材局部透空叠加。下面向读者介绍制作覆叠胶片遮罩合成特效的操作方法。

素材文件	光盘\素材\第 9 章\汽车广告.VSP
效果文件	光盘\效果\第 9 章\汽车广告.VSP
视频文件	光盘\视频\第 9 章\9.4.5　合成 5：制作覆叠胶片遮罩合成特效.mp4

【操练+视频】——汽车广告

STEP 01　单击 文件(F) | 打开项目 命令，打开一个项目文件，如图 9-98 所示。

STEP 02　在预览窗口中，可以预览打开的项目效果，如图 9-99 所示。

图 9-98　打开一个项目文件

图 9-99　预览打开的项目效果

第 9 章　制作巧妙的覆叠效果

251

STEP 03 在覆叠轨中，选择需要设置胶片遮罩特效的覆叠素材，如图 9-100 所示。

STEP 04 ❶打开"效果"选项面板，单击 遮罩和色度键 按钮，打开相应选项面板，❷选中 应用覆叠选项 复选框，如图 9-101 所示。

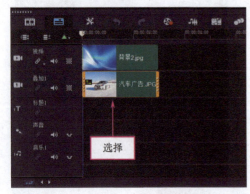
图 9-100　选择覆叠素材

图 9-101　选中"应用覆叠选项"复选框

STEP 05 ❶单击"类型"下拉按钮，❷在弹出的列表框中选择 遮罩帧 选项，如图 9-102 所示。

图 9-102　选择"遮罩帧"选项

STEP 06 打开覆叠遮罩列表，在其中选择相应的遮罩效果，如图 9-103 所示。

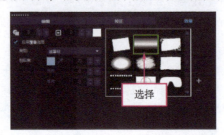
图 9-103　选择相应的遮罩效果

STEP 07 即可设置覆叠素材的遮罩样式，并调整覆叠素材的大小，如图 9-104 所示。

STEP 08 在导览面板中单击"播放"按钮，预览制作的覆叠遮罩效果，如图 9-105 所示。

9.4.6　合成 6：制作画中画下雨合成特效

在会声会影 2018 中，遮罩可以使视频轨和覆叠轨中的素材局部透空叠加。下面向读者介绍制作画中画下雨合成特效的操作方法。

图 9-104　调整覆叠素材的大小　　　　图 9-105　预览制作的覆叠遮罩效果

素材文件	光盘\素材\第 9 章\灰暗天空.jpg、边框.png
效果文件	光盘\效果\第 9 章\灰暗天空.VSP
视频文件	光盘\视频\第 9 章\9.4.6　合成 6：制作画中画下雨合成特效.mp4

【操练+视频】——灰暗天空

STEP 01 进入会声会影编辑器，在视频轨中插入一幅图像素材，如图 9-106 所示。

STEP 02 在预览窗口中，可以预览图像素材画面效果，如图 9-107 所示。

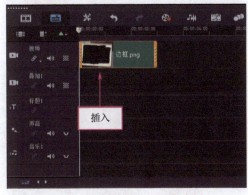

图 9-106　插入一幅图像素材　　　　图 9-107　预览图像素材画面效果

STEP 03 在覆叠轨中，插入一幅图像素材，如图 9-108 所示。

STEP 04 在预览窗口中，可以预览覆叠素材画面效果，如图 9-109 所示。

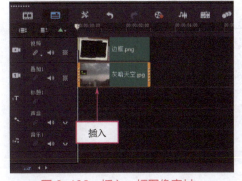

图 9-108　插入一幅图像素材　　　　图 9-109　预览覆叠素材画面效果

STEP 05 在预览窗口中,拖曳覆叠素材四周的控制柄,调整覆叠素材的形状和位置,如图 9-110 所示。

STEP 06 ❶打开"滤镜"素材库,❷单击窗口上方的"画廊"按钮,❸在弹出的列表框中选择 特殊 选项,如图 9-111 所示。

图 9-110　调整覆叠素材的形状和位置

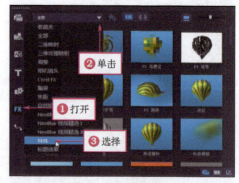

图 9-111　选择"特殊"选项

STEP 07 ❶打开 特殊 滤镜组,❷在其中选择"雨点"滤镜效果,如图 9-112 所示。

STEP 08 将选择的滤镜效果拖曳至覆叠轨中的素材上,如图 9-113 所示,释放鼠标左键,即可添加"雨点"滤镜。

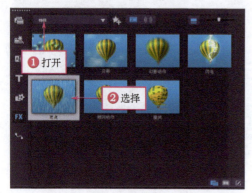

图 9-112　选择"雨点"滤镜效果

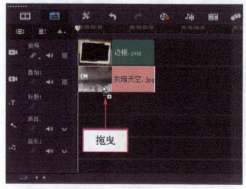

图 9-113　拖曳至覆叠轨中的素材上

STEP 09 在导览面板中单击"播放"按钮,预览制作的覆叠滤镜特效,如图 9-114 所示。

图 9-114　预览制作的覆叠滤镜特效

9.5 制作画面同框分屏特效

在会声会影 2018 中，新增了分屏特效功能，在预览窗口中，可以同时容纳多个视频或多张照片，同时预览多个素材动态或静态效果，即多屏同框兼容。用户可以通过两种方式制作分屏特效，一种是使用"即时项目"素材库中的分屏模板；另一种是通过单击时间轴工具栏中的"分屏模板创建器"按钮，打开"模板编辑器"窗口，在其中创建自定义分屏模板。本节主要向读者介绍制作多个画面同框分屏特效的操作方法。

9.5.1 分屏1：使用模板制作分屏特效

在会声会影 2018 编辑器中，打开"即时项目"素材库，在"分割画面"模板素材库中任意选择一个模板，替换素材，并为覆叠轨中的素材添加摇动和缩放效果，即可制作出分屏特效。下面向读者介绍使用模板制作分屏特效的操作方法。

素材文件	光盘\素材\第 9 章\娇俏可爱1.jpg、娇俏可爱2.jpg、娇俏可爱3.jpg
效果文件	光盘\效果\第 9 章\娇俏可爱.VSP
视频文件	光盘\视频\第 9 章\9.5.1　分屏1：使用模板制作分屏特效.mp4

【操练+视频】——娇俏可爱

STEP 01 单击"即时项目"按钮，在"分割画面"素材库中，选择 IP-04 模板，如图 9-115 所示。

STEP 02 单击鼠标左键并拖曳至时间轴面板中的合适位置，添加模板，如图 9-116 所示。

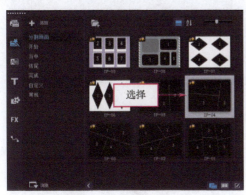

图 9-115　选择模板

图 9-116　添加模板

STEP 03 选择"覆叠轨#1"中的素材文件，单击鼠标右键，在弹出的快捷菜单中选择 替换素材 | 照片... 选项，如图 9-117 所示，替换素材图像。

STEP 04 在弹出的对话框中，选择相应照片素材，单击"打开"按钮，如图 9-118 所示。

STEP 05 选择"叠加 1"覆叠轨道中已替换的素材，如图 9-119 所示。

STEP 06 打开"编辑"选项面板，设置"照片区间"为 0:00:03:000，选中 ✓ 应用摇动和缩放 复选框，如图 9-120 所示。

第 9 章　制作巧妙的覆叠效果

图 9-117 选择"照片"选项

图 9-118 选择相应照片素材

图 9-119 选择已替换的素材

图 9-120 选中"应用摇动和缩放"复选框

STEP 07 单击"自定义"按钮左侧的下三角按钮,在弹出的列表框中选择第 2 排第 2 个摇动和缩放预设样式,如图 9-121 所示。

STEP 08 在预览窗口中,通过拖曳素材四周的控制柄,调整替换的图像素材的大小和位置,如图 9-122 所示。

图 9-121 选择预设样式

图 9-122 调整图像素材的大小和位置

STEP 09 用与上同样的方法,替换"叠加 2"、"叠加 3"覆叠轨道中的素材图像,并设置"叠加 4"覆叠轨道中的素材区间为 0:00:03:000,单击"播放"按钮,即可预览制作的分屏效果，如图 9-123 所示。

图 9-123　预览制作的分屏效果

9.5.2　分屏 2：制作自定义画面分屏特效

在会声会影 2018 中，制作自定义画面分屏特效，可以通过时间轴工具栏中的快捷按钮进行操作。下面向读者介绍制作自定义画面分屏特效的操作方法。

素材文件	光盘\素材\第 9 章\旅游风光 1.jpg~旅游风光 4.jpg、SplitLines.png
效果文件	光盘\效果\第 9 章\旅游风光.VSP
视频文件	光盘\视频\第 9 章\9.5.2　分屏 2：制作自定义画面分屏特效.mp4

【操练+视频】——旅游风光

STEP 01　进入会声会影编辑器，在"媒体"素材库中右侧的空白位置处单击鼠标右键，在弹出的快捷菜单中选择 插入媒体文件... 选项，如图 9-124 所示。

STEP 02　执行操作后，弹出"浏览媒体文件"对话框，在其中选择需要导入的媒体素材，单击"打开"按钮，即可将素材导入到素材库中，如图 9-125 所示。

图 9-124　选择"插入媒体文件"选项　　　　图 9-125　将素材导入到素材库中

STEP 03　在时间轴工具栏中，单击"分屏模板创建器"按钮，如图 9-126 所示。

图 9-126　单击"分屏模板创建器"按钮

STEP 04 执行操作后，弹出"模板编辑器"窗口，在其中选取相应的"分割工具"，如图9-127所示。

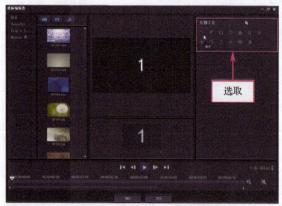

图9-127 选取相应的"分割工具"

STEP 05 在编辑窗口中，使用选择的"分割工具"，可以自定义分屏操作，如图9-128所示。

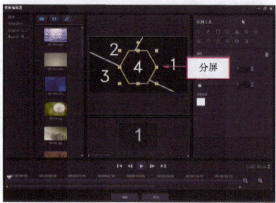

图9-128 自定义分屏操作

STEP 06 ❶在左侧的素材库中选择相应的素材图像，单击鼠标左键并拖曳至相应选项卡中，❷即可置入素材，如图9-129所示。

图9-129 置入素材

STEP 07 ❶拖曳选项卡下方的滑块或❷单击滑块右侧的按钮,如图 9-130 所示,❸即可跳转至分屏 2。

图 9-130 跳转至分屏 2

STEP 08 ❶在左侧的素材库中选择相应的素材图像,单击鼠标左键并拖曳至相应选项卡中,❷即可置入素材,如图 9-131 所示。

图 9-131 置入素材

STEP 09 用同样的方法,置入另外两张图片素材,如图 9-132 所示。

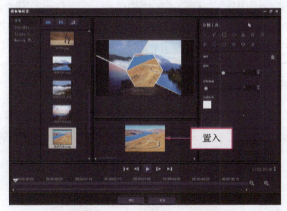

图 9-132 置入另外两张图片素材

STEP 10 单击"确定"按钮,返回会声会影编辑器,选择覆叠素材,在预览窗口中调整素材的大小和位置,如图 9-133 所示。

图 9-133　调整素材的大小和位置

STEP 11 执行上述操作后,即可预览制作的自定义画面分屏特效,如图 9-134 所示。

图 9-134　预览制作的自定义画面分屏特效

本章小结

"覆叠"就是画面的叠加,在屏幕上同时显示多个画面效果,通过会声会影中的覆叠功能,可以很轻松地制作出静态及动态的画中画效果,从而使视频作品更具有观赏性。本章以实例的形式全面介绍了会声会影 2018 中的覆叠功能,这对于读者在实际视频编辑工作中制作丰富的视频叠加效果起到了很大的作用。

通过本章的学习,在进行视频编辑时,可以大胆地使用会声会影 2018 提供的各种模式,使制作的影片更加多样和生动。

第10章
添加与编辑字幕效果

章前知识导读

在视频编辑中，标题字幕是不可缺少的，它是影片中的重要组成部分。标题字幕可以传达画面以外的文字信息，有效地帮助观众理解影片。本章主要向读者介绍添加与编辑字幕效果的各种方法，希望读者熟练掌握。

新手重点索引

标题字幕简介　　　　　　　　编辑标题属性
添加标题字幕　　　　　　　　制作影视字幕运动特效

效果图片欣赏

10.1 标题字幕简介

在现代影片中,字幕的应用越来越频繁,这些精美的标题字幕不仅可以起到为影片增色的目的,还能够很好地向观众传递影片信息或制作理念。会声会影 2018 提供了便捷的字幕编辑功能,可以使用户在短时间内制作出专业的标题字幕。本节主要向读者介绍标题字幕的基础知识。

10.1.1 了解标题字幕

字幕是以各种字体、样式及动画等形式出现在画面中的文字总称,如电视或电影的片头、演员表、对白及片尾字幕等。字幕制作在视频编辑中是一种重要的艺术手段,好的标题字幕不仅可以传达画面以外的信息,还可以增强影片的艺术效果,如图 10-1 所示为使用会声会影 2018 制作的标题字幕效果。

图 10-1 制作的标题字幕效果

专家指点

在会声会影 2018 的"标题"素材库中,向读者提供了多达 34 种标题模板字幕动画特效和 10 种 3D 标题模板字幕动画特效,每一种字幕特效的动画样式都不同,用户可根据需要进行选择与应用。

10.1.2 设置标题字幕属性

"编辑"选项面板主要用于设置标题字幕的属性,如设置标题字幕的大小、颜色及行间距等，如图 10-2 所示。

图 10-2 "编辑"选项面板

在"编辑"选项面板中，各主要选项的具体含义如下。

➢ "区间"数值框：该数值框用于调整标题字幕播放时间的长度，显示了当前播放所选标题字幕所需的时间，时间码上的数字代表"小时:分钟:秒:帧"，单击其右侧的微调按钮，可以调整数值的大小，也可以单击时间码上的数字，待数字处于闪烁状态时，输入新的数字后按【Enter】键确认，即可改变原来标题字幕的播放时间长度。图 10-3 所示为更改字幕区间后的前后对比效果。

图 10-3 更改字幕区间后的前后对比效果

专家指点

在会声会影 2018 中，用户除了可以通过"区间"数值框来更改字幕的时间长度外，还可以将鼠标移至标题轨字幕右侧的黄色标记上，待鼠标指针呈双向箭头形状时，单击鼠标左键并向左或向右拖曳，即可手动调整标题字幕的时间长度。

➢ "字体"列表框：单击"字体"右侧的下拉按钮，在弹出的列表框中显示了系统中所有的字体类型，用户可以根据需要选择相应的字体选项。

➢ "字体大小"列表框：单击"字体大小"右侧的下拉按钮，在弹出的列表框中选择相应的大小选项，即可调整字体的大小。

➢ "色彩"色块：单击该色块，在弹出的颜色面板中可以设置字体的颜色。

第 10 章 添加与编辑字幕效果

> "行间距"列表框:单击"行间距"右侧的下拉按钮,在弹出的列表框中选择相应的选项,可以设置文本的行间距。
> "按角度旋转"数值框:该数值框主要用于设置文本的旋转角度。
> "文字背景"复选框:选中该复选框,可以为文字添加背景效果。
> "边框/阴影/透明度"按钮 :单击该按钮,在弹出的对话框中用户可根据需要设置文本的边框、阴影及透明度等效果。

> **专家指点**
>
> 单击"边框/阴影/透明度"按钮后,将弹出"边框/阴影/透明度"对话框,其中包含两个重要的选项卡,含义如下。
> > "边框"选项卡:在该选项卡中,用户可以设置字幕的透明度、描边效果、描边线条样式及线条颜色等属性。
> > "阴影"选项卡:在该选项卡中,用户可以根据需要制作字幕的光晕效果、突起效果及下垂阴影效果等。

> "将方向更改为垂直"按钮 :单击该按钮,即可将文本进行垂直对齐操作,若再次单击该按钮,即可将文本进行水平对齐操作。
> "将文本设置从右向左"按钮 :单击该按钮,即可将文本进行从右向左对齐操作,若再次单击该按钮,即可将文本进行水平对齐操作。
> "对齐"按钮组:该组中提供了3个对齐按钮,分别为"左对齐"按钮 、"居中"按钮 及"右对齐"按钮 ,单击相应的按钮,即可将文本进行相应的对齐操作。

10.1.3 设置标题动画属性

"属性"选项面板主要用于设置标题字幕的动画效果,如淡化、弹出、翻转、飞行、缩放、下降、摇摆及移动路径等,如图10-4所示。

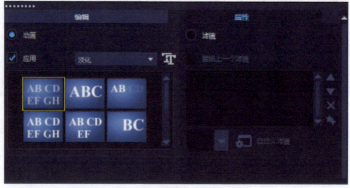

图10-4 "属性"选项面板

在"属性"选项面板中,各主要选项的具体含义如下。
> "动画"单选按钮:选中该单选按钮,即可设置文本的动画效果。
> "应用"复选框:选中该复选框,即可在下方设置文本的动画样式。
> "选取动画类型"列表框:单击"选取动画类型"右侧的下拉按钮,在弹出的列表框中选择相应的选项,如图10-5所示,即可显示相应的动画类型。

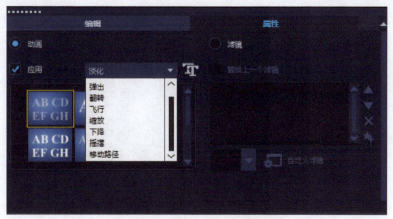

图 10-5 "选取动画类型"列表框

➢ "自定义动画属性"按钮：单击该按钮，在弹出的对话框中即可自定义动画的属性。
➢ "滤镜"单选按钮：选中该单选按钮，在下方即可为文本添加相应的滤镜效果。
➢ "替换上一个滤镜"复选框：选中该复选框后，如果用户再次为标题添加相应滤镜效果，系统将自动替换上一次添加的滤镜效果。如果不选中该复选框，则可以在"滤镜"列表框中添加多个滤镜。

> **专家指点**
>
> 在会声会影 2018 媒体素材库面板下方有 3 个按钮，其功能如下。
> ➢ "显示选项面板"按钮：单击该按钮，可以展开选项面板，用户可以根据需要在其中设置属性。
> ➢ "显示库和选项面板"按钮：单击该按钮，可以同时展开媒体素材库和选项面板，如图 10-6 所示。
> ➢ "显示库面板"按钮：单击该按钮，则只显示素材库面板中的模板内容，如图 10-7 所示。

图 10-6 同时展开媒体素材库和选项面板

第 10 章 添加与编辑字幕效果

265

图10-7 显示素材库面板中的模板内容

10.2 添加标题字幕

标题字幕的设计与书写是视频编辑的重要手段之一,会声会影 2018 提供了完善的标题字幕编辑功能,用户可以对文本或其他字幕对象进行编辑和美化。本节主要向读者介绍添加标题字幕的操作方法。

10.2.1 添加标题字幕文件

标题字幕设计与书写是视频编辑的艺术手段之一,好的标题字幕可以起到美化视频的作用。下面将向读者介绍创建标题字幕的方法。

	素材文件	光盘\素材\第10章\创意空间.jpg
	效果文件	光盘\效果\第10章\创意空间.VSP
	视频文件	光盘\视频\第10章\10.2.1　添加标题字幕文件.mp4

【操练+视频】——创意空间

STEP 01 进入会声会影编辑器,在故事板中插入一幅图像素材,如图10-8所示。

STEP 02 在预览窗口中,可以预览图像素材画面效果,如图10-9所示。

图10-8 插入一幅图像素材

图10-9 预览图像素材画面效果

STEP 03 切换至时间轴视图,单击"标题"按钮,切换至"标题"选项卡,如图10-10所示。

STEP 04 在预览窗口中的适当位置双击鼠标左键,出现一个文本输入框,在其中输入相应文本内容，如图 10-11 所示，按【Enter】键即可进行换行操作。

图 10-10　单击"标题"按钮

图 10-11　输入相应文本内容

专家指点

进入"标题"素材库，输入文字时，在预览窗口中有一个矩形框标出的区域，它表示标题的安全区域，即程序允许输入标题的范围，在该范围内输入的文字才能在电视上播放时正确显示，超出该范围的标题字幕将无法播放显示出来。

在默认情况下，用户创建的字幕会自动添加到标题轨中，如果用户需要添加多个字幕文件，可以在时间轴面板中新增多条标题轨道。除此之外，用户还可以将字幕添加至覆叠轨中，也可以对覆叠轨中的标题字幕进行编辑操作。

STEP 05　用与上同样的方法，再次在预览窗口中输入相应文本内容，如图 10-12 所示。

STEP 06　执行操作后，即可在预览窗口中调整字幕的位置并预览创建的标题字幕效果，如图 10-13 所示。

图 10-12　输入相应文本内容

图 10-13　预览创建的标题字幕效果

专家指点

当用户在标题轨中创建好标题字幕文件之后，系统会为创建的标题字幕设置一个默认的播放时间长度，用户可以通过对标题字幕的调节，从而改变这一默认的播放时间长度。在会声会影 2018 中输入标题，当输入的文字超出安全区域时，可以拖动矩形框上的控制柄进行调整。

第 10 章　添加与编辑字幕效果

10.2.2 应用标题模板创建标题字幕

会声会影 2018 的"标题"素材库中提供了丰富的预设标题,用户可以直接将其添加到标题轨上,再根据需要修改标题的内容,使预设的标题能够与影片融为一体。下面向读者介绍添加模板标题字幕的操作方法。

	素材文件	光盘\素材\第 10 章\蒲公英美景.jpg
	效果文件	光盘\效果\第 10 章\蒲公英美景.VSP
	视频文件	光盘\视频\第 10 章\10.2.2　应用标题模板创建标题字幕.mp4

【操练+视频】——蒲公英美景

STEP 01 进入会声会影 2018 编辑器,在视频轨中插入一幅图像素材,如图 10-14 所示。

STEP 02 在预览窗口中,可以预览图像素材画面效果,如图 10-15 所示。

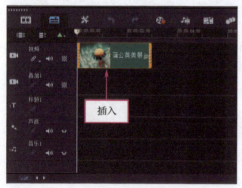

图 10-14　插入一幅图像素材

图 10-15　预览图像素材画面效果

STEP 03 ❶单击"标题"按钮,切换至"标题"选项卡,在右侧的列表框中显示了多种标题预设样式,❷选择相应的标题样式,如图 10-16 所示。

STEP 04 在预设标题字幕的上方,单击鼠标左键并拖曳至标题轨中的适当位置,释放鼠标左键,即可添加标题字幕,如图 10-17 所示。

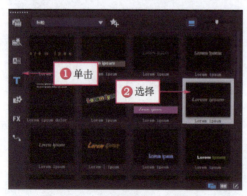

图 10-16　选择相应的标题样式

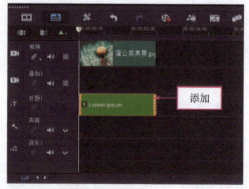

图 10-17　添加标题字幕

STEP 05 双击添加的标题字幕,在预览窗口中,添加的字幕文件呈选中状态,如图 10-18 所示。

STEP 06 在预览窗口中更改文本的内容,并调整标题文本的位置,在"编辑"面板中更改文本的字体属性,如图 10-19 所示。

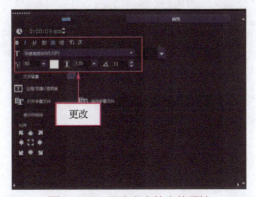

图 10-18　添加的字幕文件呈选中状态　　　　图 10-19　更改文本的字体属性

STEP 07 在导览面板中,单击"播放"按钮,即可预览制作的标题字幕效果,如图 10-20 所示。

图 10-20　预览制作的标题字幕效果

10.2.3　删除标题字幕文件

在会声会影 2018 中,用户还可以对已创建的标题字幕文件进行删除操作。下面介绍删除已创建的标题字幕文件的操作方法。

素材文件	光盘\素材\第 10 章\晚霞满天.VSP
效果文件	光盘\效果\第 10 章\晚霞满天.VSP
视频文件	光盘\视频\第 10 章\10.2.3　删除标题字幕文件.mp4

【操练+视频】——晚霞满天

STEP 01 进入会声会影 2018 编辑器,打开一个项目文件,如图 10-21 所示。
STEP 02 在预览窗口中,可以预览图像素材画面效果,如图 10-22 所示。
STEP 03 在标题轨中,❶选择需要删除的字幕文件,单击鼠标右键,❷在弹出的快捷菜单中选择 删除 选项,如图 10-23 所示。
STEP 04 执行操作后,即可删除字幕文件,在预览窗口中可以预览图像素材画面效

第 10 章　添加与编辑字幕效果

果,如图10-24所示。

图10-21 打开一个项目文件

图10-22 预览图像素材画面效果

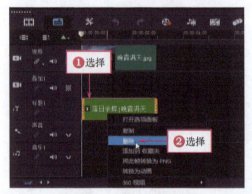

图10-23 选择"删除"选项

图10-24 预览图像素材画面效果

10.3 编辑标题属性

会声会影2018中的字幕编辑功能与Word等文字处理软件相似,提供了较为完善的字幕编辑和设置功能,用户可以对文本或其他字幕对象进行编辑和美化操作。本节主要向读者介绍编辑标题属性的各种操作方法。

10.3.1 调整标题行间距

在会声会影2018中,用户可根据需要对标题字幕的行间距进行相应设置,行间距的取值范围为60~999之间的整数。

素材文件	光盘\素材\第10章\碧海蓝天.VSP
效果文件	光盘\效果\第10章\碧海蓝天.VSP
视频文件	光盘\视频\第10章\10.3.1 调整标题行间距.mp4

【操练+视频】——碧海蓝天

STEP 01 进入会声会影编辑器,单击 文件(F) | 打开项目 命令,打开一个项目文件,如图10-25所示。

STEP 02 在标题轨中双击需要设置行间距的标题字幕,如图10-26所示。

图 10-25　打开一个项目文件

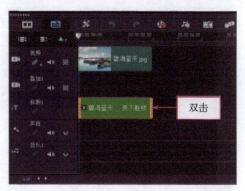
图 10-26　双击需要设置行间距的标题字幕

STEP 03　❶单击"编辑"选项面板中的"行间距"按钮，❷在弹出的下拉列表框中选择"120"选项，如图 10-27 所示。

STEP 04　执行操作后，即可设置标题字体的行间距，效果如图 10-28 所示。

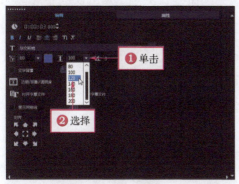
图 10-27　选择"120"选项

图 10-28　设置标题字体的行间距

> **专家指点**
>
> 在"编辑"选项面板中的"行间距"数值框中，用户还可以手动输入需要的参数，来设置标题字幕的行间距效果。

10.3.2　调整标题区间长度

在会声会影 2018 中，为了使标题字幕与视频同步播放，用户可根据需要调整标题字幕的区间长度。

素材文件	光盘\素材\第 10 章\品质生活.VSP
效果文件	光盘\效果\第 10 章\品质生活.VSP
视频文件	光盘\视频\第 10 章\10.3.2　调整标题区间长度.mp4

【操练+视频】——品质生活

STEP 01　进入会声会影编辑器，单击 文件(F) | 打开项目 命令，打开一个项目文件，如图 10-29 所示。

STEP 02　在标题轨中双击需要设置区间的标题字幕，如图 10-30 所示。

第 10 章　添加与编辑字幕效果

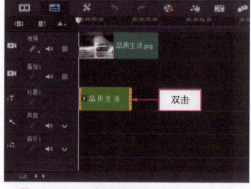

图10-29 打开一个项目文件　　　图10-30 双击需要设置区间的标题字幕

STEP 03 展开"编辑"选项面板,在其中设置字幕的"区间"为0:00:03:000,如图10-31所示。

STEP 04 设置完成后,按【Enter】键确认,即可设置标题字幕的区间长度,如图10-32所示。

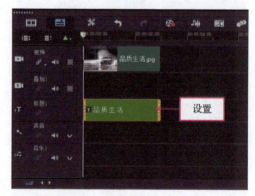

图10-31 设置标题字幕区间　　　图10-32 设置标题字幕的区间长度

STEP 05 在导览面板中单击"播放"按钮,预览更改区间后的字幕动画效果,如图10-33所示。

图10-33 预览更改区间后的字幕动画效果

10.3.3 更改标题字体

在会声会影 2018 中，用户可根据需要对标题轨中的标题字体类型进行更改操作，使其在视频中显示效果更佳。下面向读者介绍设置标题字体类型的操作方法。

素材文件	光盘\素材\第 10 章\城市夜景.VSP
效果文件	光盘\效果\第 10 章\城市夜景.VSP
视频文件	光盘\视频\第 10 章\10.3.3　更改标题字体.mp4

【操练+视频】——城市夜景

STEP 01 进入会声会影编辑器，打开一个项目文件，并预览项目效果，如图 10-34 所示。

STEP 02 在标题轨中，双击需要设置字体的标题字幕，如图 10-35 所示。

图 10-34　预览项目效果

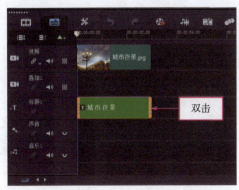
图 10-35　双击需要设置字体的标题字幕

STEP 03 在"编辑"选项面板中，❶单击"字体"右侧的下三角按钮，❷在弹出的下拉列表框中选择方正流行体简体选项，如图 10-36 所示。

STEP 04 执行操作后，即可更改标题字体，单击"播放"按钮，预览字幕效果，如图 10-37 所示。

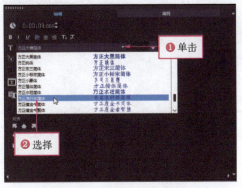
图 10-36　选择相应的字体选项

图 10-37　预览字幕效果

10.3.4 更改标题字体大小

在会声会影 2018 中，如果用户对标题轨中的字体大小不满意，此时可以对字体大小进行更改操作。下面向读者介绍设置标题字体大小的方法。

素材文件	光盘\素材\第10章\傍晚时分.VSP
效果文件	光盘\效果\第10章\傍晚时分.VSP
视频文件	光盘\视频\第10章\10.3.4 更改标题字体大小.mp4

【操练+视频】——傍晚时分

STEP 01 进入会声会影编辑器，在菜单栏上单击❶ 文件(F) | ❷ 打开项目... 命令，如图10-38所示。

STEP 02 弹出"打开"对话框，❶在其中选择需要打开的项目文件，❷单击"打开"按钮，如图10-39所示。

图10-38 单击"打开项目"命令

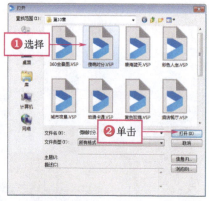

图10-39 单击"打开"按钮

STEP 03 在预览窗口中，可以预览打开的项目效果，如图10-40所示。

STEP 04 在标题轨中双击需要设置字体大小的标题字幕，如图10-41所示，此时，预览窗口中的标题字幕为选中状态。

图10-40 预览打开的项目效果

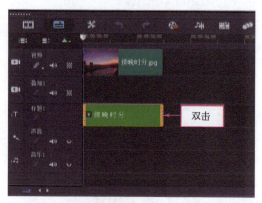

图10-41 双击需要设置的标题字幕

STEP 05 在"编辑"选项面板的"字体大小"数值框中输入60，按【Enter】键确认，如图10-42所示。

STEP 06 执行操作后，即可更改标题字体大小，单击"播放"按钮，预览字幕效果，如图10-43所示。

图 10-42　在数值框中输入 60　　　　　图 10-43　预览字幕效果

10.3.5　更改标题字体颜色

在会声会影 2018 中，用户可根据素材与标题字幕的匹配程度，更改标题字体的颜色效果。除了可以运用色彩选项中的颜色外，用户还可以运用 Corel 色彩选取器和 Windows 色彩选取器中的颜色。下面向读者介绍设置标题字体颜色的方法。

素材文件	光盘\素材\第 10 章\酒店餐厅.VSP
效果文件	光盘\效果\第 10 章\酒店餐厅.VSP
视频文件	光盘\视频\第 10 章\10.3.5　更改标题字体颜色.mp4

【操练+视频】——酒店餐厅

STEP 01　进入会声会影编辑器，在菜单栏中单击❶ 文件 | ❷ 打开项目… 命令，如图 10-44 所示。

STEP 02　弹出"打开"对话框，在其中选择需要打开的项目文件，单击"打开"按钮，在预览窗口可以预览打开的项目效果，如图 10-45 所示。

图 10-44　单击"打开项目"命令　　　　图 10-45　预览打开的项目效果

STEP 03　在标题轨中，双击需要设置字体颜色的标题字幕，如图 10-46 所示，此时，预览窗口中的标题字幕为选中状态。

STEP 04　❶在"编辑"选项面板中单击"色彩"色块，❷在弹出的颜色面板中选择黄色，如图 10-47 所示。

STEP 05　执行操作后，即可更改标题字体颜色。单击"播放"按钮，预览字幕效果，

第 10 章　添加与编辑字幕效果

如图10-48所示。

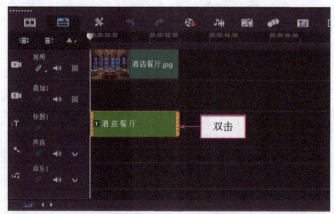

图10-46 双击标题字幕

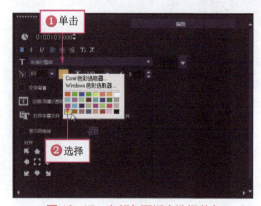

图10-47 在颜色面板中选择黄色

图10-48 预览字幕效果

10.4 制作影视字幕运动特效

在影片中创建标题后，会声会影2018还可以为标题添加动画效果。用户可套用83种生动活泼、动感十足的标题动画。本节向读者介绍字幕动画特效的制作方法，主要包括淡化动画、弹出动画、翻转动画、飞行动画、缩放动画及下降动画等。

10.4.1 字效1：制作字幕淡入淡出运动特效

在会声会影2018中，淡入淡出的字幕效果在当前的各种影视节目中是最常见的字幕效果。下面介绍制作字幕淡入淡出运动特效的操作方法。

素材文件	光盘\素材\第10章\元旦快乐.VSP
效果文件	光盘\效果\第10章\元旦快乐.VSP
视频文件	光盘\视频\第10章\10.4.1 字效1：制作字幕淡入淡出运动特效.mp4

【操练+视频】——元旦快乐

STEP 01 进入会声会影编辑器，打开一个项目文件，如图10-49所示。

STEP 02 在"属性"选项面板中选中❶"动画"单选按钮和❷"应用"复选框，

❸设置"选取动画类型"为"淡化",❹选择相应的淡化样式,如图 10-50 所示。

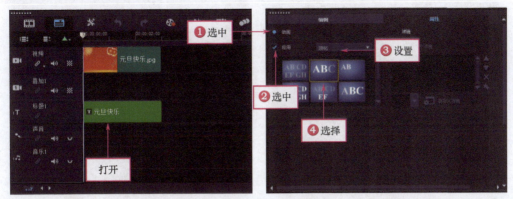

图 10-49　打开一个项目文件　　　　　图 10-50　选择相应的淡化样式

专家指点

在会声会影 2018 中,用户还可以运用淡化特效制作字幕交叉淡化效果。在"属性"选项面板中选择字幕淡化样式后,单击右侧的"自定义动画属性"按钮,弹出"淡化动画"对话框,在"淡化样式"选项区中选中"交叉淡化"单选按钮,单击"确定"按钮,即可制作字幕的交叉淡化样式。

STEP 03 在导览面板中单击"播放"按钮,预览字幕淡入淡出特效,如图 10-51 所示。

图 10-51　预览字幕淡入淡出特效

10.4.2　字效 2:制作字幕弹跳方式运动特效

在会声会影 2018 中,弹出效果是指可以使文字产生由画面上的某个分界线弹出显示的动画效果。下面介绍制作弹跳动画的操作方法。

素材文件	光盘\素材\第 10 章\自由驰骋.VSP
效果文件	光盘\效果\第 10 章\自由驰骋.VSP
视频文件	光盘\视频\第 10 章\10.4.2　字效 2:制作字幕弹跳方式运动特效.mp4

【操练+视频】——自由驰骋

STEP 01 进入会声会影编辑器,打开一个项目文件,如图 10-52 所示。

STEP 02 在标题轨中双击需要编辑的字幕,❶展开"属性"选项面板,在其中选中

❷"动画"单选按钮和❸"应用"复选框,❹设置"选取动画类型"为"弹出",❺选择相应的弹出样式,如图 10-53 所示。

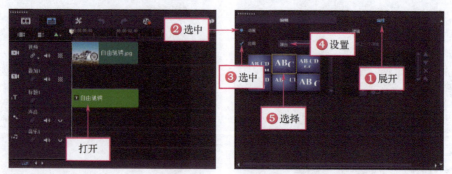

图 10-52　打开一个项目文件　　　图 10-53　选择相应的弹出样式

STEP 03 在导览面板中单击"播放"按钮,可以预览制作的字幕弹跳运动特效,如图 10-54 所示。

图 10-54　预览制作的字幕弹跳运动特效

专家指点

在会声会影 2018 中,当用户为字幕添加弹出动画特效后,在"属性"选项面板中单击"自定义动画属性"按钮,将弹出"弹出动画"对话框,在"方向"选项区中可以选择字幕弹出的方向,在"单位"和"暂停"列表框中,用户还可以设置字幕的单位属性和暂停时间等,不同的暂停时间字幕效果会有所区别。

10.4.3　字效 3:制作字幕屏幕翻转运动特效

在会声会影 2018 中,翻转动画可以使文字产生翻转回旋的动画效果。下面向读者介绍制作翻转动画的操作方法。

素材文件	光盘\素材\第 10 章\完美速度.VSP
效果文件	光盘\效果\第 10 章\完美速度.VSP
视频文件	光盘\视频\第 10 章\10.4.3　字效 3:制作字幕屏幕翻转运动特效.mp4

【操练+视频】——完美速度

STEP 01 进入会声会影编辑器,打开一个项目文件,在预览窗口中可以预览打开的项目效果,如图 10-55 所示。

STEP 02 在标题轨中双击需要编辑的字幕，如图 10-56 所示。

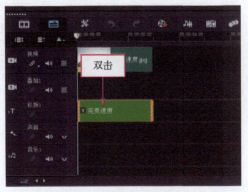

图 10-55 预览打开的项目效果　　　　　　图 10-56 双击需要编辑的字幕

STEP 03 在"属性"选项面板中选中❶"动画"单选按钮和❷"应用"复选框，❸设置"选取动画类型"为"翻转"，❹选择相应的翻转样式，如图 10-57 所示。

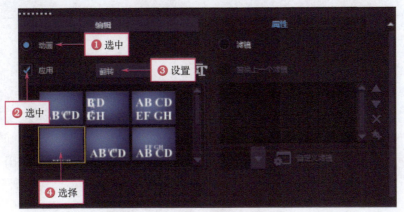

图 10-57 选择相应的翻转样式

STEP 04 在导览面板中单击"播放"按钮，预览字幕翻转动画特效，如图 10-58 所示。

图 10-58 预览字幕翻转动画特效

第 10 章　添加与编辑字幕效果

10.4.4 字效 4：制作字幕画面飞行运动特效

在会声会影 2018 中，飞行动画可以使视频效果中的标题字幕或者单词沿着一定的路径飞行。下面向读者介绍制作飞行动画的操作方法。

素材文件	光盘\素材\第 10 章\云霄飞车.VSP
效果文件	光盘\效果\第 10 章\云霄飞车.VSP
视频文件	光盘\视频\第 10 章\10.4.4　字效 4：制作字幕画面飞行运动特效.mp4

【操练+视频】——云霄飞车

STEP 01 进入会声会影编辑器，打开一个项目文件，在预览窗口中可以预览打开的项目效果，如图 10-59 所示。

STEP 02 在标题轨中双击需要编辑的字幕，如图 10-60 所示。

图 10-59　预览打开的项目效果

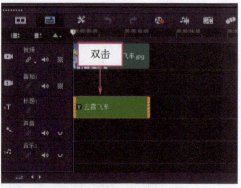
图 10-60　双击需要编辑的字幕

STEP 03 在"属性"选项面板中选中❶"动画"单选按钮和❷"应用"复选框，❸设置"选取动画类型"为"飞行"，❹选择相应的飞行样式，如图 10-61 所示。

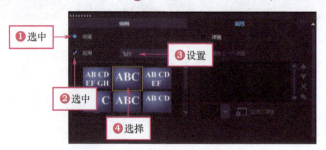
图 10-61　选择相应的飞行样式

STEP 04 在导览面板中单击"播放"按钮，预览字幕飞行动画特效，如图 10-62 所示。

> **专家指点**
>
> 在标题轨中双击需要编辑的标题字幕，在"属性"选项面板中单击"自定义动画属性"按钮，在弹出的对话框中用户可根据需要编辑"飞行"标题字幕。

图 10-62 预览字幕飞行动画特效

10.4.5 字效 5：制作字幕放大突出运动特效

在会声会影 2018 中，缩放动画可以使文字在运动的过程中产生放大或缩小的变化。下面向读者介绍制作缩放动画的操作方法。

	素材文件	光盘\素材\第 10 章\彩色人生.VSP
	效果文件	光盘\效果\第 10 章\彩色人生.VSP
	视频文件	光盘\视频\第 10 章\10.4.5　字效 5：制作字幕放大突出运动特效.mp4

【操练+视频】——彩色人生

STEP 01 进入会声会影编辑器，打开一个项目文件，如图 10-63 所示。

STEP 02 在标题轨中双击需要编辑的字幕，❶展开"属性"选项面板，在其中选中❷"动画"单选按钮和❸"应用"复选框，❹设置"选取动画类型"为"缩放"，❺选择相应的缩放样式，如图 10-64 所示。

 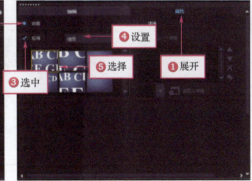

图 10-63　打开一个项目文件　　　　图 10-64　选择相应的缩放样式

专家指点

在会声会影 2018 的"属性"选项面板中，向读者提供了 8 种不同的缩放动画样式，用户可根据需要进行选择。

STEP 03 在导览面板中单击"播放"按钮，预览字幕放大突出特效，如图 10-65 所示。

图 10-65　预览字幕放大突出特效

在选项面板上单击"自定义动画属性"按钮，弹出"缩放动画"对话框，在其中用户可以设置各项参数，如图 10-66 所示。

在"缩放动画"对话框中，各选项含义如下。

> 显示标题：选中该复选框，在动画终止时显示标题。
> 单位：设置标题在场景中出现的方式。
> 缩放起始：输入动画起始时的缩放率。
> 缩放终止：输入动画终止时的缩放率。

图 10-66　"缩放动画"对话框

10.4.6　字效 6：制作字幕渐变下降运动特效

在会声会影 2018 中，下降动画可以使文字在运动过程中由大到小逐渐变化。下面向读者介绍制作渐变下降动画的操作方法。

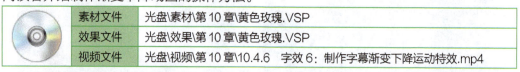

素材文件	光盘\素材\第 10 章\黄色玫瑰.VSP	
效果文件	光盘\效果\第 10 章\黄色玫瑰.VSP	
视频文件	光盘\视频\第 10 章\10.4.6　字效 6：制作字幕渐变下降运动特效.mp4	

【操练+视频】——黄色玫瑰

STEP 01　进入会声会影编辑器，打开一个项目文件，在预览窗口中，可以预览打开的项目效果，如图 10-67 所示。

STEP 02　在标题轨中双击需要编辑的字幕，如图 10-68 所示。

专家指点

在会声会影 2018 的"属性"选项面板中，向读者提供了 4 种不同的下降动画样式，用户可根据需要进行选择。

STEP 03　❶切换至"属性"选项面板，在其中选中❷"动画"单选按钮和❸"应用"复选框，❹设置"选取动画类型"为"下降"，❺选择相应的下降样式，如图 10-69 所示。

图 10-67 预览打开的项目效果

图 10-68 双击需要编辑的字幕

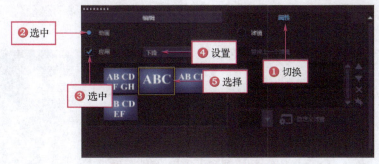
图 10-69 选择相应的下降样式

STEP 04 在导览面板中单击"播放"按钮,预览字幕下降运动特效,如图 10-70 所示。

图 10-70 预览字幕下降运动特效

在选项面板上单击"自定义动画属性"按钮 ，弹出"下降动画"对话框,在其中用户可以设置各项参数,如图 10-71 所示。

在"下降动画"对话框中,各选项含义如下。

> 加速:选中该复选框,在当前单位离开屏幕之前启动下一个单位的动画。
> 单位:设置标题在场景中出现的方式。

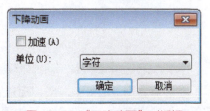
图 10-71 "下降动画"对话框

第 10 章 添加与编辑字幕效果

10.4.7 字效 7：制作字幕移动路径运动特效

在会声会影 2018 中，移动路径动画可以使视频效果中的标题字幕产生沿指定路径运动的效果。下面向读者介绍制作移动路径动画的操作方法。

素材文件	光盘\素材\第 10 章\动漫卡通.VSP
效果文件	光盘\效果\第 10 章\动漫卡通.VSP
视频文件	光盘\视频\第 10 章\10.4.7　字效 7：制作字幕移动路径运动特效.mp4

【操练+视频】——动漫卡通

STEP 01 进入会声会影编辑器，打开一个项目文件，如图 10-72 所示。

STEP 02 在标题轨中双击需要编辑的字幕，在"属性"选项面板中选中❶"动画"单选按钮和❷"应用"复选框，❸设置"选取动画类型"为"移动路径"，❹选择相应的移动路径样式，如图 10-73 所示。

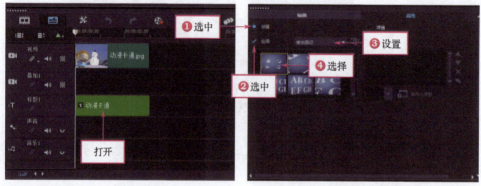

图 10-72　打开一个项目文件　　　　图 10-73　选择相应的移动路径样式

STEP 03 在导览面板中单击"播放"按钮，预览字幕的移动路径运动特效，如图 10-74 所示。

图 10-74　预览字幕的移动路径运动特效

10.4.8 字效 8：制作字幕水波荡漾运动特效

在会声会影 2018 中，用户可以在字幕文件上添加"涟漪"滤镜特效，可以制作出字幕水波荡漾特效，下面介绍具体操作方法。

素材文件	光盘\素材\第 10 章\360 全景图.VSP
效果文件	光盘\效果\第 10 章\360 全景图.VSP
视频文件	光盘\视频\第 10 章\10.4.8 字效 8：制作字幕水波荡漾运动特效.mp4

【操练+视频】——360 全景图

STEP 01 进入会声会影编辑器，打开一个项目文件，如图 10-75 所示。

STEP 02 在时间轴面板的标题轨中，选择需要添加"涟漪"滤镜特效的标题字幕，如图 10-76 所示。

图 10-75 打开一个项目文件

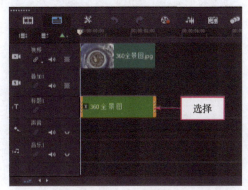

图 10-76 选择标题字幕

STEP 03 ❶单击"滤镜"按钮，进入"滤镜"素材库，❷在其中选择"涟漪"滤镜效果，如图 10-77 所示。

STEP 04 将选择的滤镜效果拖曳至标题轨中的字幕文件上，在"属性"选项面板中可以查看添加的字幕滤镜，如图 10-78 所示。

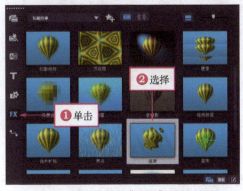

图 10-77 选择"涟漪"滤镜效果

图 10-78 查看添加的字幕滤镜

STEP 05 在导览面板中单击"播放"按钮，预览字幕的水波荡漾效果，如图 10-79 所示。

10.4.9 字效 9：制作职员表字幕滚屏运动特效

在影视画面中，当一部影片播放完毕后，通常在结尾的时候会播放这部影片的演员、制片人、导演等信息。下面向读者介绍制作职员表字幕滚屏运动特效的方法。

第 10 章 添加与编辑字幕效果

图 10-79　预览字幕的水波荡漾效果

素材文件	光盘\素材\第 10 章\职员表.jpg
效果文件	光盘\效果\第 10 章\职员表.VSP
视频文件	光盘\视频\第 10 章\10.4.9　字效 9：制作职员表字幕滚屏运动特效.mp4

【操练+视频】——职员表

STEP 01 进入会声会影编辑器，在视频轨中插入一幅图像素材，如图 10-80 所示。

STEP 02 打开"标题"素材库，在其中选择需要的字幕预设模板，如图 10-81 所示。

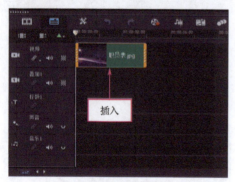
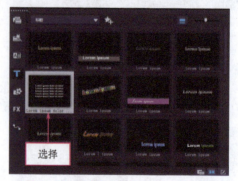

图 10-80　插入一幅图像素材　　　　　图 10-81　选择需要的字幕预设模板

STEP 03 ❶将选择的模板拖曳至标题轨中的开始位置，❷并调整字幕的区间长度，如图 10-82 所示。

STEP 04 在预览窗口中，更改字幕模板的内容为职员表等信息，如图 10-83 所示。

图 10-82　调整字幕的区间长度　　　　　图 10-83　更改字幕模板的内容

STEP 05 在导览面板中单击"播放"按钮,预览职员表字幕滚屏效果,如图 10-84 所示。

图 10-84　预览职员表字幕滚屏效果

本章小结

在各类设计中,标题字幕是不可缺少的设计元素,它可以直接传达设计者的表达意图,好的标题字幕布局和设计效果会起到画龙点睛的作用。因此,对标题字幕的设计与编排是不容忽视的。制作标题字幕的本身并不复杂,但是要制作出好的标题字幕还需要用户多加练习,这样对熟练掌握标题字幕有很大帮助。

本章通过大量的实例制作,全面、详尽地讲解了会声会影 2018 的标题字幕的创建、编辑及动画设置的操作与技巧,以便用户更深入地掌握标题字幕功能。

音频与输出篇

第 11 章
添加与编辑音频素材

章前知识导读

影视作品是一门声画艺术，音频在影片中是不可或缺的元素。音频也是一部影片的灵魂，在后期制作中，音频的处理相当重要，如果声音运用恰到好处，往往会给观众带来耳目一新的感觉。本节主要介绍添加与编辑音频素材的各种操作方法。

新手重点索引

添加背景音乐　　　　　　　　混音器使用技巧
编辑音乐素材　　　　　　　　制作背景音乐特效

效果图片欣赏

11.1 添加背景音乐

如果一部影片缺少了声音，再优美的画面也将黯然失色，而优美动听的背景音乐和款款深情的配音不仅可以为影片起到锦上添花的作用，更会使影片颇具感染力，从而使影片更上一个台阶。本节主要介绍添加背景音乐的操作方法。

11.1.1 了解"音乐和声音"面板

在会声会影 2018 中，音频视图中包括两个选项面板，分别为"音乐和声音"选项面板和"自动音乐"选项面板。在"音乐和声音"选项面板中，用户可以调整音频素材的区间长度、音量大小、淡入淡出特效及将音频滤镜应用到音乐轨等，如图 11-1 所示。

图 11-1 "音乐和声音"选项面板

在"音乐和声音"选项面板中，各主要选项含义如下。

➢ "区间"数值框 0:00:50:00：该数值框以"时:分:秒:帧"的形式显示音频的区间。可以输入一个区间值来预设录音的长度或者调整音频素材的长度。单击其右侧的微调按钮，可以调整数值的大小；也可以单击时间码上的数字，待数字处于闪烁状态时，输入新的数字后按【Enter】键确认，即可改变原来音频素材的播放时间长度。图 11-2 所示为音频素材原图与调整区间长度后的音频效果。

图 11-2 音频素材原图与调整区间长度后的音频效果

➢ "素材音量"数值框 100：该数值框中的 100 表示原始声音的大小。单击右

第 11 章 添加与编辑音频素材

侧的下三角按钮,在弹出的音量调节器中可以通过拖曳滑块以百分比的形式调整视频和音频素材的音量;也可以直接在数值框中输入一个数值,调整素材的音量。

> "淡入"按钮 ：单击该按钮,可以使用户所选择的声音素材的开始部分音量逐渐增大。
> "淡出"按钮 ：单击该按钮,可以使用户所选择的声音素材的结束部分音量逐渐减小。
> "速度/时间流逝"按钮 ：单击该按钮,弹出"速度/时间流逝"对话框,如图11-3所示,在该对话框中用户可以根据需要调整视频的播放速度。
> "音频滤镜"按钮 ：单击该按钮,即可弹出"音频滤镜"对话框,如图11-4所示,通过该对话框可以将音频滤镜应用到所选的音频素材上。

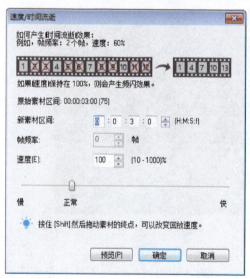

图11-3 "速度/时间流逝"对话框

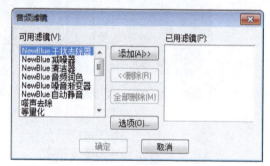

图11-4 "音频滤镜"对话框

11.1.2 添加音频素材库中的声音

从素材库中添加现有的音频是最基本的操作,可以将其他音频文件添加到素材库中扩充,以便以后能够快速调用。

【操练+视频】——枫红似火

STEP 01 进入会声会影编辑器,单击 文件(F) | 打开项目 命令,打开一个项目文件,如图11-5所示。

STEP 02 在"媒体"素材库中,选择需要添加的音频文件,如图11-6所示。

STEP 03 单击鼠标左键并拖曳至声音轨中的适当位置,添加音频,如图11-7所示。

STEP 04 单击"播放"按钮,试听音频效果并预览视频画面,如图11-8所示。

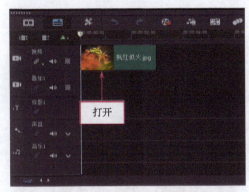

图 11-5 打开一个项目文件

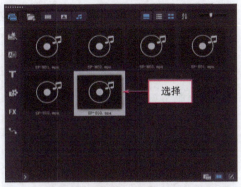

图 11-6 选择需要添加的音频文件

图 11-7 添加音频至声音轨

图 11-8 试听音频效果并预览视频画面

11.1.3 添加移动 U 盘中的音频

在会声会影 2018 中,用户可以将移动 U 盘中的音频文件直接添加至当前影片中,而不需要添加至"音频"素材库中。

素材文件	光盘\素材\第 11 章\长寿是福.mpg、背景音乐.mp3
效果文件	光盘\效果\第 11 章\长寿是福.VSP
视频文件	光盘\视频\第 11 章\11.1.3 添加移动 U 盘中的音频.mp4

【操练+视频】——长寿是福

STEP 01 进入会声会影编辑器,在视频轨中插入一段视频素材,如图 11-9 所示。

STEP 02 在时间轴面板中的空白位置上单击鼠标右键,在弹出的快捷菜单中选择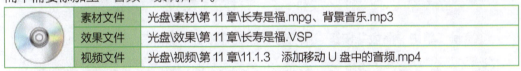选项,如图 11-10 所示。

> **专家指点**
>
> 用户在媒体素材库中选择需要添加到时间轴面板中的音频素材,在音频素材上单击鼠标右键,在弹出的快捷菜单中选择"复制"选项,然后将鼠标移至声音轨或音乐轨中,单击鼠标左键,即可将素材库中的音频素材粘贴到时间轴面板的轨道中,并应用音频素材。

STEP 03 弹出"打开音频文件"对话框,❶在其中选择 U 盘中需要导入的音频文件,❷单击"打开"按钮,如图 11-11 所示。

第 11 章 添加与编辑音频素材

STEP 04 即可将音频文件插入至声音轨中，如图 11-12 所示。

图 11-9　插入一段视频素材

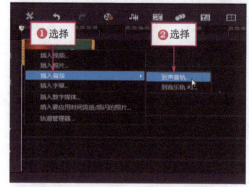

图 11-10　选择"到声音轨"选项

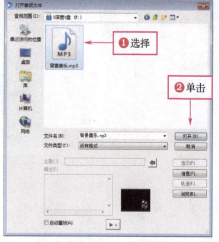

图 11-11　选择 U 盘中需要导入的音频文件

图 11-12　将音频文件插入至声音轨中

STEP 05 单击"播放"按钮，试听音频效果并预览视频画面，如图 11-13 所示。

图 11-13　试听音频效果并预览视频画面

图 11-13 试听音频效果并预览视频画面（续）

11.1.4 添加硬盘中的音频

在会声会影 2018 中，用户可根据需要添加硬盘中的音频文件。在用户的计算机中，一般都存储了大量的音频文件，用户可根据需要进行添加操作。

素材文件	光盘\素材\第 11 章\迷雾之境.jpg、迷雾之境.mp3
效果文件	光盘\效果\第 11 章\迷雾之境.VSP
视频文件	光盘\视频\第 11 章\11.1.4　添加硬盘中的音频.mp4

【操练+视频】——迷雾之境

STEP 01 进入会声会影 2018 编辑器，在视频轨中插入一幅图像素材，如图 11-14 所示。

STEP 02 在预览窗口中，可以预览插入的图像素材效果，如图 11-15 所示。

图 11-14　插入一幅图像素材　　　　图 11-15　预览插入的图像素材效果

STEP 03 在菜单栏单击 ❶ 文件(F) 命令，在弹出的列表中单击 ❷ 将媒体文件插入到时间轴 | ❸ 插入音频 | ❹ 到声音轨... 命令，如图 11-16 所示。

STEP 04 弹出相应对话框，❶选择音频文件，❷单击"打开"按钮，如图 11-17 所示。

STEP 05 即可从硬盘中将音频文件添加至声音轨中，如图 11-18 所示。

第 11 章　添加与编辑音频素材

图 11-16 单击"到声音轨"命令

图 11-17 选择音频文件

图 11-18 将音频文件添加至声音轨中

专家指点

在会声会影 2018 中的时间轴空白位置上单击鼠标右键,在弹出的快捷菜单中选择 插入音频 | 到音乐轨 #1... 选项,还可以将硬盘中的音频文件添加至时间轴面板的音乐轨中。

在会声会影 2018 的"媒体"素材库中,显示素材库中的音频素材后,可以单击"导入媒体文件"按钮,在弹出的"浏览媒体文件"对话框中,选择硬盘中已经存在的音频文件,单击"打开"按钮,即可将需要的音频素材添加至"媒体"素材库中。

11.1.5 录制声音旁白

在会声会影 2018 中,用户不仅可以从硬盘或 U 盘中获取音频,还可以使用会声会影软件录制声音旁白。下面向读者介绍录制声音旁白的操作方法。

素材文件	无
效果文件	无
视频文件	光盘\视频\第 11 章\11.1.5　录制声音旁白.mp4

【操练+视频】——声音旁白

STEP 01 将麦克风插入用户的计算机中，进入会声会影编辑器，在时间轴面板上单击"录制/捕获选项"按钮，如图 11-19 所示。

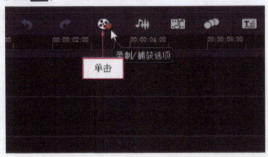

图 11-19　单击"录制/捕获选项"按钮

STEP 02 弹出"录制/捕获选项"对话框，单击"画外音"按钮，如图 11-20 所示。

STEP 03 弹出"调整音量"对话框，单击"开始"按钮，如图 11-21 所示。

图 11-20　单击"画外音"按钮

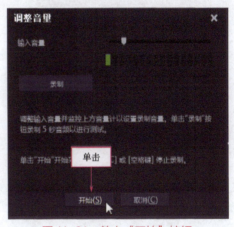

图 11-21　单击"开始"按钮

STEP 04 执行操作后，开始录音，录制完成后，按【Esc】键停止录制，录制的音频即可添加至声音轨中，如图 11-22 所示。

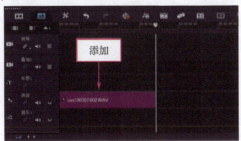

图 11-22　将录制的音频添加至声音轨中

第 11 章　添加与编辑音频素材

11.2 编辑音乐素材

在前面，向大家详细介绍了如何添加背景音乐的各种操作方法，下面要讲解的是添加音频文件后，对音乐素材的编辑操作，包括调整音量、修整区间、修整回放速度及对音量进行微调等操作，帮助用户熟练掌握音频编辑功能的应用技巧。

11.2.1 调整整体音量

在会声会影 2018 中，调节整段素材音量，可分别选择时间轴中的各个轨，然后在选项面板中对相应的音量控制选项进行调节。下面介绍调节整段音频音量的操作方法。

素材文件	光盘\素材\第 11 章\贺寿视频.VSP
效果文件	光盘\效果\第 11 章\贺寿视频.VSP
视频文件	光盘\视频\第 11 章\11.2.1 调整整体音量.mp4

【操练+视频】——贺寿视频

STEP 01 进入会声会影编辑器，打开一个项目文件，如图 11-23 所示。

STEP 02 选择音乐轨中的音频文件，在"音乐和声音"选项面板中单击"素材音量"右侧的下三角按钮，在弹出的面板中拖曳滑块至 62 的位置，如图 11-24 所示，调整音量。

图 11-23 打开一个项目文件

图 11-24 拖曳滑块位置调整音量

> **专家指点**
>
> 在会声会影 2018 中，音量素材本身的音量大小为 100，如果用户需要还原素材本身的音量大小，此时可以在"素材音量"右侧的数值框中输入 100，即可还原素材音量。设置素材音量时，当用户设置为 100 以上的音量时，表示将整段音频音量放大；当用户设置为 100 以下的音量时，表示将整段音频音量调小。

STEP 03 单击"播放"按钮，试听音频效果并预览视频画面，如图 11-25 所示。

11.2.2 修整音频区间

使用区间进行修整可以精确控制声音或音乐的播放时间，若对整个影片的播放时间有严格的限制，可以使用区间修整的方式来调整。

素材文件	光盘\素材\第 11 章\蝴蝶飞舞.VSP
效果文件	光盘\效果\第 11 章\蝴蝶飞舞.VSP
视频文件	光盘\视频\第 11 章\11.2.2 修整音频区间.mp4

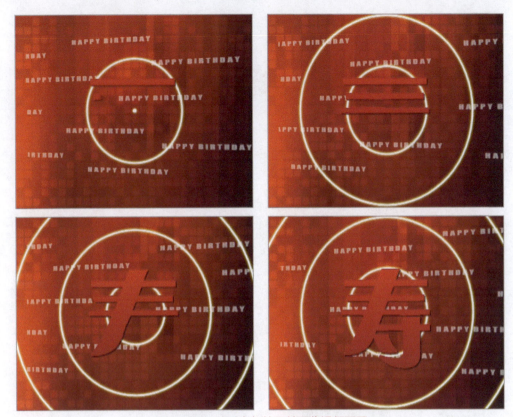

图 11-25 试听音频效果并预览视频画面

【操练+视频】——蝴蝶飞舞

STEP 01 进入会声会影编辑器，打开一个项目文件，选择音乐轨中的音频素材，如图 11-26 所示。

STEP 02 在"音乐和声音"选项面板中设置"区间"为 0:00:04:000，如图 11-27 所示。

图 11-26 选择音乐轨中的音频素材

图 11-27 设置区间数值

STEP 03 执行操作后，即可调整素材区间。单击"播放"按钮，试听音频效果并预览视频画面，如图 11-28 所示。

第 11 章 添加与编辑音频素材

图 11-28　试听音频效果并预览视频画面

11.2.3　修整音频回放速度

在会声会影 2018 中进行视频编辑时,用户可以随意改变音频的回放速度,使它与影片能够更好地融合。

素材文件	光盘\素材\第 11 章\海岸美景.VSP
效果文件	光盘\效果\第 11 章\海岸美景.VSP
视频文件	光盘\视频\第 11 章\11.2.3　修整音频回放速度.mp4

【操练+视频】——海岸美景

STEP 01　进入会声会影编辑器,打开一个项目文件,如图 11-29 所示。

STEP 02　在音乐轨中选择音频文件,在"音乐和声音"选项面板中单击"速度/时间流逝"按钮,如图 11-30 所示。

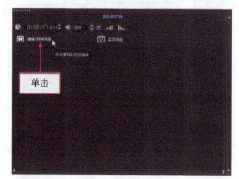

图 11-29　打开一个项目文件　　　　　图 11-30　单击"速度/时间流逝"按钮

> **专家指点**
>
> 在需要修整的音频文件上单击鼠标右键,在弹出的快捷菜单中选择"速度/时间流逝"选项,也可以弹出"速度/时间流逝"对话框,调整音频文件的回放速度。

STEP 03 弹出"速度/时间流逝"对话框,在其中设置各参数值,如图 11-31 所示。

STEP 04 单击"确定"按钮,即可调整音频的播放速度,如图 11-32 所示。

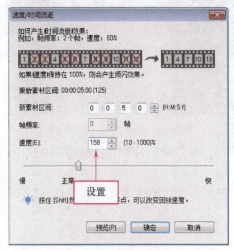

图 11-31　设置各参数值

图 11-32　调整音频的播放速度

STEP 05 单击"播放"按钮,试听修整后的音频并查看视频画面,如图 11-33 所示。

图 11-33　试听修整后的音频并查看视频画面

11.2.4　对音量进行微调操作

在会声会影 2018 中,用户可以对声音的整体音量进行微调操作,使背景音乐与视频画面更加融合。下面介绍对音量进行微调的操作方法。

素材文件	光盘\素材\第 11 章\旅游景区.VSP
效果文件	光盘\效果\第 11 章\旅游景区.VSP
视频文件	光盘\视频\第 11 章\11.2.4　对音量进行微调操作.mp4

【操练+视频】——旅游景区

STEP 01 进入会声会影编辑器,打开一个项目文件,如图 11-34 所示。

第 11 章　添加与编辑音频素材

299

STEP 02 在音乐轨图标上单击鼠标右键,在弹出的快捷菜单中选择 音频调节 选项,如图11-35所示。

图11-34 打开一个项目文件

图11-35 选择"音频调节"选项

STEP 03 用户还可以在音乐轨中的素材上单击鼠标右键,在弹出的快捷菜单中选择 音频调节 选项,如图11-36所示。

STEP 04 弹出"音频调节"对话框,在其中对声音参数进行微调,如图11-37所示。

图11-36 选择"音频调节"选项

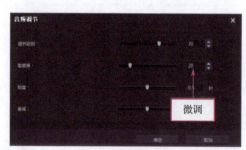

图11-37 对声音参数进行微调

STEP 05 单击"确定"按钮,完成音量微调操作。单击"播放"按钮,预览视频画面并聆听背景声音,如图11-38所示。

图11-38 预览视频画面并聆听背景声音

11.3 混音器使用技巧

通过对前面知识点的学习，读者已经基本掌握了音频素材的添加与修整方法。本节主要介绍管理音频素材的方法，包括选择音频轨道、设置轨道静音和实时调节音量等方法。

11.3.1 选择音频轨道

在会声会影 2018 中使用混音器调节音量前，首先需要选择要调节音量的音轨。

素材文件	光盘\素材\第 11 章\小猫微拍.VSP
效果文件	无
视频文件	光盘\视频\第 11 章\11.3.1　选择音频轨道.mp4

【操练+视频】——小猫微拍

STEP 01　进入会声会影编辑器，打开一个项目文件，如图 11-39 所示。

STEP 02　单击时间轴面板上方的"混音器"按钮，❶切换至混音器视图，在"环绕混音"选项面板中，❷单击"声音轨"按钮，如图 11-40 所示，即可选择音频轨道。

图 11-39　打开一个项目文件

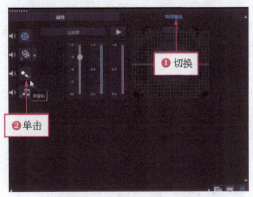
图 11-40　单击"声音轨"按钮

11.3.2 设置轨道静音

用户在编辑视频文件时，可以根据需要对声音轨中的音频文件执行静音操作。

素材文件	无
效果文件	无
视频文件	光盘\视频\第 11 章\11.3.2　设置轨道静音.mp4

【操练+视频】——设置轨道静音

STEP 01　打开上一例的素材文件，进入混音器视图，如图 11-41 所示。

STEP 02　在"环绕混音"选项面板中，单击"声音轨"按钮左侧的声音图标，执行操作后，即可设置轨道静音，如图 11-42 所示。

11.3.3 实时调节音量

在会声会影 2018 的混音器视图中播放音频文件时，用户可以对某个轨道上的音频进行音量的调整。

图 11-41　进入混音器视图　　　　　　　　　图 11-42　设置轨道静音

素材文件	无
效果文件	无
视频文件	光盘\视频\第 11 章\11.3.3　实时调节音量.mp4

【操练+视频】——实时调节音量

STEP 01　在上一例的基础上,进入混音器视图,选择需要调节的音轨后,单击"环绕混音"选项面板中的"播放"按钮,如图 11-43 所示。

STEP 02　此时,即可试听选择轨道的音频效果,且可在混音器中看到音量起伏的变化。单击"环绕混音"选项面板中的"音量"按钮,并上下拖曳,即可实时调节音量,时间轴效果如图 11-44 所示。

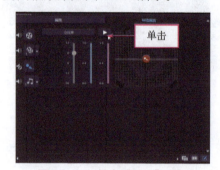

图 11-43　单击"播放"按钮　　　　　　　　图 11-44　实时调节音量时间轴效果

11.3.4　恢复默认音量

前面介绍了实时调整音量的操作,如果用户对当前设置不满意,可以将音量调节线恢复到原始状态。

素材文件	无
效果文件	无
视频文件	光盘\视频\第 11 章\11.3.4　恢复默认音量.mp4

【操练+视频】——恢复默认音量

STEP 01　在上一例的基础上,进入混音器视图,在音频素材上单击鼠标右键,在弹出的快捷菜单中选择 重置音量 选项，如图 11-45 所示。

STEP 02 执行操作后，即可恢复默认音量效果，如图 11-46 所示。

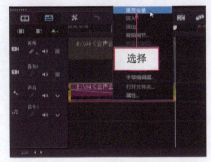
图 11-45 选择"重置音量"选项

图 11-46 恢复默认音量效果

11.3.5 调整右声道音量

在会声会影 2018 中，用户还可以根据需要调整音频右声道音量的大小，调整后的音量在播放试听的时候会有所变化。

	素材文件	无
	效果文件	无
	视频文件	光盘\视频\第 11 章\11.3.5 调整右声道音量.mp4

【操练+视频】——调整右声道音量

STEP 01 在上一例的基础上，进入混音器视图，选择音频素材，❶在"环绕混音"选项面板中单击"播放"按钮，❷然后单击右侧窗口中的滑块向右拖曳，如图 11-47 所示。

STEP 02 执行操作后，即可调整右声道的音量大小，如图 11-48 所示。

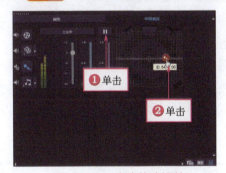
图 11-47 向右拖曳滑块

图 11-48 调整右声道的音量大小

> **专家指点**
>
> 在立体声中左声道和右声道能够分别播出相同或不同的声音，产生从左到右或从右到左的立体声音变化效果。在卡拉 OK 中左声道和右声道分别是主音乐声道和主人声声道，关闭其中任何一个声道，你将听到以音乐为主或以人声为主的声音。在单声道中，左声道和右声道没有什么区别。在 2.1、4.1、6.1 等声场模式中左声道和右声道还可以分前置左、右声道，后置左、右声道，环绕左、右声道，以及中置和低音炮等。

第 11 章 添加与编辑音频素材

11.3.6 调整左声道音量

在会声会影 2018 中，如果音频素材播放时，其左声道的音量不能满足用户的需求，此时可以调整左声道的音量。

素材文件	无
效果文件	无
视频文件	光盘\视频\第 11 章\11.3.6　调整左声道音量.mp4

【操练+视频】——调整左声道音量

STEP 01 打开上一例的素材文件，进入混音器视图，选择音频素材，❶在"环绕混音"选项面板中单击"播放"按钮，❷然后单击右侧窗口中的滑块向左拖曳，如图 11-49 所示。

STEP 02 执行操作后，即可调整左声道的音量大小，如图 11-50 所示。

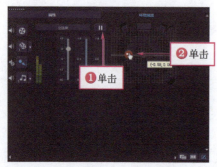

图 11-49　向左拖曳滑块

图 11-50　调整左声道的音量大小

11.4 制作背景音乐特效

在会声会影 2018 中，可以将音频滤镜添加到音乐轨的音频素材上，如长回音、长重复、体育场及等量化等。本节主要介绍制作音乐特效的操作方法。

11.4.1 特效 1：制作淡入淡出声音特效

在会声会影 2018 中，使用淡入淡出的音频效果，可以避免音乐的突然出现和突然消失，使音乐能够有一种自然的过渡效果。下面向读者介绍添加淡入与淡出音频滤镜的操作方法。

素材文件	光盘\素材\第 11 章\风景如画.VSP
效果文件	光盘\效果\第 11 章\风景如画.VSP
视频文件	光盘\视频\第 11 章\11.4.1　特效 1：制作淡入淡出声音特效.mp4

【操练+视频】——风景如画

STEP 01 进入会声会影编辑器，打开一个项目文件，如图 11-51 所示。

STEP 02 在预览窗口中，可以预览视频的画面效果，如图 11-52 所示。

STEP 03 选择音乐轨中的素材，单击❶"淡入"按钮和❷"淡出"按钮，如图 11-53 所示，为音频文件添加淡入淡出特效。

STEP 04 单击"混音器"按钮，如图 11-54 所示。

图 11-51 打开一个项目文件

图 11-52 预览视频的画面效果

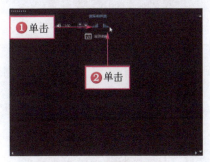
图 11-53 单击相应按钮

图 11-54 单击"混音器"按钮

STEP 05 打开混音器视图，在其中可以查看淡入淡出的两个关键帧，如图 15-55 所示。

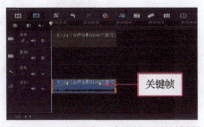
图 15-55 查看淡入淡出的两个关键帧

11.4.2 特效 2：制作背景声音的回声特效

在会声会影 2018 中，使用"回声"音频滤镜样式可以为音频文件添加回音效果，该滤镜样式适合放在比较梦幻的视频素材当中。

	素材文件	光盘\素材\第 11 章\花好月圆.VSP
	效果文件	光盘\效果\第 11 章\花好月圆.VSP
	视频文件	光盘\视频\第 11 章\11.4.2 特效 2：制作背景声音的回声特效.mp4

【操练+视频】——花好月圆

STEP 01 进入会声会影编辑器，打开一个项目文件，在预览窗口可以预览打开的项目效果，如图 11-56 所示。

STEP 02 在声音轨中双击音频文件，单击"音乐和声音"选项面板中的 音频滤镜 按钮，如图 11-57 所示。

第 11 章 添加与编辑音频素材

305

图 11-56 预览打开的项目效果

图 11-57 单击"音频滤镜"按钮

STEP 03 弹出"音频滤镜"对话框,在左侧的下拉列表框中,❶选择"回声"选项,❷单击"添加"按钮,❸即可将选择的音频滤镜样式添加至右侧的"已用滤镜"列表框中,如图 11-58 所示。

STEP 04 单击"确定"按钮,即可将选择的滤镜样式添加至声音轨的音频文件中,如图 11-59 所示。单击导览面板中的"播放"按钮,即可试听"回声"音频滤镜效果。

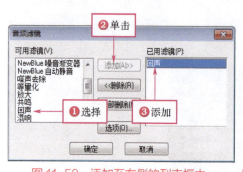

图 11-58 添加至右侧的列表框中

图 11-59 将选择的滤镜样式添加至声音轨的音频文件中

11.4.3 特效 3:制作背景声音重复回播特效

在会声会影 2018 编辑器中,使用"长重复"音频滤镜样式,可以为音频文件添加重复的长回音效果。

	素材文件	光盘\素材\第 11 章\烟花绽放.VSP
	效果文件	光盘\效果\第 11 章\烟花绽放.VSP
	视频文件	光盘\视频\第 11 章\11.4.3 特效 3:制作背景声音重复回播特效.mp4

【操练+视频】——烟花绽放

STEP 01 进入会声会影编辑器,打开一个项目文件,在预览窗口可以预览打开的项目效果,如图 11-60 所示。

STEP 02 选择音频素材,在"音乐和声音"选项面板中单击 音频滤镜 按钮,弹出"音频滤镜"对话框,在"可用滤镜"下拉列表框中选择"长重复"选项,如图 11-61 所示。

图 11-60 预览打开的项目效果

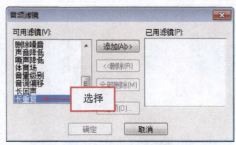

图 11-61 选择"长重复"选项

STEP 03 ❶单击"添加"按钮，❷即可将选择的滤镜样式添加至右侧的"已用滤镜"列表框中，❸单击"确定"按钮，如图 11-62 所示。

STEP 04 执行上述操作后，即可将选择的滤镜样式添加到声音轨的音频文件中，如图 11-63 所示。单击导览面板中的"播放"按钮，即可试听背景声音重复回播效果。

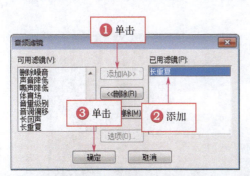

图 11-62 单击"确定"按钮

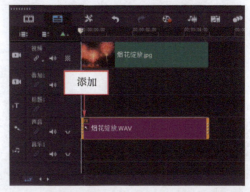

图 11-63 将选择的滤镜样式添加到声音轨的音频文件中

> **专家指点**
>
> 在"已用滤镜"列表框中选择相应的音频滤镜后，单击中间的"删除"按钮，即可删除选择的音频滤镜。

11.4.4 特效 4：制作类似体育场的声音特效

在会声会影 2018 中，使用"体育场"音频滤镜可以为音频文件添加体育场特效。下面向读者介绍添加"体育场"滤镜的操作方法。

素材文件	光盘\素材\第 11 章\数码时代.VSP
效果文件	光盘\效果\第 11 章\数码时代.VSP
视频文件	光盘\视频\第 11 章\11.4.4 特效 4：制作类似体育场的声音特效.mp4

【操练+视频】——数码时代

STEP 01 进入会声会影编辑器，打开一个项目文件，在预览窗口可以预览打开的项目效果，如图 11-64 所示。

STEP 02 选择并双击音频素材，展开"音乐和声音"选项面板，单击 音频滤镜 按钮，弹出"音频滤镜"对话框，在"可用滤镜"下拉列表框中选择"体育场"选项，如图 11-65

第 11 章 添加与编辑音频素材

所示。

图 11-64 预览打开的项目效果

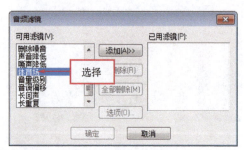

图 11-65 选择"体育场"选项

STEP 03 ❶单击"添加"按钮，❷即可将选择的滤镜样式添加至右侧的"已用滤镜"列表框中，❸单击"确定"按钮，如图 11-66 所示。

STEP 04 执行上述操作后，即可将选择的滤镜样式添加到声音轨的音频文件中，如图 11-67 所示。单击导览面板中的"播放"按钮，即可试听"体育场"音频滤镜效果。

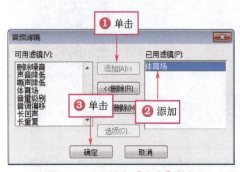

图 11-66 单击"确定"按钮   图 11-67 将选择的滤镜样式添加到声音轨的音频文件中

11.4.5 特效 5：清除声音中的部分点击杂音

在会声会影 2018 中，使用"清洁器"音频滤镜可以对音频文件中点击的声音进行清除处理。下面向读者介绍添加"清洁器"滤镜的操作方法。

【操练+视频】——实拍老虎

STEP 01 进入会声会影编辑器，打开一个项目文件，在预览窗口可以预览打开的项目效果，如图 11-68 所示。

STEP 02 选择音频素材，在"音乐和声音"选项面板中单击 音频滤镜 按钮，弹出"音频滤镜"对话框，在"可用滤镜"下拉列表框中选择"NewBlue 清洁器"选项，如图 11-69 所示。

图 11-68 预览打开的项目效果

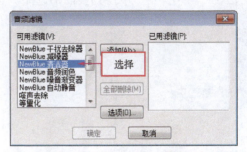
图 11-69 选择"NewBlue 清洁器"选项

STEP 03 ❶单击"添加"按钮，❷即可将选择的滤镜样式添加至右侧的"已用滤镜"列表框中，❸单击"确定"按钮，如图 11-70 所示。

STEP 04 执行上述操作后，即可将选择的滤镜样式添加到声音轨的音频文件中，如图 11-71 所示。单击导览面板中的"播放"按钮，即可试听"NewBlue 清洁器"音频滤镜效果。

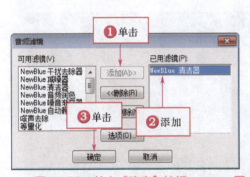
图 11-70 单击"确定"按钮

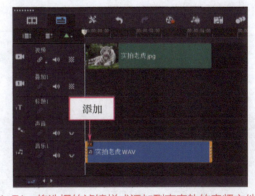
图 11-71 将选择的滤镜样式添加到声音轨的音频文件中

专家指点

在音频素材上单击鼠标右键，选择"音频滤镜"选项，也可以打开"音频滤镜"对话框，添加音频滤镜效果。

11.4.6 特效 6：清除声音中的噪声和杂音

在会声会影 2018 中，使用"删除噪音"音频滤镜可以对音频文件中的噪声进行处理，该滤镜适合用在有噪声的音频文件中。

素材文件	光盘\素材\第 11 章\白色小花.VSP
效果文件	光盘\效果\第 11 章\白色小花.VSP
视频文件	光盘\视频\第 11 章\11.4.6 特效 6：清除声音中的噪声和杂音.mp4

【操练+视频】——白色小花

STEP 01 进入会声会影编辑器，打开一个项目文件，在预览窗口可以预览打开的项目效果，如图 11-72 所示。

第 11 章 添加与编辑音频素材

STEP 02 选择音频素材，在选项面板中单击 音频滤镜 按钮，弹出"音频滤镜"对话框，在"可用滤镜"下拉列表框中选择"删除噪音"选项，如图 11-73 所示。

图 11-72　预览打开的项目效果

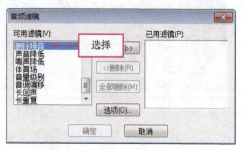

图 11-73　选择"删除噪音"选项

STEP 03 ❶单击"添加"按钮，❷即可将选择的滤镜样式添加至右侧的"已用滤镜"列表框中，❸单击"确定"按钮，如图 11-74 所示。

STEP 04 执行上述操作后，即可将选择的滤镜样式添加到声音轨的音频文件中，如图 11-75 所示。单击导览面板中的"播放"按钮，即可试听"删除噪音"音频滤镜效果。

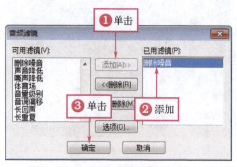

图 11-74　单击"确定"按钮

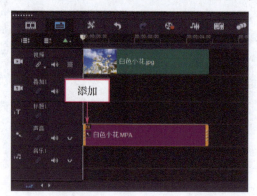

图 11-75　将选择的滤镜样式添加到声音轨的音频文件中

11.4.7　特效 7：等量化处理音量均衡效果

在会声会影 2018 中，使用"等量化"滤镜可以对音频文件中的高音和低音进行处理，使整段音频的音量在一条平行线上，均衡音频的音量效果。

	素材文件	光盘\素材\第 11 章\烟雨江南.VSP
	效果文件	光盘\效果\第 11 章\烟雨江南.VSP
	视频文件	光盘\视频\第 11 章\11.4.7　特效 7：等量化处理音量均衡效果.mp4

【操练+视频】——烟雨江南

STEP 01 进入会声会影编辑器，打开一个项目文件，如图 11-76 所示。

STEP 02 ❶单击"滤镜"按钮，进入"滤镜"素材库，❷在上方单击"显示音频滤镜"按钮 ，如图 11-77 所示。

图 11-76 打开一个项目文件

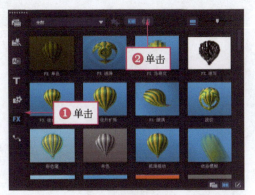

图 11-77 单击"显示音频滤镜"按钮

STEP 03 执行操作后,即可显示会声会影 2018 中的所有音频滤镜,在其中选择"等量化"音频滤镜,如图 11-78 所示。将选择的滤镜拖曳至音乐轨中的音频素材上,即可添加"等量化"滤镜。

STEP 04 用户还可以在"音乐和声音"选项面板中单击"音频滤镜"按钮,弹出"音频滤镜"对话框,在其中可以查看已添加的"等量化"音频滤镜,如图 11-79 所示。

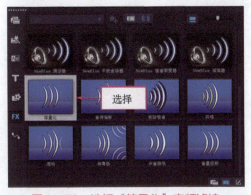

图 11-78 选择"等量化"音频滤镜

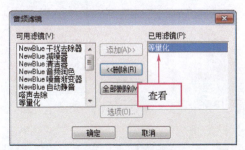

图 11-79 查看已添加的"等量化"音频滤镜

本章小结

　　优美动听的背景音乐和款款深情的配音不仅可以为影片起到锦上添花的作用,更会使影片颇具感染力,从而使影片更上一个台阶。本章主要介绍了如何使用会声会影 2018 来为影片添加背景音乐或声音,以及如何编辑音频文件和合理地混合各音频文件,以便得到满意的效果。通过本章的学习,可以使读者掌握和了解在影片中音频的添加与混合效果的制作,从而为自己的影视作品做出完美的音乐环境。

第12章
输出、刻录与分享视频

📋 章前知识导读

经过前面一系列的编辑后，用户可以将编辑完成的影片进行渲染及输出成不同格式的视频文件，或者直接将视频刻录成光盘，会声会影提供了多种刻录方式，以适合不同用户的需要。本章主要向读者介绍输出、刻录与分享视频的操作方法。

📖 新手重点索引

输出常用视频与音频格式　　　将视频刻录为蓝光光盘
将视频刻录为 DVD 光盘　　　在网站中分享成品视频
将视频刻录为 AVCHD 光盘

🎨 效果图片欣赏

12.1 输出常用视频与音频格式

本节主要向读者介绍使用会声会影 2018 渲染输出视频与音频的各种操作方法，主要包括输出 AVI、MPEG、MOV、MP4、WMV 及 3GPP 等视频，输出 WAV、WMA 等音频内容，希望读者熟练掌握本节视频与音频的输出技巧。

12.1.1 格式 1：输出 AVI 视频文件

AVI 主要应用在多媒体光盘上，用来保存电视、电影等各种影像信息，它的优点是兼容性好，图像质量好，只是输出的尺寸和容量有点偏大。下面向读者介绍输出 AVI 视频文件的操作方法。

	素材文件	光盘\素材\第 12 章\展翅翱翔.VSP
	效果文件	光盘\效果\第 12 章\展翅翱翔.avi
	视频文件	光盘\视频\第 12 章\12.1.1　格式 1：输出 AVI 视频文件.mp4

【操练+视频】——展翅翱翔

STEP 01　进入会声会影编辑器，打开一个项目文件，如图 12-1 所示。

STEP 02　在编辑器的上方单击 共享 标签，切换至 共享 步骤面板，在上方面板中选择 AVI 选项，如图 12-2 所示，输出 AVI 视频格式。

图 12-1　打开一个项目文件

图 12-2　选择"AVI"选项

STEP 03　在下方面板中，单击"文件位置"右侧的"浏览"按钮，如图 12-3 所示，弹出"浏览"对话框，在其中设置视频文件的输出名称与输出位置。

STEP 04　设置完成后，单击"保存"按钮，返回会声会影"共享"步骤面板，单击下方的"开始"按钮，开始渲染视频文件，并显示渲染进度，如图 12-4 所示。稍等片刻待视频文件输出完成后，弹出信息提示框，提示用户视频文件建立成功，单击"确定"按钮，完成输出 AVI 视频的操作。

STEP 05　在预览窗口中单击"播放"按钮，预览输出的 AVI 视频效果，如图 12-5 所示。

12.1.2 格式 2：输出 MPEG 视频文件

在影视后期输出中，有许多视频文件需要输出 MPEG 格式，网络上很多视频文件的格式也是 MPEG 格式的。下面向读者介绍输出 MPEG 视频文件的操作方法。

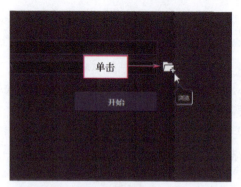
图 12-3 单击"浏览"按钮

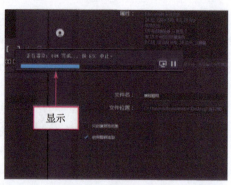
图 12-4 显示渲染进度

图 12-5 预览输出的 AVI 视频效果

素材文件	光盘\素材\第 12 章\云雾缭绕.VSP
效果文件	光盘\效果\第 12 章\云雾缭绕.mpg
视频文件	光盘\视频\第 12 章\12.1.2 格式 2:输出 MPEG 视频文件.mp4

【操练+视频】——云雾缭绕

STEP 01 进入会声会影编辑器,打开一个项目文件,如图 12-6 所示。

STEP 02 在编辑器的上方单击 共享 标签,切换至 共享 步骤面板,在上方面板中选择 MPEG-2 选项,如图 12-7 所示,输出 MPEG 视频格式。

图 12-6 打开一个项目文件

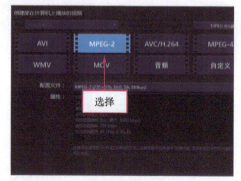
图 12-7 选择"MPEG-2"选项

STEP 03 在下方面板中,单击"文件位置"右侧的"浏览"按钮,如图 12-8 所示。

STEP 04 在"浏览"对话框中,设置视频文件的输出名称与输出位置,如图 12-9

所示。

图 12-8 单击"浏览"按钮

图 12-9 设置视频文件的输出名称与输出位置

STEP 05 设置完成后,单击"保存"按钮,返回会声会影步骤面板,单击下方的"开始"按钮,开始渲染视频文件,并显示渲染进度。稍等片刻待视频文件输出完成后,弹出信息提示框,提示用户视频文件建立成功,单击"确定"按钮,如图 12-10 所示,完成输出 MPEG 视频的操作。

STEP 06 在预览窗口中单击"播放"按钮,预览输出的 MPEG 视频画面效果,如图 12-11 所示。

图 12-10 单击"确定"按钮

图 12-11 预览输出的 MPEG 视频画面效果

12.1.3 格式 3:输出 MP4 视频文件

MP4 全称 MPEG-4 Part 14,是一种使用 MPEG-4 的多媒体电脑档案格式,文件格式名为.mp4。MP4 格式的优点是应用广泛,这种格式在大多数播放软件、非线性编辑软件及智能手机中都能播放。下面向读者介绍输出 MP4 视频文件的操作方法。

素材文件	光盘\素材\第 12 章\幸福相伴.VSP
效果文件	光盘\效果\第 12 章\幸福相伴.mp4
视频文件	光盘\视频\第 12 章\12.1.3　格式 3:输出 MP4 视频文件.mp4

【操练+视频】——幸福相伴

STEP 01 进入会声会影编辑器,打开一个项目文件,如图 12-12 所示。

STEP 02 在编辑器的上方单击 共享 标签,切换至 共享 步骤面板,在上方面板中选择 MPEG-4 选项,如图 12-13 所示,输出 MP4 视频格式。

第 12 章　输出、刻录与分享视频

图 12-12 打开一个项目文件

图 12-13 选择"MPEG-4"选项

STEP 03 在下方面板中，单击"文件位置"右侧的"浏览"按钮，如图 12-14 所示，弹出"浏览"对话框，在其中设置视频文件的输出名称与输出位置。

STEP 04 设置完成后，单击"保存"按钮，返回会声会影"共享"步骤面板，单击下方的"开始"按钮，开始渲染视频文件，并显示渲染进度，如图 12-15 所示。稍等片刻待视频文件输出完成后，弹出信息提示框，提示用户视频文件建立成功，单击"确定"按钮，完成输出 MP4 视频的操作。

图 12-14 单击"浏览"按钮

图 12-15 显示渲染进度

STEP 05 在预览窗口中单击"播放"按钮，预览输出的 MP4 视频画面效果，如图 12-16 所示。

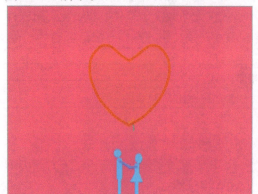

图 12-16 预览输出的 MP4 视频画面效果

图 12-16　预览输出的 MP4 视频画面效果（续）

12.1.4　格式 4：输出 WMV 视频文件

WMV 视频格式在互联网中使用非常频繁，深受广大用户喜爱。下面向读者介绍输出 WMV 视频文件的操作方法。

	素材文件	光盘\素材\第 12 章\贺寿特效.VSP
	效果文件	光盘\效果\第 12 章\贺寿特效.wmv
	视频文件	光盘\视频\第 12 章\12.1.4　格式 4：输出 WMV 视频文件.mp4

【操练+视频】——贺寿特效

STEP 01　进入会声会影编辑器，打开一个项目文件，如图 12-17 所示。

STEP 02　在编辑器的上方单击 共享 标签，切换至 共享 步骤面板，在上方面板中选择 WMV 选项，如图 12-18 所示，输出 WMV 视频格式。

 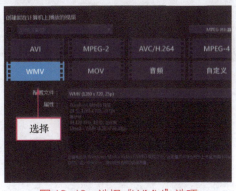

图 12-17　打开一个项目文件　　　　　图 12-18　选择"WMV"选项

STEP 03　在下方面板中，单击"文件位置"右侧的"浏览"按钮，弹出"浏览"对话框，在其中设置视频文件的输出名称与输出位置，如图 12-19 所示。

STEP 04　设置完成后，单击"保存"按钮，返回会声会影"共享"步骤面板，单击下方的"开始"按钮，开始渲染视频文件，并显示渲染进度，如图 12-20 所示。稍等片刻待视频文件输出完成后，弹出信息提示框，提示用户视频文件建立成功，单击"确定"按钮，完成输出 WMV 视频的操作。

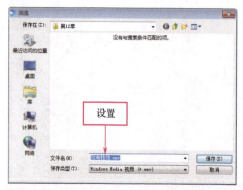
图 12-19 设置视频文件的输出名称与输出位置

图 12-20 显示渲染进度

STEP 05 在预览窗口中单击"播放"按钮,预览输出的 WMV 视频画面效果,如图 12-21 所示。

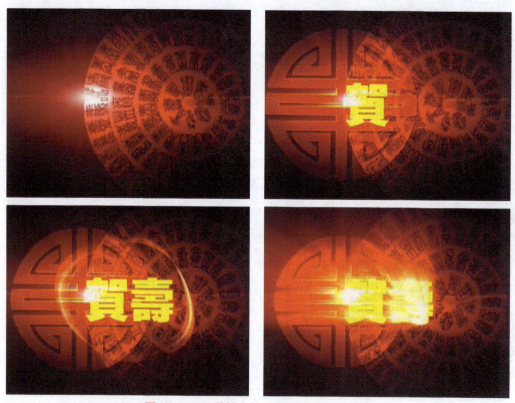
图 12-21 预览输出的 WMV 视频画面效果

专家指点

在会声会影 2018 中,向读者提供了 5 种不同尺寸的 WMV 格式,用户可根据需要选择。

12.1.5 格式 5:输出 MOV 视频文件

MOV 格式是指 Quick Time 格式,是苹果(Apple)公司创立的一种视频格式。下面向读者介绍输出 MOV 视频文件的操作方法。

	素材文件	光盘\素材\第 12 章\阳光街道.VSP
	效果文件	光盘\效果\第 12 章\阳光街道.mov
	视频文件	光盘\视频\第 12 章\12.1.5　格式 5：输出 MOV 视频文件.mp4

【操练+视频】——阳光街道

STEP 01 进入会声会影编辑器，打开一个项目文件，如图 12-22 所示。

STEP 02 在编辑器的上方单击 共享 标签，切换至 共享 步骤面板，在上方面板中，❶选择 自定义 选项，❷单击"格式"右侧的下拉按钮，❸在弹出的列表框中选择 QuickTime 影片文件 [*.mov] 选项，如图 12-23 所示。

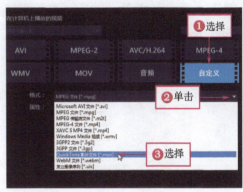

图 12-22　打开一个项目文件　　　　图 12-23　选择"QuickTime 影片文件[*.mov]"选项

STEP 03 在下方面板中，单击"文件位置"右侧的"浏览"按钮，弹出"浏览"对话框，在其中设置视频文件的输出名称与输出位置，如图 12-24 所示。

STEP 04 设置完成后，单击"保存"按钮，返回会声会影"共享"步骤面板，单击下方的"开始"按钮，开始渲染视频文件，并显示渲染进度，如图 12-25 所示。稍等片刻待视频文件输出完成后，弹出信息提示框，提示用户视频文件建立成功，单击"确定"按钮，完成输出 MOV 视频的操作。

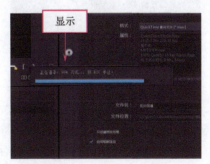

图 12-24　设置视频文件的输出名称与输出位置　　　图 12-25　显示渲染进度

STEP 05 在预览窗口中单击"播放"按钮，预览输出的 MOV 视频画面效果，如图 12-26 所示。

图 12-26 预览输出的 MOV 视频画面效果

12.1.6 格式 6：输出 3GP 视频文件

3GP 是一种 3G 流媒体的视频编码格式，使用户能够发送大量的数据到移动电话网络，从而明确传输大型文件，如音频、视频和数据网络的手机。3GP 是 MP4 格式的一种简化版本，减少了储存空间，具有较低的频宽需求，让手机上有限的储存空间可以得到使用。下面向读者介绍输出 3GP 视频文件的操作方法。

	素材文件	光盘\素材\第 12 章\午后阳光.VSP
	效果文件	光盘\效果\第 12 章\午后阳光.3gp
	视频文件	光盘\视频\第 12 章\12.1.6　格式 6：输出 3GP 视频文件.mp4

【操练+视频】——午后阳光

STEP 01 进入会声会影编辑器，打开一个项目文件，如图 12-27 所示。

STEP 02 切换至 共享 步骤面板，在上方面板中，❶选择 自定义 选项，❷单击"格式"右侧的下拉按钮，❸在弹出的列表框中选择 3GPP 文件 [*.3gp] 选项，如图 12-28 所示。

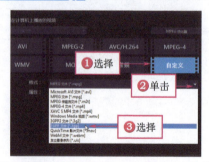

图 12-27　打开一个项目文件　　　　图 12-28　选择"3GPP 文件[*.3gp]"选项

STEP 03 在下方面板中，单击"文件位置"右侧的"浏览"按钮，弹出"浏览"对话框，在其中设置视频文件的输出名称与输出位置，如图 12-29 所示。

STEP 04 设置完成后，单击"保存"按钮，返回会声会影"共享"步骤面板，单击下方的"开始"按钮，开始渲染视频文件，并显示渲染进度，如图 12-30 所示。稍等片刻待视频文件输出完成后，弹出信息提示框，提示用户视频文件建立成功，单击"确定"按钮，完成输出 3GP 视频的操作。

STEP 05 在预览窗口中单击"播放"按钮，预览输出的 3GP 视频画面效果，如图 12-31 所示。

图 12-29 设置视频文件的输出名称与输出位置

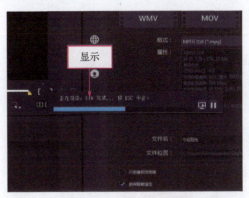
图 12-30 显示渲染进度

图 12-31 预览输出的 3GP 视频画面效果

12.1.7 格式 7：输出 WMA 音频文件

WMA 格式可以通过减少数据流量但保持音质的方法来达到更高的压缩率目的。下面向读者介绍输出 WMA 音频文件的操作方法。

素材文件	光盘\素材\第 12 章\自助吧台.VSP
效果文件	光盘\效果\第 12 章\自助吧台.wma
视频文件	光盘\视频\第 12 章\12.1.7　格式 7：输出 WMA 音频文件.mp4

【操练+视频】——自助吧台

STEP 01　进入会声会影编辑器，打开一个项目文件，如图 12-32 所示。

STEP 02　在编辑器的上方单击 共享 标签，切换至 共享 步骤面板，在上方面板中选择 音频 选项，如图 12-33 所示。

STEP 03　❶在下方面板中单击"格式"右侧的下三角按钮，❷在弹出的列表框中选择 Windows Media 音频 选项，如图 12-34 所示。

STEP 04　在下方面板中，单击"文件位置"右侧的"浏览"按钮，弹出"浏览"对话框，在其中设置音频文件的输出名称与输出位置，如图 12-35 所示。

STEP 05　设置完成后，单击"保存"按钮，返回会声会影"共享"步骤面板，单击下方的"开始"按钮，开始渲染音频文件，并显示渲染进度。稍等片刻待音频文件输出完成后，弹出信息提示框，提示用户音频文件建立成功，单击"确定"按钮，如图 12-36

所示，完成输出 WMA 音频的操作。

图 12-32　打开一个项目文件

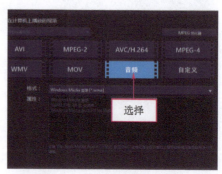

图 12-33　选择"音频"选项

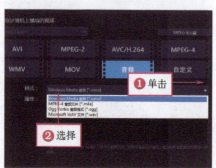

图 12-34　选择"Windows Media 音频"选项

图 12-35　设置音频文件的输出名称与输出位置

STEP 06　在预览窗口中单击"播放"按钮，试听输出的 WMA 音频文件并预览视频画面效果，如图 12-37 所示。

图 12-36　单击"确定"按钮

图 12-37　试听输出的 WMA 音频并预览视频画面效果

12.1.8　格式 8：输出 WAV 音频文件

WAV 格式是微软公司开发的一种声音文件格式，又称之为波形声音文件。下面向读者介绍输出 WAV 音频文件的操作方法。

	素材文件	光盘\素材\第 12 章\风光游览.VSP
	效果文件	光盘\效果\第 12 章\风光游览.wav
	视频文件	光盘\视频\第 12 章\12.1.8　格式 8：输出 WAV 音频文件.mp4

【操练+视频】——风光游览

STEP 01 进入会声会影编辑器，打开一个项目文件，如图 12-38 所示。

STEP 02 在编辑器的上方单击 共享 标签，切换至 共享 步骤面板，在上方面板中选择 音频 选项，如图 12-39 所示。

图 12-38　打开一个项目文件

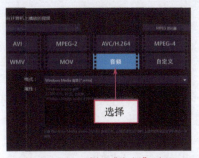

图 12-39　选择"音频"选项

STEP 03 ❶在下方面板中单击"格式"右侧的下三角按钮，❷在弹出的列表框中选择 Microsoft WAV 文件 [*.wav] 选项，如图 12-40 所示。

STEP 03 在下方面板中，单击"文件位置"右侧的"浏览"按钮，弹出"浏览"对话框，在其中设置音频文件的输出名称与输出位置，如图 12-41 所示。

图 12-40　选择"Microsoft WAV 文件[*.wav]"选项

图 12-41　设置音频文件的输出名称与输出位置

STEP 04 设置完成后，单击"保存"按钮，返回会声会影"共享"步骤面板，单击下方的"开始"按钮，开始渲染音频文件，并显示渲染进度。待音频文件输出完成后，弹出信息提示框，单击"确定"按钮，如图 12-42 所示，完成输出 WAV 音频的操作。

STEP 05 在预览窗口中单击"播放"按钮，试听输出的 WAV 音频文件并预览视频画面效果，如图 12-43 所示。

图 12-42　单击"确定"按钮

图 12-43　试听输出的 WAV 音频文件预览视频画面效果

第 12 章　输出、刻录与分享视频

12.1.9 输出部分区间媒体文件

在会声会影 2018 中,将视频编辑完成渲染输出视频时,为了更好地查看视频效果,常常需要渲染输出视频中的部分视频内容。下面向读者介绍渲染输出指定范围的视频内容的操作方法。

	素材文件	光盘\素材\第 12 章\小小蜜蜂.mpg
	效果文件	光盘\效果\第 12 章\小小蜜蜂.mp4
	视频文件	光盘\视频\第 12 章\12.1.9 输出部分区间媒体文件.mp4

【操练+视频】——小小蜜蜂

STEP 01 进入会声会影编辑器,在时间轴面板的视频轨中插入一段视频素材,如图 12-44 所示。

STEP 02 在时间轴上,❶拖曳当前时间标记至 00:00:01:00 的位置,❷单击"开始标记"按钮,如图 12-45 所示,❸此时时间轴上将出现黄色标记。

图 12-44 插入一段视频素材

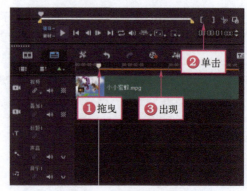

图 12-45 设置开始标记

STEP 03 ❶拖曳当前时间标记至 00:00:06:00 的位置,❷单击"结束标记"按钮,如图 12-46 所示,❸时间轴上黄色标记的区域为用户所指定的预览范围。

STEP 04 在编辑器的上方单击 共享 标签,切换至 共享 步骤面板,在上方面板中选择 MPEG-4 选项,输出 MP4 视频格式,如图 12-47 所示。

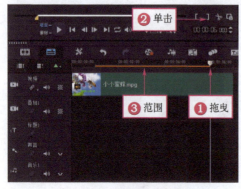

图 12-46 设置结束标记

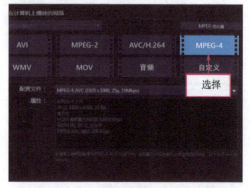

图 12-47 选择"MPEG-4"选项

STEP 05 单击"文件位置"右侧的"浏览"按钮,弹出"浏览"对话框,在其中设置视频文件的输出名称与输出位置,如图 12-48 所示。

STEP 06 设置完成后,单击"保存"按钮,返回会声会影"共享"步骤面板,在面板下方选中"只创建预览范围"复选框,如图 12-49 所示。

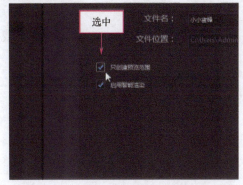

图 12-48 设置视频文件的输出名称与输出位置　　图 12-49 选中"只创建预览范围"复选框

STEP 07 单击"开始"按钮,开始渲染视频文件,并显示渲染进度,如图 12-50 所示。

STEP 08 稍等片刻待视频文件输出完成后,弹出信息提示框,提示用户视频文件建立成功,如图 12-51 所示。单击"确定"按钮,完成指定影片输出范围的操作。

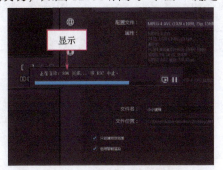

图 12-50 显示渲染进度　　图 12-51 提示用户视频文件建立成功

STEP 09 在预览窗口中单击"播放"按钮,预览输出的部分视频画面效果,如图 12-52 所示。

图 12-52 预览输出的部分视频画面效果

第 12 章 输出、刻录与分享视频

12.2 将视频刻录为 DVD 光盘

用户可以通过会声会影 2018 编辑器提供的刻录功能,直接将视频刻录为 DVD 光盘。这种刻录的光盘能够在计算机和影碟播放机中直接播放。本节主要向读者介绍运用会声会影 2018 编辑器直接将 DV 或视频刻录成 DVD 光盘的操作方法。

12.2.1 了解 DVD 光盘

数字多功能光盘(Digital Versatile Disc,DVD)是一种光盘存储器,通常用来播放标准电视机清晰度的电影、高质量的音乐与用于大容量存储数据。

DVD 与 CD 的外观极为相似,它们的直径都是 120mm 左右。最常见的 DVD,即单面单层 DVD 的资料容量约为 VCD 的 7 倍,这是因为 DVD 和 VCD 虽然使用相同的技术来读取深藏于光盘片中的资料(光学读取技术),但是由于 DVD 的光学读取头所产生的光点较小(将原本 0.85μm 的读取光点大小缩小到 0.55μm),因此在同样大小的盘片面积上(DVD 和 VCD 的外观大小是一样的),DVD 资料存储的密度便可提高。

12.2.2 刻录前的准备工作

在会声会影 2018 中刻录 DVD 光盘之前,需要准备好以下事项。

➢ 检查是否有足够的压缩暂存空间。无论刻录光盘是否还可以创建光盘影像,都需要进行视频文件的压缩,压缩文件要有足够的硬盘空间存储,若空间不够,操作将半途而废。

➢ 准备好刻录机。如果暂时没有刻录机,可以创建光盘影像文件或 DVD 文件夹,然后复制到其他配有刻录机的计算机中,再刻录成光盘。

12.2.3 开始刻录 DVD 光盘

当用户制作好视频文件后,接下来就可以将视频刻录为 DVD 光盘了。下面向读者介绍其具体刻录方法。

	素材文件	光盘\素材\第 12 章\鲜花绽放.mpg
	效果文件	无
	视频文件	光盘\视频\第 12 章\12.2.3　开始刻录 DVD 光盘.mp4

【操练+视频】——鲜花绽放

STEP 01 进入会声会影 2018 编辑器,在时间轴面板中单击鼠标右键,在弹出的快捷菜单中选择 插入视频... 选项,如图 12-53 所示。

STEP 02 执行操作后,即可弹出"打开视频文件"对话框,❶在其中用户选择需要刻录的视频文件,❷单击"打开"按钮,如图 12-54 所示。

STEP 03 即可将视频素材添加到视频轨中,如 12-55 所示。单击导览面板中的"播放"按钮,预览添加的视频画面效果。

> **专家指点**
>
> 在会声会影 2018 中,用户还可以直接将计算机磁盘中的视频文件直接拖曳至时间轴面板的视频轨中,应用视频文件。

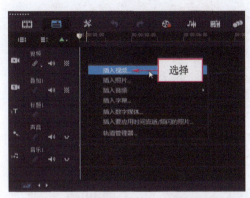
图12-53 选择"插入视频"选项

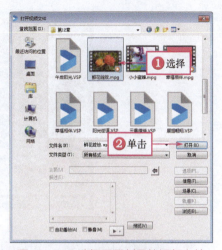
图12-54 选择需要刻录的视频文件

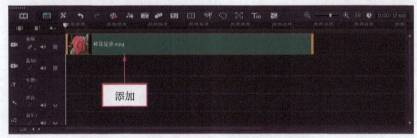
图12-55 将视频素材添加到视频轨中

STEP 04 在菜单栏中，单击❶ 工具(T) 菜单，在弹出的菜单列表中单击❷ 创建光盘 | ❸ DVD 命令，如图12-56所示。

图12-56 单击"DVD"命令

STEP 05 执行上述操作后，即可弹出"Corel VideoStudio"对话框，在其中可以查看需要刻录的视频画面，如图12-57所示。

> **专家指点**
>
> 进入会声会影编辑器，单击界面上方的"共享"标签，切换至"共享"步骤面板，在"共享"选项面板中单击左侧的"光盘"按钮，在弹出的选项卡中选择"DVD"选项，也可以快速启动DVD光盘刻录程序，进入相应界面。

第12章 输出、刻录与分享视频

327

图 12-57 "Corel VideoStudio"对话框

STEP 06 在对话框的左下角，❶单击 DVD 4.7G 按钮，在弹出的列表框中选择 DVD 光盘的容量，❷这里选择"DVD 4.7G"选项，如图 12-58 所示。

STEP 07 在对话框的上方单击 添加/编辑章节 按钮，如图 12-59 所示。

图 12-58 选择"DVD 4.7G"选项

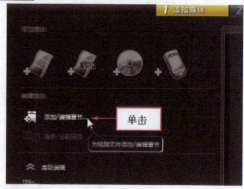

图 12-59 单击"添加/编辑章节"按钮

STEP 08 弹出"添加/编辑章节"对话框，❶在窗口下方的时间码中输入 0:00:03:000，❷然后单击 添加章节 按钮，如图 12-60 所示。

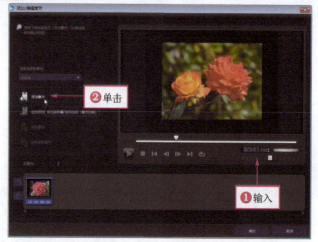

图 12-60 单击"添加章节"按钮

STEP 09 执行操作后,❶即可在时间线位置添加一个章节点,❷此时下方将出现添加的章节缩略图,如图 12-61 所示。

图 12-61　下方将出现添加的章节缩略图

STEP 10 用与上同样的方法,❶继续添加其他章节点,章节添加完成后,❷单击"确定"按钮,如图 12-62 所示。

图 12-62　继续添加其他章节点

STEP 11 返回"Corel VideoStudio"对话框,单击 下一步> 按钮,如图 12-63 所示。

STEP 12 进入"菜单和预览"界面,在"智能场景菜单"下拉列表框中选择相应的场景效果,即可为影片添加智能场景效果,如图 12-64 所示。

STEP 13 单击"菜单和预览"界面中的 预览 按钮,如图 12-65 所示。

STEP 14 执行上述操作后,即可进入"预览"窗口,单击"播放"按钮,如图 12-66 所示。

STEP 15 执行操作后,即可在右侧的预览窗口中预览需要刻录的影片画面效果,如图 12-67 所示。

第 12 章　输出、刻录与分享视频

图 12-63 单击"下一步"按钮

图 12-64 选择相应的场景效果

图 12-65 单击"预览"按钮

图 12-66 单击"播放"按钮

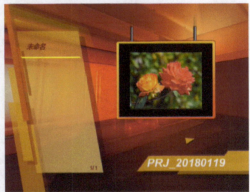

图 12-67 预览需要刻录的影片画面效果

STEP 16 视频画面预览完成后,单击界面下方的 <后退> 按钮,如图 12-68 所示。

STEP 17 返回"菜单和预览"界面,单击界面下方的 <下一步> 按钮,如图 12-69 所示。

STEP 18 进入"输出"界面,在"卷标"右侧的文本框中输入卷标名称,这里输入"鲜花绽放"。刻录选项设置完成后,单击"输出"界面下方的 刻录 按钮,如图 12-70

第 12 章 输出、刻录与分享视频

331

所示,即可开始刻录 DVD 光盘。

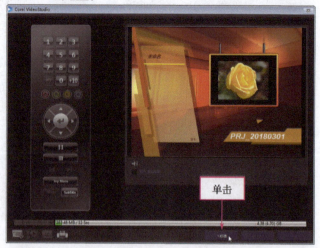

图 12-68 单击"后退"按钮

图 12-69 单击"下一步"按钮

图 12-70 单击"刻录"按钮

12.3 将视频刻录为 AVCHD 光盘

用户可以通过会声会影 2018 编辑器提供的刻录功能,直接将视频刻录为 DVD 光盘。这种刻录的光盘能够在计算机和影碟播放机中直接播放。本节主要向读者介绍运用会声会声会影 2018 编辑器直接将 DV 或视频刻录成 DVD 光盘的操作方法。

12.3.1　了解 AVCHD 光盘

AVCHD 是索尼（Sony）公司与松下电器（Panasonic）联合发表的高画质光碟压缩技术，AVCHD 标准基于 MPEG-4 AVC/H.264 视讯编码，支持 1080i、1080p 等格式，同时支持杜比数位 5.1 声道 AC-3 或线性 PCM 7.1 声道音频压缩。

AVCHD 使用 8cm 的 mini-DVD 光碟，单张可存储大约 20min 的高解析度视讯内容，今后的双层和双面光碟可存储 1h 以上，而没有 AVCHD 编码的 mini-DVD 光碟一般只能存储 30min 左右的 480i 视讯内容。

随着大屏幕高清电视（HDTV）越来越多地进入家庭，家用摄像机也面临着向高清升级的需求。对日本领先的消费电子设备制造商而言，向高清升级已成为必然趋势。在他们竞相推出的各种高清摄像机中，存储介质五花八门，包括 DVD 光盘、Mini DV 磁带，以及闪存卡等。此时，松下电器和索尼联合推出一项高清视频摄像新格式——AVCHD，该格式将现有 DVD 架构（即 8cm DVD 光盘和红光）与一款基于 MPEG-4 AVC/H.264 先进压缩技术的编解码器整合在一起。H.264 是广泛使用在高清 DVD 和下一代蓝光光盘格式中的压缩技术。由于 AVCHD 格式仅用于用户自己生成视频节目，因此 AVCHD 的制定者避免了复杂的版权保护问题。

12.3.2　开始刻录 AVCHD 光盘

AVCHD 光盘也是一种常见的媒体光盘，下面向读者介绍刻录 AVCHD 光盘的方法。

	素材文件	光盘\素材\第 12 章\舌尖美食.mpg
	效果文件	无
	视频文件	光盘\视频\第 12 章\12.3.2　开始刻录 AVCHD 光盘.mp4

【操练+视频】——舌尖美食

STEP 01 进入会声会影 2018 编辑器，在时间轴面板中单击鼠标右键，在弹出的快捷菜单中选择 插入视频... 选项，如图 12-71 所示。

STEP 02 执行操作后，即可弹出"打开视频文件"对话框，在其中用户选择需要刻录的视频文件，如图 12-72 所示。

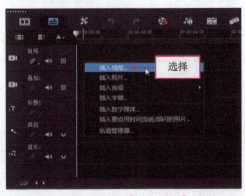

图 12-71　选择"插入视频"选项

图 12-72　选择需要刻录的视频文件

第 12 章　输出、刻录与分享视频

STEP 03 单击"打开"按钮，即可将视频素材添加到视频轨中，如图12-73所示。

图12-73 将视频素材添加到视频轨中

STEP 04 单击导览面板中的"播放"按钮，预览添加的视频画面效果，如图12-74所示。

图12-74 预览添加的视频画面效果

STEP 05 在菜单栏中，❶单击 工具(T) 菜单，在弹出的菜单列表中单击❷ 创建光盘 | ❸ AVCHD 命令，如图12-75所示。

图12-75 单击"AVCHD"命令

STEP 06 执行上述操作后，即可弹出"Corel VideoStudio"对话框，在其中可以查看需要刻录的视频画面。在对话框的上方单击 添加/编辑章节 按钮，如图 12-76 所示。

图 12-76 单击"添加/编辑章节"按钮

STEP 07 弹出"添加/编辑章节"对话框，❶在窗口下方的时间码中输入 0:00:03:000，❷然后单击 添加章节 按钮，如图 12-77 所示。

图 12-77 单击"添加章节"按钮

STEP 08 执行操作后，❶即可在时间线位置添加一个章节点，❷此时下方将出现添加的章节缩略图，如图 12-78 所示。

图 12-78 出现添加的章节缩略图

第 12 章 输出、刻录与分享视频

STEP 09 用同样的方法，❶继续添加其他章节点，章节添加完成后，❷单击"确定"按钮，如图 12-79 所示。

图 12-79 继续添加其他章节点

STEP 10 返回"Corel VideoStudio"对话框，单击 下一步> 按钮，如图 12-80 所示。

图 12-80 单击"下一步"按钮

STEP 11 进入"菜单和预览"界面，❶在其中选择相应的场景效果，执行操作后，即可为影片添加智能场景效果。❷单击"菜单和预览"界面中的 预览 按钮，如图 12-81 所示。

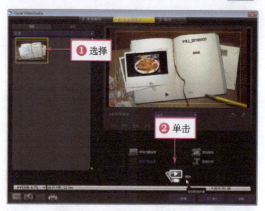

图 12-81 单击"预览"按钮

STEP 12 进入"预览"窗口,在其中可以预览需要刻录的影片画面效果。视频画面预览完成后,单击界面下方的 <后退 按钮,如图12-82所示。

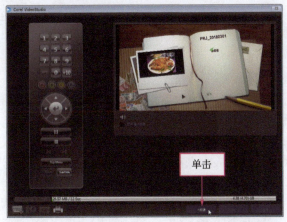

图12-82 单击"后退"按钮

STEP 13 返回"菜单和预览"界面,单击界面下方的 下一步> 按钮,如图 12-83 所示。

图12-83 单击"下一步"按钮

STEP 14 进入"输出"界面,在"卷标"右侧的文本框中输入卷标名称,这里输入"舌尖美食"。刻录卷标名称设置完成后,单击"输出"界面下方的"刻录"按钮,如图12-84所示,即可开始刻录 AVCHD 光盘。

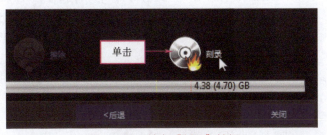

图12-84 单击"刻录"按钮

第12章 输出、刻录与分享视频

12.4 将视频刻录为蓝光光盘

在上一节知识点中,向读者详细介绍了刻录 DVD 光盘与 AVCHD 光盘的操作方法,而在本节中主要向读者介绍刻录蓝光光盘的操作方法,希望读者可以熟练掌握本节内容。

12.4.1 了解蓝光光盘

蓝光(Blu-ray)或称蓝光盘(Blu-ray Disc,缩写为 BD)利用波长较短(405nm)的蓝色激光读取和写入数据,并因此而得名。而传统 DVD 需要光头发出红色激光(波长为 650nm)来读取或写入数据,通常来说,波长越短的激光能够在单位面积上记录或读取越多的信息。因此,蓝光极大地提高了光盘的存储容量,对于光存储产品来说,蓝光提供了一个跳跃式发展的机会。

目前为止,蓝光是最先进的大容量光碟格式,BD 激光技术的巨大进步,使用户能够在一张单碟上存储 25GB 的文档文件,这是现有(单碟)DVD 的 5 倍;在速度上,蓝光允许 1~2 倍或 4.5~9MB/s 的记录速度,蓝光光盘如图 12-85 所示。

图 12-85 蓝光光盘

蓝光光盘拥有一个异常坚固的层面,可以保护光盘里面重要的记录层。飞利浦的蓝光光盘采用高级真空连接技术,形成了厚度统一的 100μm 的安全层。飞利浦蓝光光盘可以经受住频繁的使用、指纹、抓痕和污垢,以此保证蓝光产品的存储质量数据安全。在技术上,蓝光刻录机系统可以兼容此前出现的各种光盘产品。蓝光产品的巨大容量为高清电影、游戏和大容量数据存储带来了可能和方便,将在很大程度上促进高清娱乐产品的发展。目前,蓝光技术也得到了世界上 170 多家大的游戏公司、电影公司、消费电子和家用电脑制造商的支持;获得了 8 家主要电影公司中的 7 家:迪斯尼、福克斯、派拉蒙、华纳、索尼、米高梅及狮门的支持。

当前流行的 DVD 技术采用波长为 650nm 的红色激光和数字光圈为 0.6 的聚焦镜头,盘片厚度为 0.6mm。而蓝光技术采用波长为 405nm 的蓝紫色激光,通过广角镜头上比率为 0.85 的数字光圈,成功地将聚焦的光点尺寸缩到极小程度。此外,蓝光的盘片结构中采用了 0.1mm 厚的光学透明保护层,以减少盘片在转动过程中由于倾斜而造成的读写失常，这使得盘片数据的读取更加容易，并为极大地提高存储密度提供了可能。

12.4.2 开始刻录蓝光光盘

蓝光光盘是 DVD 之后的下一代光盘格式之一，用来存储高品质的影音文件及高容量的数据。下面向读者介绍将制作的影片刻录为蓝光光盘的操作方法。

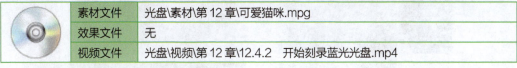

	素材文件	光盘\素材\第 12 章\可爱猫咪.mpg
	效果文件	无
	视频文件	光盘\视频\第 12 章\12.4.2 开始刻录蓝光光盘.mp4

【操练+视频】——可爱猫咪

STEP 01 进入会声会影 2018 编辑器，在时间轴面板中单击鼠标右键，在弹出的快捷菜单中选择 插入视频... 选项，如图 12-86 所示。

STEP 02 执行操作后，即可打开"打开视频文件"对话框，❶在其中选择需要刻录的视频文件，❷单击"打开"按钮，如图 12-87 所示。

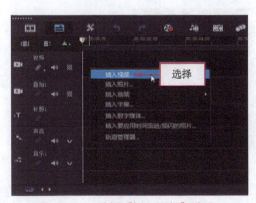

图 12-86　选择"插入视频"选项

图 12-87　选择需要刻录的视频文件

STEP 03 即可将视频素材添加到视频轨中，如图 12-88 所示。

图 12-88　将视频素材添加到视频轨中

STEP 04 单击导览面板中的"播放"按钮，预览添加的视频画面效果，如图 12-89 所示。

STEP 05 在菜单栏中，❶单击 工具(T) 菜单，在弹出的菜单列表中单击 ❷ 创建光盘 | ❸ Blu-ray 命令，如图 12-90 所示。

第 12 章 输出、刻录与分享视频

339

图 12-89 预览添加的视频画面效果

图 12-90 单击"Blu-ray"命令

STEP 06 执行上述操作后,即可弹出"Corel VideoStudio"对话框,在其中可以查看需要刻录的视频画面。在对话框的左下角,❶单击 Blu-ray 25G 按钮,在弹出的列表框中选择蓝光光盘的容量,❷这里选择 Blu-ray 25G 选项,如图 12-91 所示。

图 12-91 选择"Blu-ray 25G"选项

STEP 07 在界面的右下方，单击 下一步> 按钮，如图 12-92 所示。

图 12-92　单击"下一步"按钮

STEP 08 进入"菜单和预览"界面，在"全部"下拉列表框中，❶选择相应的场景效果，执行操作后，即可为影片添加智能场景效果。❷单击"菜单和预览"界面中的 预览 按钮，如图 12-93 所示。

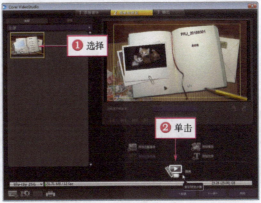

图 12-93　单击"预览"按钮

STEP 09 执行操作后，进入"预览"窗口，在其中可以预览需要刻录的影片画面效果。视频画面预览完成后，单击界面下方的 <后退 按钮，如图 12-94 所示。

图 12-94　单击"后退"按钮

第 12 章　输出、刻录与分享视频

STEP 10 返回"菜单和预览"界面，单击界面下方的 下一步> 按钮，如图 12-95 所示。

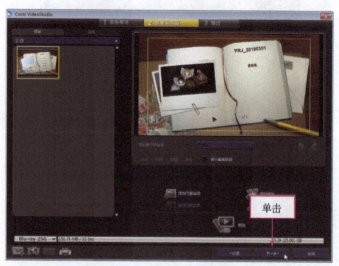

图 12-95　单击"下一步"按钮

STEP 11 进入"输出"界面，在"卷标"右侧的文本框中输入卷标名称，这里输入"可爱猫咪"。刻录卷标名称设置完成后，单击"输出"界面下方的"刻录"按钮，如图 12-96 所示，即可开始刻录蓝光光盘。

图 12-96　单击"刻录"按钮

12.5　在网站中分享成品视频

在前面的知识点中，已经详细向读者介绍了刻录 DVD 光盘、AVCHD 光盘及蓝光光盘的方法，而在本节中主要向读者介绍将制作的成品视频文件分享至优酷网站、新浪微博、QQ 空间及微信公众号等，与好友一起分享制作的视频效果。

12.5.1　分享 1：在优酷网站中分享视频

优酷网是中国领先的视频分享网站，是中国网络视频行业的第一品牌。优酷网以"快者为王"为产品理念，注重用户体验，不断完善服务策略，其卓尔不群的"快速播放，快速发布，快速搜索"的产品特性，充分满足用户日益增长的多元化互动需求，使之成为中国视频网站中的领军势力。下面主要向读者介绍将视频分享至优酷网站的操作方法。

	素材文件	无
	效果文件	无
	视频文件	光盘\视频\第 12 章\12.5.1　分享 1：在优酷网站中分享视频.mp4

【操练+视频】——在优酷网站中分享视频

STEP 01 打开相应浏览器，进入优酷视频首页，❶注册并登录优酷账号，在优酷首页的右上角位置，将鼠标指针移至"上传"文字上，❷在弹出的面板中单击"上传视频"超链接，如图 12-97 示。

STEP 02 执行操作后，打开"上传视频-优酷"网页，在页面的中间位置单击"上传视频"按钮，如图 12-98 所示。

图 12-97　单击"上传视频"超链接　　　　图 12-98　单击"上传视频"按钮

STEP 03 弹出"打开"对话框，在其中选择需要上传的视频文件，如图 12-99 所示。

STEP 04 单击"打开"按钮，返回"上传视频-优酷"网页，在页面上方显示了视频上传进度。稍等片刻，待视频文件上传完成后，❶页面中会显示 100%，在"视频信息"一栏中，❷设置视频的标题、简介、分类及标签等内容，如图 12-100 所示。设置完成后，滚动鼠标，❸单击页面最下方的"保存"按钮，即可成功上传视频文件，此时页面中提示用户视频上传成功，进入审核阶段。

图 12-99　选择需要上传的视频文件　　　　图 12-100　设置各信息

第 12 章　输出、刻录与分享视频

12.5.2 分享 2：在新浪微博中分享视频

微博，即微博客（MicroBlog）的简称，是一个基于用户关系信息分享、传播及获取资源的社交平台，用户可以通过 WEB、WAP 等各种客户端组建个人社区，以 140 字左右的文字更新信息，并实现即时分享。微博在这个时代是非常流行的一种社交工具，用户可以将自己制作的视频文件与微博好友一起分享。下面主要向读者介绍将视频分享至新浪微博的操作方法。

	素材文件	无
	效果文件	无
	视频文件	光盘\视频\第 12 章\12.5.2　分享 2：在新浪微博中分享视频.mp4

【操练+视频】——在新浪微博中分享视频

STEP 01 打开相应浏览器，进入新浪微博首页，注册并登录新浪微博账号，在个人中心页面上方单击"视频"按钮，如图 12-101 所示。

STEP 02 执行操作后，弹出"打开"对话框，在其中选择通过会声会影输出的媒体视频文件，单击"打开"按钮，弹出"上传视频"面板，❶其中显示了媒体视频文件的上传进度，如图 12-102 所示，❷在下方输入相应的标题、分类、标签等内容。

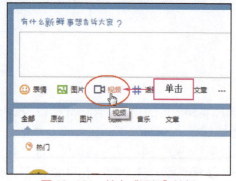
图 12-101　单击"视频"按钮

图 12-102　显示媒体视频文件的上传进度

STEP 03 待视频文件上传完成后，单击下方的"完成"按钮，完成视频的上传操作后，单击"话题"右侧的"发布"按钮，如图 12-103 所示。

STEP 04 媒体视频即可发布完成，稍后在新浪微博中查看发布的视频，如图 12-104 所示。

图 12-103　单击"发布"按钮

图 12-104　查看发布的视频

12.5.3 分享3：在QQ空间中分享视频

QQ 空间（Qzone）是腾讯公司开发出来的一个个性空间，具有博客（blog）的功能，自问世以来受到众人的喜爱。在 QQ 空间上可以书写日记，上传自己的视频，听音乐，写心情，通过多种方式展现自己。除此之外，用户还可以根据自己的喜爱设定空间的背景、小挂件等，从而使每个空间都有自己的特色。下面主要向读者介绍在 QQ 空间中分享视频的操作方法。

	素材文件	无
	效果文件	无
	视频文件	光盘\视频\第 12 章\12.5.3　分享 3：在 QQ 空间中分享视频.mp4

【操练+视频】——在 QQ 空间中分享视频

STEP 01 进入 QQ 空间首页，注册并登录 QQ 空间账号，在页面上方单击"视频"超链接，弹出添加视频的面板，在面板中单击"本地上传"超链接，如图 12-105 所示。

STEP 02 弹出相应对话框，在其中选择通过会声会影输出的视频文件，单击"保存"按钮，开始上传选择的视频文件，并显示视频上传进度，如图 12-106 所示。

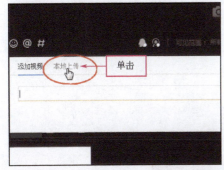
图 12-105　单击"本地上传"超链接

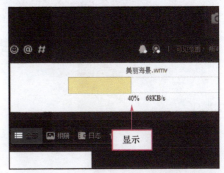
图 12-106　显示视频上传进度

STEP 03 稍等片刻，视频即可上传成功，❶在页面中显示了视频上传的预览图标，❷单击上方的"发表"按钮，如图 12-107 所示。

STEP 04 执行操作后，即可发表用户上传的视频文件。单击视频文件中的"播放"按钮，即可开始播放用户上传的视频文件，如图 12-108 所示，与 QQ 好友一同分享制作的视频效果。

图 12-107　单击"发表"按钮

图 12-108　播放上传的视频文件

> **专家指点**
>
> 在腾讯 QQ 空间中，只有黄钻用户才能上传本地计算机中的视频文件。如果用户不是黄钻用户，则不能上传本地视频，只能分享其他网页中的视频至 QQ 空间中。

12.5.4 分享 4：在微信公众号中分享视频

微信公众平台是腾讯公司在微信的基础上新增的功能模块，通过这一平台，个人和企业都可以打造一个微信的公众号，并实现和特定群体的文字、图片、语音的全方位沟通、互动。随着微信用户数量的增长，微信公众平台已经形成了一种主流的线上线下微信互动营销方式。下面以"手机摄影构图大全"公众号为例，介绍上传视频至微信公众平台的操作方法。

	素材文件	无
	效果文件	无
	视频文件	光盘\视频\第 12 章\12.5.4　分享 4：在微信公众号中分享视频.mp4

【操练+视频】——在微信公众号中分享视频

STEP 01 登录账号，进入微信公众号后台，如图 12-109 所示。

STEP 02 在"素材管理"界面中单击"添加视频"按钮，如图 12-110 所示。

图 12-109　进入微信公众号后台　　　图 12-110　单击"添加视频"按钮

STEP 03 进入相应界面单击"上传视频"下方的"选择文件"按钮，如图 12-111 所示。

STEP 04 弹出相应对话框，在其中选择需要上传的视频文件，如图 12-112 所示。

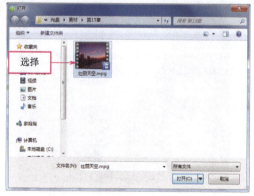

图 12-111　单击"选择文件"按钮　　　图 12-112　选择需要上传的视频文件

STEP 05 单击"打开"按钮,即可开始上传视频文件,❶并显示上传进度,❷稍后将提示文件上传成功,❸在下方输入视频的相关信息,如图 12-113 所示。

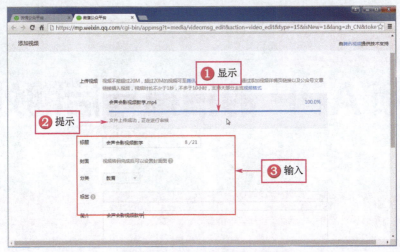

图 12-113 输入视频的相关信息

STEP 06 滚动页面,在最下方单击"保存"按钮,即可完成视频的上传与添加操作,页面中提示视频正在转码,如图 12-114 所示,待转码完成后,即可成功发布视频。

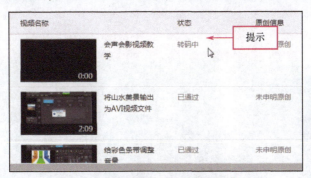

图 12-114 页面中提示视频正在转码

本章小结

　　本章主要介绍了将会声会影 2018 中编辑好的项目文件渲染输出为不同格式的视频文件、音频文件的操作方法,将会声会影 2018 中的项目文件或视频文件刻录成 DVD 光盘、AVCHD 光盘及蓝光光盘的各种操作方法,以及将视频分享至优酷网站、新浪微博、QQ 空间及微信公众号等,以满足视频制作者与观赏者的需要。通过本章的学习,相信读者对影片的渲染输出、刻录及分享有了一定的了解,并且能够熟练地将使用会声会影制作的项目文件渲染输出、刻录成影音光盘了。

第 12 章　输出、刻录与分享视频

第 13 章
视频 APP 的拍摄与后期处理

 章前知识导读

随着手机摄影的流行，目前用手机拍摄视频已成为大势所趋。本章主要以手机短视频 APP 的拍摄与后期讲解为主，从拍前设置、注意事项等，到视频的后期编辑处理，都有详细的讲解与操作实例，能够给广大读者带来十分丰富与多元的内容。

 新手重点索引

手机视频的拍摄技巧　　　　　　　　　"VUE" APP 的拍摄与后期处理
"美拍" APP 的拍摄与后期处理　　　　其他视频 APP 的应用技巧

 效果图片欣赏

13.1 手机视频的拍摄技巧

使用手机拍摄短视频,如果清晰度不够的话,会使视频质量大打折扣,想要获得好的效果,就需要对视频的清晰度有所保证。本节主要向读者介绍在拍摄当中保证高清视频的拍摄技巧,包括调整视频画质、关闭自动对焦、把握拍摄距离等内容。

13.1.1 技巧1:尽量稳固手机

手机是否稳定,能够在很大程度上决定视频拍摄画面的稳定程度。如果手机不稳,就会导致拍摄出来的手机视频也跟着摇晃,视频画面也会十分模糊;如果手机被固定,那么在视频的拍摄过程中就会十分平稳,拍摄出来的视频画面也会十分稳定。下面介绍两个使手机稳固的方法供大家参考。

1. 使用手持云台稳固手机

如今的视频拍摄新宠工具就是手持云台了。云台就是在安装和固定摄像机的时候,在下面起支撑作用的工具,多用在影视剧拍摄当中,分为固定和电动两种。相比电动云台,固定云台的视野范围和云台本身的活动范围较小,电动云台则能容纳更大的范围,可以说是十分专业的视频拍摄辅助器材了。

手持云台就是将云台的自动稳定系统放置在手机视频拍摄上来,它能自动根据视频拍摄者的运动或角度调整手机方向,使手机一直保持在一个平稳的状态,无论视频拍摄者在拍摄期间如何运动,手持云台都能保证手机视频拍摄的稳定。手持云台如图13-1所示。

图13-1 手持云台

手持云台一般来说重量较轻,女生也能轻松驾驭。它可以一边充电一边使用,续航时间也很乐观,而且还具有自动追踪和蓝牙功能,即拍即传。部分手持云台连接手机之后,无须在手机上操作,也能实现自动变焦和视频滤镜切换,对于手机视频拍摄者来说,手持云台是一个很棒的选择。

手持云台优点众多,相对于现在众多的手机视频拍摄稳定工具来说,手持云台是笔者最推荐的视频拍摄稳定器,但手持云台的价格相对于其他手机视频拍摄支架来说较高,在几百元到几千元不等,对价格有顾虑的朋友就需要慎重考虑。

2. 使用手机支架稳固手机

手机支架，顾名思义，就是支撑手机的支架。一般来说，都可以将手机支架固定在某一个地方，解放双手，帮助拍摄者在拍摄视频时保证手机的稳定性。

相对于手持云台来说，手机支架在价格上要低很多，一般十几元或几十元就能买到一个较好的手机支架。对于想买视频拍摄稳定器，但是又担心价格太贵的朋友来说，手机支架是一个很好的选择。

现在市面上手机支架的种类很多，款式也各不相同，但大都由夹口、内杆和底座组成，能够夹在桌子、床头等处。图 13-2 所示为主流手机支架款式的展示。

图 13-2　手机支架

使用手机支架拍摄手机视频要注意的是，手机支架保持手机的稳定是因为支架被固定在某一个地方。一般来说，手机支架拍摄视频多用在视频拍摄主体运动范围较小时；如果运动范围较大，超出了手机镜头的覆盖范围，拍摄者就需要将手机支架或手机拿起来，这样依然不能保证手机的稳定。

所以，手机支架多用于小范围运动的视频拍摄，拍摄视野和范围最好不要超过手机镜头覆盖范围，只有这样，才能保证手机的稳定，也才能保证视频画面的稳定。

13.1.2　技巧 2：双手横持手机

在使用手机拍摄视频时，如果没有相应的视频拍摄辅助器，而是仅靠双手作为支撑的话，双手很容易因为长时间端举手机而发软发酸，难以平稳地控制手机，一旦出现这种情况，拍摄的视频肯定会晃动，视频画面也会受到影响。

所以，拍摄者在没有手机稳定器的情况下，如果用双手端举手机拍摄视频，就需要利用身边的物体支撑双手，才能保证手机的相对稳定。

这一技巧也是利用了三角形稳定的原理，双手端举手机，再将双手手肘放在物体上做支撑，双手与支撑物平面形成三角，无形之中起到了稳定器的作用，如图 13-3 所示。

如果我们在户外拍摄视频，身边又找不到可以支撑手机或者手臂的物体，只能靠双臂端举手机来进行视频的拍摄，这种情况下应该如何使手机稳定不至于太过晃动呢？

一般来说，双手同时端举手机会比只有一只手拿着手机要稳定，因为一只手只能固定住手机的一端，而无法使手机两端都得到支撑。此外，坐着拍摄视频会比站着进行视频拍摄要稳定，因为人在坐着的时候，重心下沉，会比站着的时候更加稳定。

图 13-3　利用物体做支撑

> **专家指点**
>
> 除了上述提及的几种稳固手机的方式之外，大家还可以将手机靠在稳固的物体上，以此保证手机的稳定，比如将手机靠在大树干上、靠在墙壁或墙角等比较稳定坚固的地方。

13.1.3　技巧 3：调整视频画质

画质就是画面质量，可以通过调节分辨率、清晰度等方面的指标进行调整。在手机视频的拍摄中，分辨率的高低决定着手机拍摄视频画面的清晰程度，分辨率越高，画面就会越清晰。分辨率其实就是我们常说的"像素"，简单来说，就是像素越高，视频画面就越清晰，反之亦然。

由于手机像素是在手机生产时就已经确定了的，所以手机的最高像素与最低像素就是固定了的，无法改变。但手机的像素也可能会因为手机镜头在长期的使用过程中受到磨损而导致像素的降低。

图 13-4 所示的截图为低像素下拍摄的视频画面，图 13-5 所示的截图就是高像素下拍摄的视频画面。

图 13-4　低像素下拍摄的视频画面　　　图 13-5　高像素下拍摄的视频画面

关于手机视频拍摄时像素的设置也十分简单，下面以将华为手机视频拍摄像素设置为 1080p 全高清分辨率为例，为大家讲解其设置步骤。

第 13 章　视频 APP 的拍摄与后期处理

打开华为手机相机,进入界面之后,❶单击■按钮,向左滑动进入设置界面,❷选择"分辨率"选项,❸选择 1080p 分辨率,即可将视频拍摄分辨率设置为 1080p,如图 13-6 所示。

图 13-6 将手机视频拍摄像素设置为 1080p 分辨率

除了上述讲到的将手机视频拍摄像素设置为 1080p 分辨率之外,大家还可以根据自身视频拍摄的实际情况进行针对性的分辨率设置,以此来保证视频画面的清晰。

> **专家指点**
>
> 如今众多手机都已经拥有了高清的像素,即使是在拍摄视频时也是使用高清像素来对事物进行拍摄,虽然采用 480p 与 720p 这两种分辨率的画面清晰度也还可以,但是如果手机拥有更高的分辨率的话,还是采用高分辨率拍摄出来的视频画面效果会更好。

13.1.4 技巧 4:关闭自动对焦

对焦,是指在用手机拍摄视频时,调整好焦点距离。对焦是否准确,决定了视频主体清晰度。在现在的很多智能手机中,手机视频拍摄的对焦方式主要有自动对焦和手动对焦两种。自动对焦是手指触摸点击屏幕某处即可完成该处的对焦。手动对焦一般会设置快捷键来实现对焦。下面以华为手机为例,为大家讲解手机视频拍摄时,关闭自动对焦,设置手动对焦方式。

手动对焦需要设置对焦快捷键,一般是将音量键设置为快捷键,步骤如下。

打开手机相机,❶单击■按钮,进入视频录像设置界面,❷选择音量键,❸选择"对焦"按钮,❹即可将音量键设置为手动对焦快捷键,如图 13-7 所示。

> **专家指点**
>
> 手机能否准确对焦,对于手机视频画面的拍摄至关重要。如果手机在视频拍摄时没有对焦,或出现跑焦,就会使视频画面模糊不清。另外有一种情况,笔者要单独拿出来进行说明,当手机距离视频拍摄主体太近时,可能会影响到实际的对焦情况,也就是我们常说的失焦。所以在对焦时,也要注意手机与拍摄主体的距离要适当。

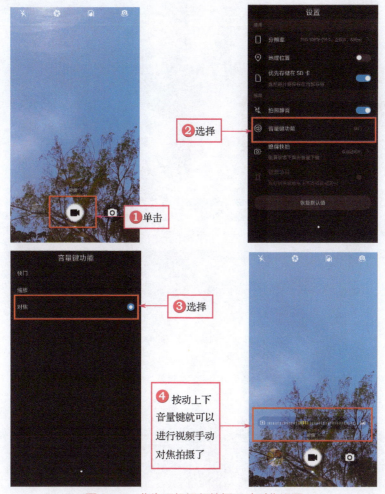

图 13-7 华为手机视频拍摄手动对焦设置

13.1.5 技巧 5：尽量保持安静

呼吸之所以也能在一定程度上影响视频拍摄的画质，是因为呼吸能引起胸腔的起伏，在一定程度上能带动上肢也就是双手的运动，所以，能够良好地控制呼吸，可以在一定程度上增加视频拍摄的稳定性，从而增强视频画面的清晰度。尤其是用双手端举手机进行拍摄的情况下，这种反应显而易见。所以在拍摄过程中需要尽量保持呼吸平稳、安静。

要想保持呼吸的平稳与呼吸声均匀，在视频拍摄之前切记不要做剧烈运动，或者等呼吸平稳了再开始拍摄。此外，在拍摄过程中，要保持呼吸的平缓与均匀，要做到小、慢、轻、匀，即呼吸声要小，身体动作要慢，呼吸要轻、要均匀。如果手机本身就具有防抖功能，一定要开启，也可以在一定程度上使视频画面稳定。图 13-8 所示就是在呼吸不平稳情况下拍摄的视频画面。

在呼吸较平稳的情况下，拍摄出来的视频画面就会相对清晰，如图 13-9 所示。

第 13 章 视频 APP 的拍摄与后期处理

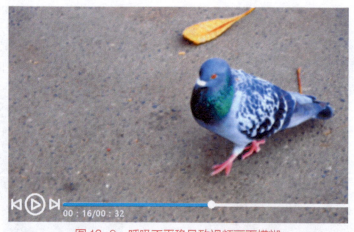

图 13-8　呼吸不平稳导致视频画面模糊

图 13-9　呼吸较平稳情况下拍摄的视频画面

> **专家指点**
>
> 在视频的拍摄过程中，除了控制呼吸之外，还要注意手部动作及脚下动作的稳定。身体动作过大或者过多，都会引起手中手机的摇晃，且不论摇晃幅度的大小，只要手机发生摇晃，除非是特殊的拍摄需要，否则都会对视频画面产生不良的影响。所以，在视频拍摄时，一定要注意身体动作与呼吸的均匀，最好是呼吸能与平稳均匀的身体动作保持一致。

13.1.6　技巧 6：注意环境光线

光线对于视频拍摄来说至关重要，也决定着视频的清晰度。比如，在光比较黯淡的时候拍摄的视频就会模糊不清，即使手机像素很高，也可能存在此种问题；而在光较亮的时候拍摄的手机视频，视频画面内容也会比较清晰。

本节所讲的光线主要是顺光、侧光、逆光、顶光等常见的 4 大类光线，下面来逐一进行讲解。顺光指从被摄者正面照射而来的光线，着光面是视频拍摄的主体，这是我们在摄影时最常用的光线。采用顺光构图拍摄手机视频，光线的投射方向与镜头的方向一致。使用顺光拍摄时，被摄物体没有强烈的阴影，能够让视频拍摄主体呈现出自身的细节和色彩，从而进行细腻的描述，如图 13-10 所示。

图 13-10　顺光拍摄展现主体细节和色彩

侧光是指光源的照射方向与手机视频拍摄方向呈直角状态，即光源从视频拍摄主体的左侧或右侧直射过来，因此被摄物体受光源照射的一面非常明亮，而另一面则比较阴暗，画面的明暗层次感非常分明。

采用侧光构图拍摄视频，站在旁边、侧光拍，让对象充分曝露在阳光下，这样可以体现出一定的立体感和空间感，比较容易获得清晰的细节，如图 13-11 所示。

图 13-11　侧光拍摄展现主体立体感和空间感

逆光是一种具有艺术魅力和较强表现力的光照。

逆光是一种视频拍摄主体刚好处于光源和手机之间的情况，此时容易使被摄主体出现曝光不足的情况，但是逆光可以出现剪影的特殊效果，也是一种极佳的艺术摄影技法。

在采用逆光拍摄手机视频时，只需要使手机镜头对着光源就可以了，这样拍摄出来的手机视频中的画面会有剪影，如图 13-12 所示。如果用于拍摄树叶，还会使树叶呈现晶莹剔透之感。

顶光，顾名思义，可以认为是从头顶直接照射到视频拍摄主体身上的光线。由于是垂直照射于视频拍摄主体，阴影置于视频拍摄主体下方，占用面积很小，几乎不会影响视频拍摄主体的色彩和形状展现。顶光光线很亮，能够展现出视频拍摄主体的细节，使视频拍摄主体更加明亮，如图 13-13 所示。

图 13-12 逆光拍摄实现剪影效果

图 13-13 顶光拍摄视频让主体更加明亮

想用顶光构图拍摄手机视频，如果是利用自然光，就需要在正午太阳刚好处于正上方时拍摄出顶光视频；如果是利用人造光，需将视频拍摄主体移到光源正下方，或者将光源移到主体上方，也可以拍摄顶光视频。

> **专家指点**
>
> 手机拍摄视频时所采用的光线远远不止笔者提及的这 4 种，光线分类众多，除了顺光、侧光、逆光和顶光之外，还有散射光、直射光、底光、炫光、耶稣光等，而且不同时段的光线又有所不同。由于篇幅有限，笔者不能一一为大家介绍，想要更深入、更全面学习光线在摄影中的运用，可以参考阅读《手机摄影构图大全，轻松拍出大片味儿》一书。

13.1.7　技巧 7：把握拍摄距离

拍摄距离的远近，能够在手机镜头像素固定的情况下，改变视频画面的清晰度。一般来说，距离镜头越远视频画面越模糊，距离镜头越近视频画面越清晰。当然，这个"近"也是有限度的，过分的近距离也会使视频画面因为失焦而变得模糊。

在拍摄视频的时候，一般会采用两种方法来控制镜头与视频拍摄主体的距离。

第一种是短时间能够到达或者容易到达的地方，就可以通过移动拍摄者位置来达到缩短拍摄距离的效果。

第二种是靠手机里自带的变焦功能，将远处的视频拍摄主体拉近，这种方法主要用于视频拍摄物体较远，无法短时间到达，或者拍摄事物处于难以到达的地方。手机拍摄视频自由变焦能够将远处的景物拉近，然后再进行视频拍摄，就很好地解决了这一问题。而且在视频拍摄过程中，采用变焦拍摄的好处就是免去了拍摄者因距离远近而跑来跑去的麻烦，只需站在同一个地方也可以拍摄到远处的景物。

如今很多手机都可以实现变焦功能，大部分情况下，手机变焦可以通过两个手指头，一般是大拇指与食指，捏住视频拍摄界面放大或者缩小就能够实现视频拍摄镜头的拉近或者推远。下面以华为手机视频拍摄时的变焦设置为例，为大家讲解如何设置手机变焦功能。

打开手机相机，单击 ■ 按钮，进入视频拍摄界面之后，用两只手指触摸屏幕滑动即可进行视频拍摄的变焦设置，如图 13-14 所示。当然，使用这种变焦方法，也会受到手机镜头本身像素的影响。

图 13-14　华为手机视频拍摄变焦设置

> **专家指点**
>
> 在手机视频拍摄过程中，如果使用变焦设置，一定要把握好变焦的程度，远处景物会随着焦距的拉近而变得不清晰，所以，为保证视频画面清晰，变焦要适度。

13.2　"美拍"APP 的拍摄与后期处理

"美拍"APP 是由厦门美图网科技有限公司研制发布的一款集直播、手机视频拍摄和手机视频后期处理于一身的视频软件。"美拍"APP 主打"美拍+短视频+直播+社区平台"。这是"美拍"APP 的一大特色，从视频开拍到分享，一条完整的生态链，足以使它为用户积蓄粉丝力量，再将其变成一种营销方式。

13.2.1　拍摄 10s 短视频与 5min 长视频

使用"美拍"APP 拍摄视频，用户可以自由选择视频拍摄时间的长短，分别有 10s、15s、60s 及 5min，用户可以根据自己的习惯或拍摄的主题来确定拍摄时长，让视频变得更加有趣味性。

"美拍"APP 软件原本默认的短视频时长为 15s，用户在使用"美拍"APP 拍摄短视频的时候，需要对视频时间长度进行设置。下面为读者介绍拍摄 10s 短视频与 5min

长视频的设置步骤。

（1）使用"美拍"APP将视频时长设置为10s短视频的步骤如下。

打开"美拍"APP，进入视频拍摄界面。❶单击视频时长设置按钮，❷选择"10秒MV"，即可完成视频拍摄10s时长设置，❸单击视频拍摄按钮 ，即可进行10s短视频的拍摄，如图13-15所示。

图13-15 "美拍"APP将视频时长设置为10s

（2）使用"美拍"APP将视频时长设置为5min长视频的步骤如下。

打开"美拍"APP，进入视频拍摄界面。❶单击视频时长设置按钮，❷选择"5分钟"，即可完成视频拍摄5min的时长设置，❸单击视频拍摄按钮 ，即可进行5min视频拍摄，如图13-16所示。

图13-16 "美拍"APP将视频时长设置为5min

13.2.2 对视频画面进行分割处理

将一段完整的视频分割成两段视频，可以使视频画面有两个镜头拍摄出来的视觉感受，也就相当于在无形之中更换了视频的拍摄镜头。这一项功能，可以弥补视频在拍摄时没有转换镜头的问题，也能在一定程度上带来不同视角的视频画面。

"美拍"APP 对视频进行分割的步骤如下。

打开"美拍"APP，进入视频拍摄界面。❶单击"导入"按钮，❷选择相应视频，❸单击"下一步"按钮，进入视频剪辑界面，❹单击视频轨道上的分割指针，滑动到视频分割点，❺单击"分割"按钮，即可完成视频分割，如图 13-17 所示。

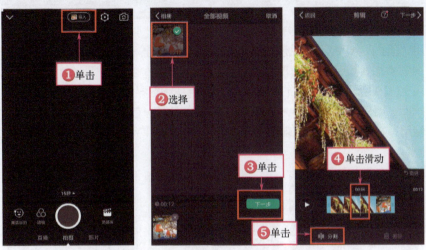

图 13-17 "美拍"APP 分割视频

13.2.3 使用滤镜处理视频画面

手机短视频中的滤镜设置的前期调整，就是在视频拍摄时进行的滤镜设置，这种滤镜在视频拍摄时就将其添加到视频之中，从而形成相应的风格。

"美拍"APP 设置滤镜的步骤如下。

打开"美拍"APP，进入首页面之后，❶单击 按钮，进入视频拍摄界面。进入拍摄界面之后，❷单击左下方的"滤镜"按钮，❸选择相应滤镜，这里选择的是"水族箱"，可以看到视频拍摄界面呈现出"水族箱"的滤镜效果，即可进行带"水族箱"滤镜特效视频的拍摄了，如图 13-18 所示。

图 13-18 "美拍"APP 滤镜视频拍摄

第 13 章 视频 APP 的拍摄与后期处理

> **专家指点**
>
> 虽然说滤镜可以使视频画面的画风稍加改变,但是依然需要注意,添加的滤镜效果最好还是与视频画风大致符合,当然,如果视频拍摄者想要追求更独特的视觉效果,也可以做创新处理。

13.2.4 为视频添加背景音乐

使用"美拍"APP 完成视频拍摄后,会自动跳转至"编辑视频"界面,此时,用户可以为视频添加背景音乐,为视频营造气氛,具体操作步骤如下。

如图 13-19 所示,在"美拍"APP 的"编辑视频"界面中,❶单击下方的音乐图标,进入音乐库,用户可根据需要,❷在下方面板中选择一首音乐,❸单击在音乐右侧会弹出的"使用"按钮,返回"编辑视频"界面,❹单击"完成"按钮,即可完成背景音乐的添加。

图 13-19 "美拍"APP 背景音乐的添加

13.2.5 将小视频分享至"美拍"平台

视频经过了前期的拍摄及后期的处理之后,并不表示这一段视频的编辑就已经结束了。在编辑完之后将视频发布与分享出去,这一段视频才算编辑完成,也才能被更多的人看见,尤其是发布到朋友圈当中,一定能刷一大波"存在感",让你的视频被点赞到爆!

"美拍"APP 作为国内较大的、使用人数较多的短视频拍摄软件及分享平台,将视频分享到"美拍"平台上,能让视频的曝光率提高,而且由于"美拍"平台粉丝众多,还可以利用这一特性来扩大自己的粉丝群体。

将视频上传到"美拍"平台的操作步骤如下。

打开"美拍"APP,选择相应视频进入视频编辑软件,完成编辑之后,❶单击"下一步"按钮,进入视频分享编辑界面。❷输入相应分享文字,输入完成之后,❸单击"分享"按钮,即可将视频分享至"美拍"平台,如图 13-20 所示。

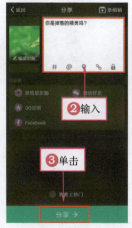

图 13-20 将视频分享至"美拍"平台

> **专家指点**
>
> 将视频分享到"美拍"平台上之后,大家还可以从"美拍"平台上将视频分享至其他的社交媒体,比如 QQ 空间、QQ 好友、微信朋友圈、微信好友等,还能复制视频链接,将视频分享到更多平台上。

13.3 "VUE" APP 的拍摄与后期处理

"VUE" APP 是由北京跃然纸上科技有限公司开发出来的视频软件,主打朋友圈小视频的拍摄与后期制作,让短视频也能轻松拍出电影感。"VUE" APP 最大的亮点就是界面简洁干净,以黑白为主,且视频风格偏向潮流与清新。其分段拍摄的功能大大增强与拓宽了"VUE" APP 的视频拍摄主题,不仅可以间隔拍摄,还能实现延时视频的拍摄。此外,电影感是"VUE" APP 一贯奉行的原则,让视频分分钟呈现电影质感。

13.3.1 拍摄竖画幅视频

竖画幅拍摄视频可以让人在视觉上向上下空间进行延伸,将上下部分的画面连接在一起,更好地体现摄影的主题。竖画幅拍摄视频比较适合表现有垂直特性的对象,如山峰、高楼、人物、树木等,可以带来高大、挺拔、崇高的视觉感受。

使用"VUE" APP 拍摄竖画幅视频的步骤如下。

打开"VUE" APP,进入拍摄界面之后,❶单击 4段·10S 按钮,❷选择竖画幅图标▯,即可完成视频拍摄竖画幅设置,❸单击红色拍摄按钮⏺,即可进行竖画幅手机视频拍摄,如图 13-21 所示。

13.3.2 拍摄 10s 短视频

10s 小视频是手机短视频拍摄软件刚出现那几年比较火热的一个视频时长,直到现在,10s 小视频在众多的短视频时长当中依然是比较常用的,因为 10s 本身时长就很短,符合了"短视频"的理念。此外,10s 的时间,相对于之前只以图片的形式来展示画面内容,完全可以对视频中的拍摄内容有一个更好的呈现。

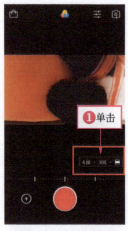

图 13-21 "VUE" APP 竖画幅视频拍摄设置

"VUE" APP 软件原本默认的短视频时长就为 10s，用户在使用 "VUE" APP 拍摄 10s 短视频的时候，可以不对视频时间长度进行设置，但如果之前已经对视频时长进行过设置的话，再进行拍摄就需要将时间设置为 10s 了。

"VUE" APP 将视频时长设置为 10s 的步骤如下。

打开 "VUE" APP，进入拍摄界面之后，❶单击 按钮，❷选择 "总时长" 选项，❸选择 "10S" 选项，即可完成视频 10s 时长设置，❹单击红色拍摄按钮 ，即可进行 10s 短视频拍摄，如图 13-22 所示。

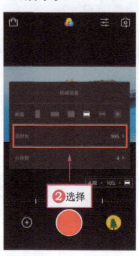

图 13-22 "VUE" APP 将视频时长设置为 10s

13.3.3 延时摄影的视频拍摄

延时摄影也叫缩时摄影，顾名思义就是能够将时间进行压缩。相对于拍摄两分钟的视频就要播放两分钟这一传统视频拍摄来说，延时摄影能够将时间大量压缩，将几个小时、几天、几个月甚至是几年里拍摄的视频，通过串联或是抽掉帧数的方式，将其压缩到很短的时间播放，从而呈现出一种视觉上的震撼感。

延时摄影是一种快进式播放，可以通过视频的分段拍摄或者快镜头来完成。"VUE"

APP 通过设置镜头速度来实现延时摄影的视频拍摄，其操作步骤如下。

> **专家指点**
>
> 在这里要提醒一下大家，在拍摄快镜头下的延时视频时，除了拍摄速度的设置要注意之外，还要注意手机的电量控制及手机模式的设置。一般来说将手机模式设置为飞行模式，可以很好地避免因为外来的电话短信而影响手机延时视频的拍摄。所以大家在进行延时摄影的时候，最好将手机模式调整为飞行模式。
>
> 想要深入学习如何使用手机拍摄延时摄影的朋友们可以通过《摄影功力的修炼：慢门、延时、夜景摄影从入门到精通》一书进行更系统的学习。

打开"VUE" APP，进入视频拍摄界面，❶单击设置按钮，❷选择"镜头速度"选项，❸选择"快动作"选项，❹单击拍摄按钮，即可进行快动作延时摄影的拍摄，如图 13-23 所示。

 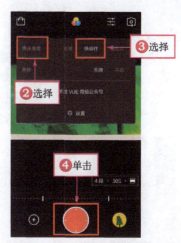

图 13-23 "VUE" APP 快动作延时摄影的拍摄

13.3.4 对视频进行调色处理

在视频的后期处理中，对视频的色调进行调整，比如调整视频饱和度、对比度、色温等，可以在很大程度上调整视频的色彩，并且让视频的大致色调发生一定程度以内的变化。这种后期的色调调整是在很多实际的视频拍摄当中难以或不容易做到的。而且在后期进行色调的调整，也能使视频画面的色彩更具有视觉冲击力。接下来为大家详细讲解如何使用"VUE" APP 在后期调整视频色调。

打开"VUE" APP，设置好视频总时长与分段数之后，导入相应视频进入视频编辑界面。❶选择参数调节选项，进入参数调节界面。参数调节界面中，选项表示"亮度"调节，选项表示"对比度"调节，选项表示"饱和度"调节，选项表示"色温"调节，选项表示"暗角"调节，选项表示"锐度"调节。❷选择相应选项，笔者以选项的"亮度"调节为例，❸单击调节按钮，向上滑动为效果加强，向下滑动为效果减弱。调节完毕之后，❹单击"确定"按钮，即可完成视频的色调调节，如图 13-24 所示。

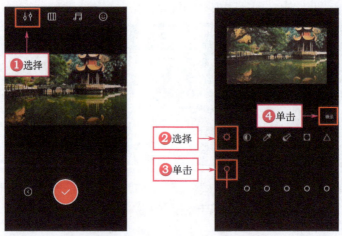

图 13-24 "VUE" APP 调整视频色调

13.3.5 为视频添加水印效果

"VUE" APP 除了含有对视频基本的编辑功能外，还可以往视频里添加水印。

用 "VUE" APP 设置水印的操作步骤如下。

STEP 01 进入视频录制界面，❶单击上方图标，如图 13-25 所示，在弹出的列表框中❷单击"设置"按钮，如图 13-26 所示。

图 13-25 单击上方图标

图 13-26 单击"设置"按钮

STEP 02 进入"设置"界面，❶单击"水印"按钮，如图 13-27 所示，进入"水印"界面，在"你的名字"下方的文本框中，❷输入想要显示在水印上的信息，如图 13-28 所示。

除了默认模板以外，用户还可以进入商城去选择其他模式的水印，都是比较简约大气的风格。在视频上加上这样大方漂亮又不影响观看还能证明身份的水印，何乐而不为呢？

图 13-27　单击"水印"按钮

图 13-28　输入想要显示在水印上的信息

13.4　其他视频 APP 的应用技巧

随着移动互联网和移动设备的不断发展，各种后期 APP 也层出不穷，越来越常见。有了这些后期 APP，人人都可以成为视频剪辑师和后期制作大咖。下面将为读者介绍几款方便好用的后期 APP。

13.4.1　应用"小影" APP

"小影" APP 是由杭州趣维科技有限公司研制开发的一款集手机视频拍摄及视频编辑于一身的软件。"小影" APP 的用户以 90 后、00 后偏多，因该软件的视频拍摄风格多样，特效众多，而且视频拍摄没有时间限制而受到大众的追捧。图 13-29 所示为"小影" APP 登录界面。

图 13-29　"小影" APP 登录界面

在"小影" APP 的主界面中，可以看到主要有剪辑、相册 MV、拍摄、美颜自拍、画中画等功能，如图 13-30 所示。

"小影"拥有多种拍摄镜头，如画中画镜头、特效镜头、搞怪镜头、音乐镜头等，如图 13-31 所示。

图 13-30　"小影"APP 的主界面　　　　图 13-31　"小影"的不同镜头

下面为大家介绍"小影"APP 剪辑视频的操作方式。

STEP 01　在主界面单击"剪辑"按钮，❶选择需要的视频片段，如图 13-32 所示。进入"剪取视频片段"界面，❷左右滑动屏幕可精细调节画面，如图 13-33 所示。

图 13-32　选择需要的视频片段　　　　图 13-33　左右滑动屏幕

STEP 02　❶单击底部的剪刀图标，确认剪取画面，即可完成视频裁剪操作。❷用户可以单击"添加"按钮，如图 13-34 所示，❸添加其他的视频片段或者照片，❹单击"下一步"按钮即可，裁剪后效果图如图 13-35 所示。

STEP 03　❶在下方选择相关的主题和配乐，❷单击播放按钮，如图 13-36 所示，❸即可预览视频效果，确认无误后，❹用户可以单击右上角的"存草稿"按钮将视频保存到手机内存中，或者单击"发布"按钮将视频发布到网络中，如图 13-37 所示。

图 13-34　单击相应按钮

图 13-35　裁剪后效果图

图 13-36　单击播放按钮

图 13-37　单击相应按钮

13.4.2　应用"巧影"APP

"巧影"APP 是由北京奈斯瑞明科技有限公司研制发布的一款手机视频后期处理软件，它的主要功能有视频剪辑、视频图像处理和视频文本处理等。图 13-38 所示为"巧影"APP 的封面及进入界面。

图 13-38　"巧影"APP 的封面及进入界面

第 13 章　视频 APP 的拍摄与后期处理

"巧影"APP 最大的特色亮点是界面独树一帜及更加系统细分式的视频后期处理。"巧影"APP 还有视频动画贴纸、各色视频主题,以及多样的过渡效果等,使用户对手机视频的后期处理更上一层楼。

> **专家指点**
>
> "巧影"APP 的编辑界面不同于其他手机短视频后期软件的编辑界面,"巧影"采用横屏操作,功能分类且集中,无须到处寻找或者转换界面,十分有利于视频的集中性后期操作。

下面以"巧影"APP 的抠图操作为例,详细讲解如何在视频中实现抠图效果。

如图 13-39 所示的两段视频,要将左边绿色背景中的人物,利用抠图技术,将其移动到右边的视频背景当中去,其具体的操作步骤如下。

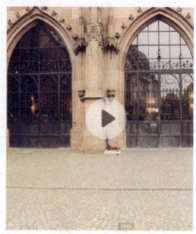

图 13-39 待处理的两段视频

STEP 01 打开"巧影"APP,选择空项目,进入视频编辑界面,❶单击"媒体"按钮,进入视频选择界面,❷选择要作为背景的那段视频,选择成功之后,界面下方会出现视频播放图标,❸单击 ◉ 按钮,返回视频编辑界面。返回编辑界面之后,❹将界面下方视频播放轨道中的红色播放指针移动到视频的片头部分,移动好之后,❺单击"层"按钮,❻选择图片图标的选项,进入视频选择界面,如图 13-40 所示。

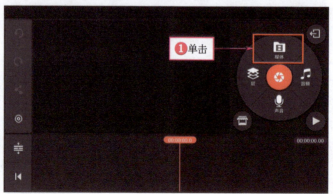

图 13-40 进入视频选择界面

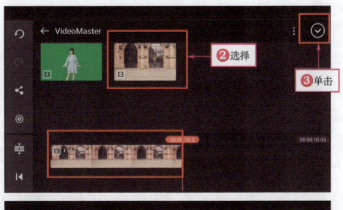

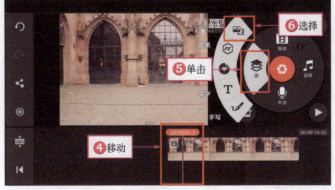

图 13-40 进入视频选择界面（续）

STEP 02 进入视频选择界面之后，❶选择绿色背景的视频，返回视频编辑界面。❷单击■按钮，❸选择 选项，❹单击◎按钮，返回视频编辑界面，如图 13-41 所示。

STEP 03 返回编辑界面之后，❶单击下方绿色视频轨道，上拉右边功能菜单栏，❷选择"色度键"选项，进入色度调整界面，如图 13-42 所示。

STEP 04 进入色度调整界面之后，❶单击"启用"按钮，❷单击 选项的滑动按钮，调整人物的透明度，右滑为增加透明度，左滑为减小透明度。❸单击 选项的滑动按钮，调整人物绿色背景颜色的强弱度，右滑为减弱强度，左滑为增强强度。调整之后，❹选择"基本颜色"选项，一般选择绿色就可以了，❺选择"详情细节"选项进入详情细节调节界面，❻单击调节按钮，上下拉动调节细节就可以了。❼点击◎按钮，即可完成视频抠图，如图 13-43 所示。

其实使用"巧影"APP 进行抠图的时候，在其"色度键详细信息"当中的曲线调节，可以对视频画面的色度进行整体的调节。就拿上述的例子来说，使用曲线调节，就可以很好地调节和控制人物的清晰程度、人物身体边界绿色的浓淡程度，以及背景的清晰程度等。

> **专家指点**
>
> 要进行抠图的那段视频，尤其是有人的视频，一定要使用绿色背景，就是影视剧场用的绿幕。背景之所以要用绿色，是因为绿色是人身体上最少的颜色，除非是穿了绿色的衣服；其他情况，不管是任何肤色的人，在抠图的时候，绿色部分都会被抠掉。由

第 13 章 视频 APP 的拍摄与后期处理

于人的身上绿色的部位几乎没有,因而人的完整形体就能被很好地保留下来。如果是黄色背景,遇到黄皮肤的人存在的视频实行抠图,就会连黄色的人也抠掉了,这就是为什么抠图的视频中,背景最好为绿色的原因。

图 13-41 返回视频编辑界面

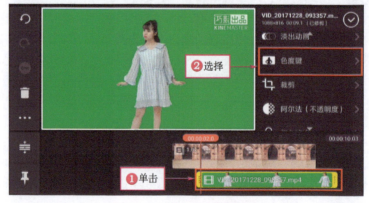

图 13-42 进入色度调整界面

图 13-43　完成视频抠图

13.4.3　应用"乐秀"APP

"乐秀"APP 是由上海影卓信息科技有限公司开发出来的一款视频编辑器，其界面干净简洁，操作简单，是一款强大的手机视频后期处理 APP。图 13-44 所示即为"乐秀"APP 的封面及进入界面。

图 13-44　"乐秀"APP 的封面及进入界面

"乐秀"APP 不仅可以将图片制作成视频，对视频进行编辑，还能将图片和视频合成为视频，几乎包含了所有视频编辑应该具有的功能，堪称全能。

"乐秀"APP 合成多个镜头的步骤如下。

打开"乐秀"APP，选择多段视频进入软件默认的"编辑"界面，这里选择的是两段视频。如果不是"编辑"界面的话，则❶选择"编辑"选项，进入视频编辑界面。❷选择"转场"选项，进入视频转场编辑界面。❸单击第二段视频，因为第一段视频或只有一段视频，是不能实现转场效果的。❹选择相应的转场特效，这里选择的是"纵横"转场特效，❺单击✓按钮，即可完成两段视频的合成，如图 13-45 所示。

图 13-45　"乐秀"APP 合成多个镜头

13.4.4　应用"美摄"APP

"美摄"APP 是由新奥特（北京）视频技术有限公司研制开发的一款集手机视频拍摄及视频编辑于一体的视频软件，其宣传口号就是"口袋里的摄像机，随时拍摄大电影"，可见其视频拍摄功能的不一般。图 13-46 所示为"美摄"APP 的封面及进入界面。

图 13-46　"美摄"APP 的封面及进入界面

"美摄"APP 的最大特色就是搭载了实时特效拍摄镜头，使拍摄者在拍摄的同时就能使用特效，而不需要在视频拍摄完之后，再来进行特效的添加。它还具有分类细分的功能，将背景音乐与动态贴纸按照风格分成不同类型，以供用户按照自己的喜好来进行选择。

此外，"美摄"APP 还独有特效精准定位功能，用户根据自己的需要随意将特效放置在画面中任何一个位置都可以进行添加。"美摄"APP 可以实现视频从拍摄到视频后期编辑的一条龙精准服务，而且打破了短视频有时间限制的局限，用户可以自由掌握视频拍摄时长。

> **专家指点**
> "实时特效"拍摄就在 10s 特效相机之中，其"实时特效"包含了画中画、三等身、标准及 10s 视频 4 种特效视频拍摄场景。

在"美摄"APP 中，对视频时间长度的把控，没有间断性的时间长度限制，用户在利用"美摄"APP 进行视频拍摄的时候，对于视频的时间可以自由掌控，随意切换。比如想要拍摄一段 35s 的短视频，其操作步骤如下。

打开"美摄"APP，进入视频拍摄界面，❶单击视频拍摄按钮 ，开始视频的拍摄，当视频拍摄到 35s 的时候，❷再次单击视频拍摄按钮即可停止视频拍摄，❸单击下方的 按钮完成视频拍摄，如图 13-47 所示。

图 13-47 "美摄"APP 控制视频拍摄时长

像这种没有间隔性时间设置的视频拍摄，用手机自带的相机也可以完成，用户只需要打开录像功能单击拍摄按钮，视频拍摄完毕后再单击停止录像按钮就可以了。

> **专家指点**
> 在使用这种没有固定的或者过多的时间限制的视频拍摄软件的时候，需要注意时间的精准把控，这其中视频可能会有一两秒的时间出入，但是对于一般的视频来说，影响不大。

13.4.5 应用"爱剪辑"APP

"爱剪辑"是一款专业的视频后期 APP，它包括截取视频、合并视频、给视频添加音乐等功能，而且还拥有会声会影的部分功能，如图 13-48 所示。

接下来主要介绍"爱剪辑"的会声会影板块怎么操作。第一步，单击会声会影图标，再单击"开始"图标，就会显示如图 13-49 所示的步骤界面。它会告诉你详细的操作步骤，对于视频的后期制作来说更加便捷。就添加背景音乐来说，在插入或者拍摄视频之后，就可以单击"背景音乐"按钮，会弹出如图 13-50 所示的背景音乐选择界面。

图 13-48　"爱剪辑"的功能展示

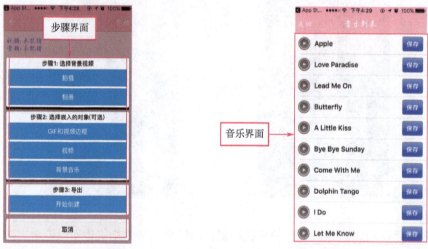

图 13-49　显示步骤界面　　　　图 13-50　背景音乐选择界面

你可以随意挑选一首音乐作为视频的背景音乐，单击"保存"按钮，然后会声会影的主界面就会显示视频和音频已就绪，如图 13-51 所示。

至此，视频的简易后期制作就已经完成了。如果你还想要为视频添加动图或者小表情，也可以单击"开始"按钮，然后进行挑选添加，如图 13-52 所示。

13.4.6　应用"视频大师"APP

"视频大师"APP 是由北京小咖秀科技有限公司研发的一款针对手机视频拍摄及后期处理的编辑软件。图 13-53 所示即为"视频大师"APP 的封面及进入界面。"视频大师"APP 最大的特色就是操作简单，支持高清视频输出，而且软件中所有功能都可以免费使用。

图 13-51 视频、音频已就绪

图 13-52 挑选添加动图

图 13-53 "视频大师"APP 的封面及进入界面

下面介绍"视频大师"APP 设置倒放功能的步骤。

打开"视频大师"APP,选择相应视频进入软件默认剪辑界面。❶选择"编辑"选项,❷选择"倒序"选项,❸开启倒序,即可完成倒放设置,如图 13-54 所示。

图 13-54 "视频大师"APP 倒放设置

第 13 章 视频 APP 的拍摄与后期处理

> **专家指点**
>
> 视频的倒放效果虽然能在一定程度上制造一些惊喜的特效效果,但这并不表示任何视频都可以采用倒放效果使其变得更加有趣,倒放效果用在具有节奏感或者具有大的肢体动作的视频上会更能显示出其惊艳的效果。
>
> 此外,在拍摄延时视频时,如果采用倒放的效果,也能为视频增色不少。比如拍摄花卉开放的延时视频,采用倒放的方式让花卉在短时间内由开放转为闭合,也能为观众提供很棒的视觉享受。

本章小结

很多人从随意拍摄手机短视频,到后来开始学着用更好的方法与技巧来拍摄手机短视频,在从随意粗犷型拍摄到精细专业型拍摄的转变过程当中,如果没有专业人士指导教学,可能就会遇到很多问题,走很多弯路,结果还事倍功半。基于手机视频的大势趋向和大多数人对拍摄技巧的需求,本章主要介绍了手机视频的拍摄技巧及手机视频 APP 的拍摄、剪辑、滤镜、字幕、音乐、水印、特效、后期处理等方面,帮助大家从新手快速成长为视频拍摄和后期制作高手。

边学与边用篇

第 14 章

手机旅游视频——《黄山美景》

 章前知识导读

　　手机摄影、手机拍摄视频现在已成为流行趋势。我们在朋友圈里经常可以看到一些制作精美的小视频，往往令人赞叹不已。本章以旅游视频为例，用手机视频 APP 教大家如何制作视频背景动画、滤镜、转场、字幕及背景音乐等技巧。

 新手重点索引

效果欣赏　　　　　　　　　　　　视频后期处理
视频制作过程

 效果图片欣赏

14.1 效果欣赏

FilmoraGo APP 是由深圳万兴信息科技股份有限公司研发的一款专注于视频后期编辑的手机软件。用户可以使用 FilmoraGo APP 中的视频编辑板块，导入手机中的视频进行编辑，在该板块中，用户可以对手机视频进行剪辑、视频主题添加、视频配乐设置、转场效果设置、调节视频画幅尺寸及更多的视频编辑等。除此之外，还可以对视频的滤镜、贴纸、特效等进行酌情添加，用户可以根据自己的喜好将视频编辑得更具个性化。

在制作《黄山美景》手机旅游视频之前，首先预览制作的项目效果，并掌握项目技术提炼等内容。

14.1.1 效果预览

本实例制作的是手机旅游视频——《黄山美景》，实例效果如图 14-1 所示。

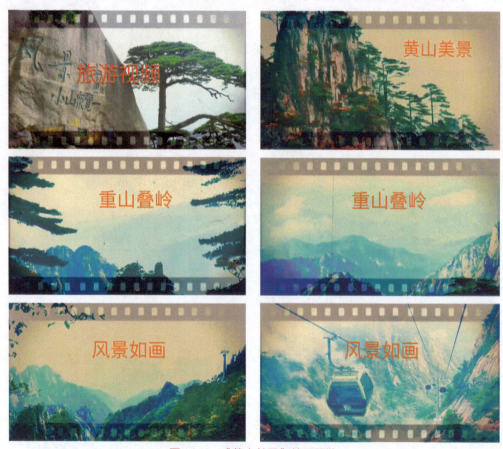

图 14-1 《黄山美景》效果预览

14.1.2 技术提炼

使用 FilmoraGo APP 剪辑制作《黄山美景》视频，首先导入手机中需要编辑的视频素材文件，然后通过编辑功能制作视频背景动画、添加视频滤镜效果、制作视频转场特效、制作视频字幕水印特效，可以实现整体画面的形象美观；为视频素材添加背景音乐，可以实现更加美妙的听觉享受，最后输出保存视频文件，在朋友圈分享视频。

14.2 视频制作过程

本节主要介绍《黄山美景》视频文件的制作过程，如导入手机视频素材、制作视频背景动画、添加视频滤镜效果、制作视频转场特效及制作视频字幕水印等内容。

14.2.1 导入手机视频素材

FilmoraGo APP 采用的是横屏操作，能让操作者的视觉感观更加宽阔。在编辑手机旅游视频素材之前，首先需要导入手机视频素材。下面详细介绍导入视频素材的操作步骤。

STEP 01 打开 FilmoraGo APP，进入首页之后，❶单击"创作视频"选项，进入视频选择界面，❷选择相应视频，❸单击"下一步"按钮，进入视频剪辑界面，如图 14-2 所示。

图 14-2 视频选择界面

STEP 02 进入视频剪辑界面之后，❶滑动下方时间线上的滑块至适当位置，❷单击"添加"按钮，❸左边淡蓝色图标显示与视频段数相应的数字，即为添加成功。用同样的方法，❹滑动滑块位置，继续添加 3 个视频片段，❺左边淡蓝色图标显示数字为 4，❻单击"下一步"按钮，即可完成手机视频素材的导入，如图 14-3 所示。

图14-3 导入手机视频素材

14.2.2 制作视频背景动画

视频素材导入完成后，即可开始编辑视频素材，为视频添加背景动画。下面介绍制作视频背景动画的操作步骤。

STEP 01 导入视频素材，进入相应界面之后，❶在视频画面右边界面中往上滑动菜单图标，❷选择"编辑"选项，如图14-4所示。

图14-4 选择"编辑"选项

STEP 02 进入视频编辑界面，❶向左滑动下方的功能图标，❷选择"特效"选项，如图14-5所示。

图 14-5 选择"特效"选项

STEP 03 进入相应界面,❶在下方单击"预置"按钮,切换至预置特效选项卡中,❷滑动下方的选项卡,❸选择"Film1"特效,❹单击右上方的"确定"按钮,完成第 1 段视频的背景添加。在视频编辑界面的左下方,❺单击上下键,如图 14-6 所示,可进行片段切换,用与上相同的方法,为其他 3 段视频添加背景动画,效果如图 14-7 所示。

专家指点

用户若对预置的特效不满意,可以单击"预置"按钮最右端的"更多"按钮,进入商城界面,下载更多精彩的特效。

图 14-6 添加背景动画

第 14 章 手机旅游视频——《黄山美景》

图 14-6 添加背景动画（续）

图 14-7 背景动画效果

14.2.3 添加视频滤镜效果

FilmoraGo APP 中带有风格多样的滤镜，能使视频的风格得到改变，也因为滤镜款式众多，所以能随意更换视频画面的风格。下面介绍添加视频滤镜效果的操作方法。

STEP 01 在视频编辑界面的左下方，❶单击上下键，切换至第 2 段视频，❷向左滑动下方的功能图标，❸选择"滤镜"选项，如图 14-8 所示。

STEP 02 进入相应界面，❶在下方单击"预置"按钮，切换至预置滤镜选项卡中，❷滑动下方的选项卡，❸选择"CrossPro"滤镜，❹单击右上方的"确定"按钮，完成第 2 段视频的滤镜添加，如图 14-9 所示。用同样的方法，为第 3 段视频和第 4 段视频添加相同的视频滤镜，效果如图 14-10 所示。

图 14-8 选择"滤镜"选项

图 14-9 添加视频滤镜

图 14-10 视频滤镜效果

第 14 章 手机旅游视频——《黄山美景》

383

图 14-10 视频滤镜效果（续）

> **专家指点**
>
> 如图 14-9 所示，添加滤镜效果时，在界面左侧的面板中，用户可以上下滑动"强度"滑块，调整滤镜强度。

14.2.4 制作视频转场特效

运用转场效果，可以使视频片段之间的过渡更加自然、流畅、完美，从而制作出绚丽多彩的视频作品。下面介绍使用 FilmoraGo APP 制作视频转场特效的操作步骤。

STEP 01 ❶在界面中滑动右边的菜单图标，❷选择"转场"选项，如图 14-11 所示。

图 14-11 选择"转场"选项

STEP 02 进入转场添加界面，在界面左侧面板中，❶选择"预置"选项，❷滑动预置转场选项卡，❸选择"分割"转场，❹添加第 1 个转场，如图 14-12 所示。

图 14-12 添加第 1 个转场

图 14-12　添加第 1 个转场（续）

STEP 03 用同样的方法，❶选择"百叶窗"转场，❷添加第 2 个和第 3 个转场，❸然后单击右上方的"确定"按钮，如图 14-13 所示。执行操作后，视频转场特效即可制作完成，效果如图 14-14 所示。

图 14-13　添加第 2 个和第 3 个转场

图 14-14　视频转场特效

> **专家指点**
>
> FilmoraGo APP 可以对视频进行批量添加转场操作，就是一键操作却能为多个视频片段添加转场效果，只需要在转场界面中打开"应用全部"按钮，然后选择转场即可为视频批量添加转场。这种方式省时省力，不需要为每个转场都添加一遍操作。

第 14 章　手机旅游视频——《黄山美景》

14.2.5 制作视频字幕水印

字幕在影片中的作用可谓举足轻重，尤其是在有声影片的时代到来之后。一方面，字幕可以显示出影片中画面无法表达出来的内容，比如某些故事发生的时间、地点及出场人物的身份、名称等，是对视频画面内容的补充及说明；另一方面，是为了让那些听力不是很好的观众，可以通过字幕的方式更好地了解影片的内容。下面介绍制作视频字幕水印的操作方法。

STEP 01 进入视频编辑界面，选择"字幕"选项，进入字幕编辑界面。在界面右侧的字幕动画选项卡中，❶选择"缩放"动画，❷在下方单击"点击输入字幕"按钮，进入输入字幕界面，如图14-15所示。

图14-15 单击相应按钮

> **专家指点**
> 用户在屏幕界面中单击文本框，也可以进入输入字幕界面，并且在"点击输入字幕"按钮左侧，有一个添加按钮 ➕，单击添加按钮 ➕，即可在视频中新增一个字幕文本。

STEP 02 ❶在界面中输入"旅游视频"，❷单击"字体"选项卡，❸在选项卡中设置相应的字体，❹单击"颜色"选项卡，❺滑动选择一个颜色图标，设置完成后，❻单击"确定"按钮，如图14-16所示。

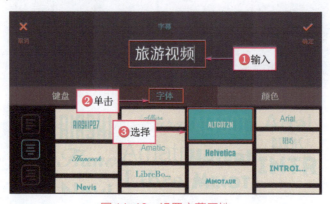

图14-16 设置字幕属性

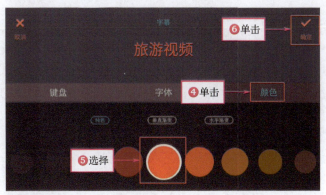

图 14-16　设置字幕属性（续）

STEP 03 返回字幕编辑界面，❶长按屏幕中文本框右下角的图标按钮，❷调整字幕的大小和位置，❸单击"确定"按钮，即可完成第 1 段视频字幕的制作，如图 14-17 所示。用同样的方法，为其他 3 段视频添加字幕水印，效果如图 14-18 所示。

图 14-17　完成第 1 段视频字幕的制作

图 14-18　字幕水印效果

第 14 章　手机旅游视频——《黄山美景》

14.3　视频后期处理

经过前期的制作，已为视频添加了背景、滤镜、转场及字幕等效果，但是这并不代表视频已经编辑结束了，为视频添加一段背景音乐也是一个必不可少的过程，音乐添加完成后，用户即可将视频输出保存，并分享发布至朋友圈了。

14.3.1　制作视频背景音乐

音乐被称为人们真实情感抒发的一种艺术，具有节奏感和旋律感。在很大程度上，音乐是人内心真实情感的表达，很容易引发人们的共鸣，所以，音乐对于人来说，往往有很强大的情感牵引力。在手机视频中插入音乐，也是因为音乐能够对人的思想情感产生影响。下面介绍制作视频背景音乐的操作方法。

STEP 01　❶选择"配乐"选项，❷单击 按钮，进入音乐选择界面，如图 14-19 所示。

图 14-19　单击相应按钮

STEP 02　❶选择相应音乐，❷对音乐进行裁剪，剪裁好之后，❸单击"确定"按钮，即可完成视频背景音乐的添加，如图 14-20 所示。

14.3.2　输出保存视频文件

为视频添加背景音乐后，就可以将编辑好的视频文件进行输出保存了。下面介绍输出保存视频文件的操作步骤。

图 14-20 添加背景音乐

STEP 01 在界面右上方，❶单击"保存"按钮，❷弹出信息提示框，提示用户工程保存进度，如图 14-21 所示。

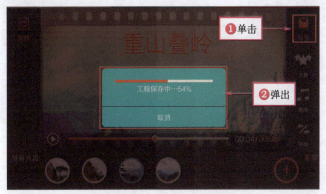

图 14-21 弹出信息提示框

STEP 02 工程保存成功后，进入下一个界面，❶单击"保存至相册"按钮，按钮下方会显示输出进度，❷单击"预览"按钮，用户可以查看输出保存后的视频文件，如图 14-22 所示。

图 14-22 保存至相册

14.3.3 在朋友圈分享视频

编辑完成后，用户可将视频发布到一定的平台上去，让更多的人来观看。尤其是分享发布到朋友圈中,一定能刷一大波"存在感",让你的视频被点赞到爆!下面介绍将编辑好的视频分享至朋友圈的操作方法。

STEP 01 打开微信,进入"朋友圈"界面,❶单击右上角图标 ,会弹出列表框,❷单击"从相册选择"按钮,如图 14-23 所示,进入"图片和视频"界面后,选择制作完成的视频文件。

STEP 02 进入"编辑"界面,在"所在位置"上方,❶显示视频图标,在文本框中,❷输入需要编辑的文字,输入完成后,❸单击"发送"按钮,发布视频,❹在朋友圈中可以查看已发布的视频,如图 14-24 所示。

图 14-23　单击相应按钮

图 14-24　查看发布的视频

本章小结

　　短视频是如今社会流行的自我展示方式,相比文字和图片,视频更具备即视感和吸引力,能在第一时间快速抓住受众的眼球。本章系统地讲解了素材导入、制作背景动画、添加滤镜、添加转场、添加字幕等制作过程,以及制作视频背景音乐、输出保存视频文件和在朋友圈分享等视频后期处理内容。希望通过本章的学习,读者可以很好地掌握这些知识点,并学以致用,制作更多、更好、更精美的手机视频。

第15章 制作延时视频——《落日黄昏》

 章前知识导读

很多时候，用户所拍摄的视频会有时间太长、画质不够美观等瑕疵，使用会声会影2018可以在后期对视频进行调速延迟、色调处理，渲染视频画面、增强视觉冲击。本章主要向读者介绍对有瑕疵的视频进行后期处理的操作方法。

 新手重点索引

效果欣赏　　　　　　　　　　　　视频后期处理
视频制作过程

效果图片欣赏

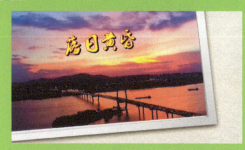

15.1 效果欣赏

会声会影的神奇,不仅在于视频转场和滤镜的套用,而且在于可以巧妙地将这些功能组合运用。用户根据自己的需要,可以将相同的素材打造出不同的效果,为视频赋予新的生命,也可以使其具有珍藏价值。本实例先预览处理的视频画面效果,并掌握技术提炼等内容。

15.1.1 效果预览

本实例介绍的是制作延时视频——《落日黄昏》,实例效果如图 15-1 所示。

图 15-1 《落日黄昏》效果预览

15.1.2 技术提炼

首先进入会声会影编辑器,在媒体库中导入相应的视频媒体素材,为视频制作片头,将《落日黄昏》视频文件导入视频轨中,调整视频延时速度、添加滤镜效果,然后制作视频片尾,在标题轨中为视频添加标题字幕,最后为视频添加背景音乐输出为视频文件。

15.2 视频制作过程

本节主要介绍《落日黄昏》视频文件的制作过程，如导入延时视频素材、制作视频片头效果、制作延时视频效果、制作视频片尾效果及添加视频字幕效果等内容。

15.2.1 导入延时视频素材

在制作视频效果之前，首先需要导入相应的视频媒体素材，导入后才能对媒体素材进行相应编辑。下面介绍导入延时视频素材的操作方法。

素材文件	光盘\素材\第 15 章文件夹
效果文件	无
视频文件	光盘\视频\第 15 章\15.2.1　导入延时视频素材.mp4

【操练+视频】——导入延时视频素材

STEP 01 ❶在界面右上角单击"媒体"按钮，切换至"媒体"素材库，❷单击库导航面板上方的"添加"按钮，❸新增一个"文件夹"选项，如图 15-2 所示。

STEP 02 ❶单击素材库上方的"显示音频文件"按钮，然后在右侧的空白位置处单击鼠标右键，弹出快捷菜单，❷选择"插入媒体文件"选项，如图 15-3 所示。

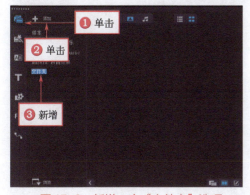

图 15-2　新增一个"文件夹"选项

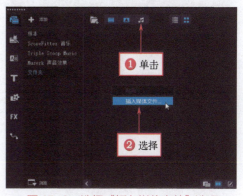

图 15-3　选择"插入媒体文件"选项

STEP 03 弹出"浏览媒体文件"对话框，❶在其中选择需要导入的媒体文件，❷单击"打开"按钮，如图 15-4 所示。

STEP 04 执行上述操作后，即可将素材导入到"文件夹"选项卡中，在其中用户可以查看导入的素材文件，如图 15-5 所示。

15.2.2 制作视频片头效果

将素材导入到"媒体"素材库的"文件夹"选项卡中后，接下来用户可以为视频制作片头动画效果，增添影片的观赏性。下面介绍制作《落日黄昏》视频片头特效的操作方法。

素材文件	无
效果文件	无
视频文件	光盘\视频\第 15 章\15.2.2　制作视频片头效果.mp4

图15-4 单击"打开"按钮

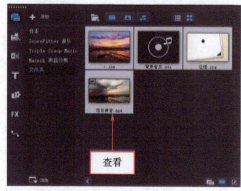

图15-5 查看导入的素材文件

【操练+视频】——制作视频片头效果

STEP 01 在"文件夹"选项卡中,选择"边框.png"素材,单击鼠标左键,拖曳并添加到视频轨中的开始位置,如图15-6所示。

STEP 02 打开"编辑"选项面板,设置素材"区间"为0:00:05:000,如图15-7所示。

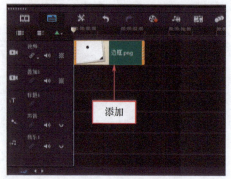

图15-6 添加到视频轨中

图15-7 设置素材区间

STEP 03 用同样的方法,在"文件夹"选项卡中,将1.jpg素材添加至覆叠轨中的开始位置,如图15-8所示。

STEP 04 打开"编辑"选项面板,❶设置素材"区间"为0:00:05:000,❷选中"应用摇动和缩放"复选框,❸单击 按钮,如图15-9所示。

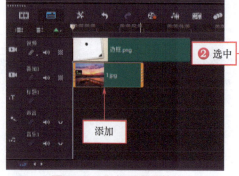

图15-8 添加至覆叠轨中

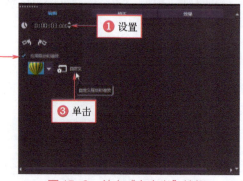

图15-9 单击"自定义"按钮

STEP 05 在弹出的"摇动和缩放"对话框中设置开始和结束动画参数,如图 15-10 所示。

图 15-10 设置开始和结束动画参数

> **专家指点**
> 添加摇动效果,用户还可以单击"自定义"右侧的下拉按钮,在弹出的下拉列表框中,选择相应的预设样式进行应用。

STEP 06 在预览窗口中,调整覆叠素材的大小和位置,如图 15-11 所示。

STEP 07 ❶单击"转场"按钮,切换至"转场"素材库,❷单击窗口上方的"画廊"按钮,在弹出的列表框中,❸选择 过滤 选项,如图 15-12 所示。

图 15-11 调整覆叠素材的大小和位置

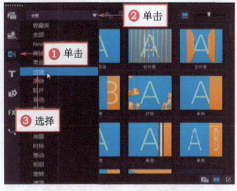

图 15-12 选择"过滤"选项

STEP 08 在 过滤 素材库中,选择"淡化到黑色"转场,如图 15-13 所示。

STEP 09 单击鼠标左键,拖曳"淡化到黑色"转场,❶并添加至视频轨中的图像素材后方。用同样的方法,在覆叠素材的后方,❷同样添加"淡化到黑色"转场效果,如图 15-14 所示。

STEP 10 单击导览面板中的"播放"按钮,即可预览制作的视频片头效果,如图 15-15 所示。

15.2.3 制作延时视频效果

在会声会影 2018 中,完成视频的片头制作后,用户需要对导入的视频进行调速剪辑、滤镜添加等操作,从而使视频画面具有特殊的效果。

图15-13 选择"淡化到黑色"转场

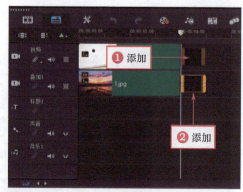
图15-14 添加"淡化到黑色"转场效果

图15-15 预览制作的视频片头效果

	素材文件	无
	效果文件	无
	视频文件	光盘\视频\第15章\15.2.3 制作延时视频效果.mp4

【操练+视频】——制作延时视频效果

STEP 01 在"文件夹"选项卡中,选择"落日黄昏.mp4"视频素材,如图15-16所示。

STEP 02 单击鼠标左键并拖曳视频素材,并添加到视频轨中00:00:05:00的位置处,如图15-17所示。

图15-16 选择"落日黄昏.mp4"视频素材

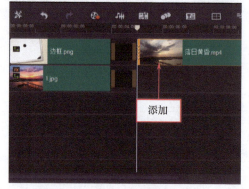
图15-17 添加到视频轨中

STEP 03 选择"落日黄昏.mp4"视频,打开"编辑"选项面板,在其中单击"速度/时间流逝"按钮,如图15-18所示。

STEP 04 弹出"速度/时间流逝"对话框，❶在其中设置"新素材区间"为 0:0:15:0，❷设置完成后单击"确定"按钮，如图 15-19 所示，在预览窗口可以查看调速后的视频效果。

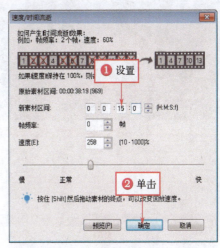

图 15-18　单击"速度/时间流逝"按钮　　　　图 15-19　单击"确定"按钮

STEP 05 ❶单击"滤镜"按钮，切换至"滤镜"素材库，❷单击窗口上方的"画廊"按钮，在弹出的列表框中，❸选择 NewBlue 视频精选 I 选项，如图 15-20 所示。

STEP 06 打开 NewBlue 视频精选 I 素材库，在其中选择"色调"滤镜效果，如图 15-21 所示。

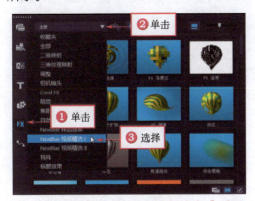
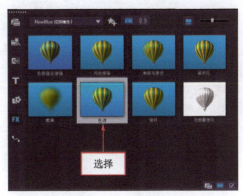

图 15-20　选择"NewBlue 视频精选 I"选项　　　图 15-21　选择"色调"滤镜效果

STEP 07 单击鼠标左键并将其拖曳至"落日黄昏.mp4"视频素材上，如图 15-22 所示。

STEP 08 展开"效果"选项面板，在其中单击"自定义滤镜"按钮，如图 15-23 所示。

STEP 09 弹出"NewBlue 色调"对话框，将游标移至开始位置处，单击"颜色"图标，❶在弹出的"颜色"对话框中选择第 1 排第 1 个颜色，❷单击"确定"按钮，如图 15-24 所示。

STEP 10 设置"色彩"为 25.4、"饱和"为 64、"亮度"为-4.7、"电影伽玛"为 48.8，如图 15-25 所示，将游标移至中间位置处，设置以上相应参数。

第 15 章　制作延时视频——《落日黄昏》

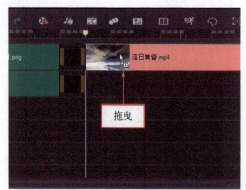

图 15-22 拖曳至"落日黄昏.mp4"视频素材上

图 15-23 单击"自定义滤镜"按钮

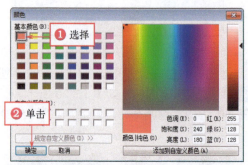

图 15-24 选择颜色

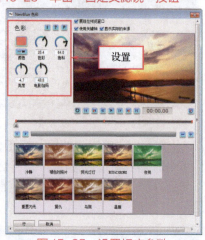

图 15-25 设置相应参数

STEP 11 将游标移至结尾位置处,单击"颜色"图标,❶在弹出的"颜色"对话框中选择第 3 排第 2 个颜色,❷单击"确定"按钮,如图 15-26 所示。

STEP 12 ❶设置"色彩"为 11、"饱和"为 64、"亮度"为-4.7、"电影伽玛"为 48,设置完成后,❷单击"行"按钮,如图 15-27 所示,即可完成"色调"滤镜效果的制作。

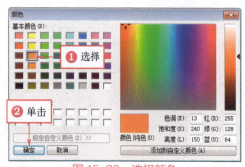

图 15-26 选择颜色

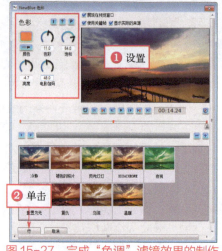

图 15-27 完成"色调"滤镜效果的制作

STEP 13 在预览窗口中，单击"播放"按钮，即可预览制作的延时视频效果，如图 15-28 所示。

图 15-28 预览制作的延时视频效果

15.2.4 制作视频片尾效果

在完成视频内容剪辑之后，用户可以在会声会影中为视频添加片尾特效，添加片尾特效可以使视频效果更加完整、自然。

素材文件	无
效果文件	无
视频文件	光盘\视频\第 15 章\15.2.4　制作视频片尾效果.mp4

【操练+视频】——制作视频片尾效果

STEP 01 ❶单击"转场"按钮，切换至"转场"素材库，❷单击窗口上方的"画廊"按钮，在弹出的列表框中，❸选择 过滤 选项，如图 15-29 所示。

STEP 02 在 过滤 素材库中，选择"淡化到黑色"转场，如图 15-30 所示。

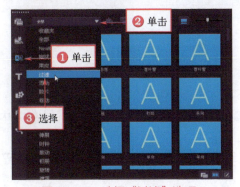 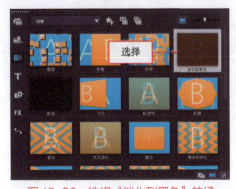

图 15-29 选择"过滤"选项　　　　图 15-30 选择"淡化到黑色"转场

STEP 03 单击鼠标左键，拖曳"淡化到黑色"转场至视频轨中的"落日黄昏.mp4"视频素材后方，如图 15-31 所示。

STEP 04 释放鼠标左键，即可添加"淡化到黑色"转场，如图 15-32 所示，完成视频片尾特效的制作。

STEP 05 单击导览面板中的"播放"按钮，即可预览制作的视频片尾效果，如图 15-33 所示。

第 15 章　制作延时视频——《落日黄昏》

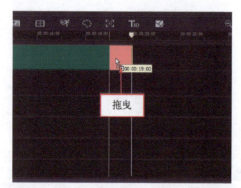
图 15-31 拖曳"淡化到黑色"转场

图 15-32 添加"淡化到黑色"转场

图 15-33 预览制作的视频片尾效果

15.2.5 添加视频字幕效果

在会声会影 2018 中，用户可以为制作的《落日黄昏》视频画面添加字幕，可以简明扼要地对视频进行说明。下面介绍添加《落日黄昏》字幕的操作方法。

素材文件	无
效果文件	无
视频文件	光盘\视频\第 15 章\15.2.5　添加视频字幕效果.mp4

【操练+视频】——添加视频字幕效果

STEP 01 在时间轴面板中，将时间线移至素材的开始位置，如图 15-34 所示。

STEP 02 切换至"标题"素材库，在预览窗口中双击鼠标左键，在文本框中输入内容为"落日黄昏"，如图 15-35 所示。

图 15-34 将时间线移至素材的开始位置

图 15-35 输入内容

STEP 03 在"编辑"选项面板中,设置"区间"为00:00:04:000、"字体"为"叶根友毛笔行书2.0版"、"色彩"为黄色、"字体大小"为113,如图15-36所示。

STEP 04 单击"边框/阴影/透明度"按钮,弹出"边框/阴影/透明度"对话框,设置❶"边框宽度"为3.8、❷"线条色彩"为红色,如图15-37所示。

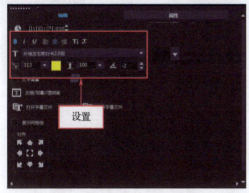

图15-36 设置字幕参数

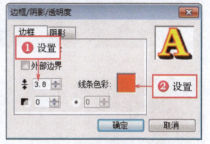

图15-37 设置参数属性

STEP 05 ❶切换至"阴影"选项卡,❷在其中单击"突起阴影"按钮,❸并设置X为9.1、Y为9.6、"突起阴影色彩"为黑色。设置完成后,❹单击"确定"按钮,如图15-38所示。

STEP 06 选择预览窗口中的标题字幕并调整大小及位置,如图15-39所示。

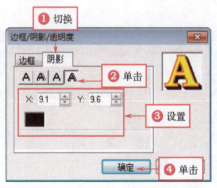

图15-38 单击"确定"按钮

图15-39 调整大小及位置

STEP 07 展开"属性"选项面板,❶选中"动画"单选按钮和❷"应用"复选框,如图15-40所示。

STEP 08 ❶单击"选取动画类型"下拉按钮,在弹出的列表框中,❷选择"飞行"选项,如图15-41所示。

STEP 09 在下方的列表框中,选择第1排第1个飞行动画样式,如图15-42所示。

STEP 10 在导览面板中,调整字幕的暂停区间,如图15-43所示。

STEP 11 在标题轨中,❶选择并复制字幕文件,❷粘贴至00:00:06:00的位置处,如图15-44所示。

STEP 12 在预览窗口中更改字幕内容,并调整字幕的位置,如图15-45所示。

第15章 制作延时视频——《落日黄昏》

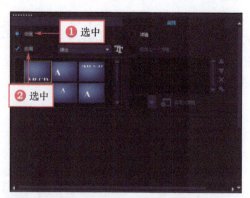

图 15-40 选中"应用"复选框

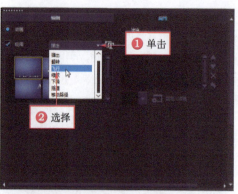

图 15-41 选择"飞行"选项

图 15-42 选择飞行动画样式

图 15-43 调整字幕的暂停区间

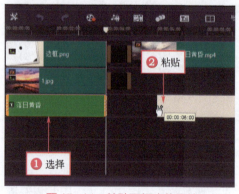

图 15-44 粘贴至相应位置处

图 15-45 更改字幕内容并调整字幕的位置

STEP 13 展开"编辑"选项面板,在其中设置字幕"区间"为 00:00:07:022,如图 15-46 所示。

STEP 14 在"属性"选项面板中,❶设置"选取动画类型"为"淡化",❷在下方的列表框中选择第 1 排第 2 个淡化样式,如图 15-47 所示。

STEP 15 在导览面板中,调整字幕的暂停区间,如图 15-48 所示。

STEP 16 在时间轴面板中的标题轨图标上单击鼠标右键,在弹出的列表框中,选择插入轨下方选项,如图 15-49 所示,新增一条标题轨。

图15-46 设置字幕区间

图15-47 选择淡化样式

图15-48 调整字幕的暂停区间

图15-49 选择"插入轨下方"选项

STEP 17 选择并复制上一个制作的字幕文件，粘贴至第二条标题轨中 00:00:09:00 的位置处，并更改字幕内容，如图 15-50 所示。

STEP 18 展开"编辑"选项面板，在其中设置字幕"区间"为 00:00:04:022，如图 15-51 所示。

图15-50 更改字幕内容

图15-51 设置字幕区间

STEP 19 用同样的方法，在标题轨中的其他位置输入相应的字幕文字，并设置字幕属性、区间、动画效果等。单击导览面板中的"播放"按钮，即可预览视频中的标题字幕动画效果，如图 15-52 所示。

第15章 制作延时视频——《落日黄昏》

图 15-52　预览视频中的标题字幕动画效果

15.3　视频后期处理

通过对影片的后期处理，可以为影片添加各种音乐及特效，并输出视频文件，使影片更具珍藏价值。本节主要介绍制作视频的背景音乐特效及渲染输出《落日黄昏》视频的操作方法。

15.3.1　制作视频背景音乐

视频经过前期的调整制作后，用户可为视频添加背景音乐，可以增强视频的感染力。下面介绍制作视频背景音乐的操作方法。

素材文件	无
效果文件	无
视频文件	光盘\视频\第 15 章\15.3.1　制作视频背景音乐.mp4

【操练+视频】——制作视频背景音乐

STEP 01　将时间线移至素材的开始位置，在"文件夹"选项卡中，选择"背景音乐.m4a"音频素材，如图 15-53 所示。

STEP 02　单击鼠标左键并拖曳，将音频素材添加到音乐轨中，如图 15-54 所示。

图 15-53　选择"背景音乐.m4a"音频素材

图 15-54　添加音频素材

STEP 03 展开"音乐和声音"选项面板,在其中设置音频素材的区间为 00:00:19:000,如图 15-55 所示。

STEP 04 单击❶"淡入"和❷"淡出"按钮,如图 15-56 所示,即可为背景音乐添加淡入淡出效果。

图 15-55 设置音频素材区间

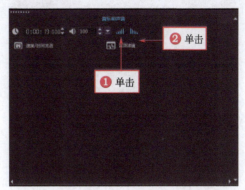

图 15-56 单击相应按钮

15.3.2 渲染输出视频文件

项目文件编辑完成后,用户即可对其进行渲染输出为视频文件,完整保存。渲染时间根据编辑项目的长短及计算机配置的高低而略有不同。下面介绍渲染输出视频文件的操作方法。

素材文件	无
效果文件	光盘\效果\第 15 章\延时摄影:《落日黄昏》.mpg
视频文件	光盘\视频\第 15 章\15.3.2 渲染输出视频文件.mp4

【操练+视频】——渲染输出视频文件

STEP 01 切换至 共享 步骤面板,在其中选择 MPEG-2 选项,如图 15-57 所示。

STEP 02 在"配置文件"右侧的下拉列表中,选择第 3 个选项,如图 15-58 所示。

图 15-57 选择"MPEG-2"选项

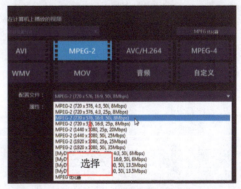

图 15-58 选择第 3 个选项

STEP 03 设置完成后,在下方面板中,单击"文件位置"右侧的"浏览"按钮,如图 15-59 所示。

STEP 04 弹出"浏览"对话框,❶在其中设置文件的保存位置和名称,❷单击"保存"按钮,如图 15-60 所示。

图 15-59　单击"浏览"按钮

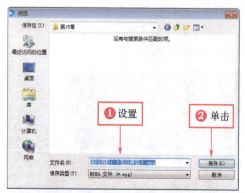

图 15-60　设置文件的保存位置和名称

STEP 05 返回会声会影"共享"步骤面板,单击 开始 按钮,如图 15-61 所示。
STEP 06 即可开始渲染视频文件,并显示渲染进度,如图 15-62 所示。

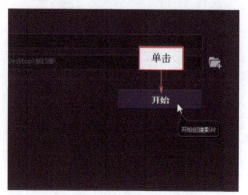

图 15-61　单击"开始"按钮

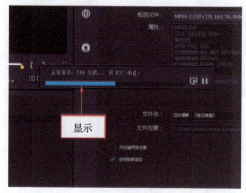

图 15-62　显示渲染进度

STEP 07 稍等片刻,弹出提示信息框,提示渲染成功,单击"确定"按钮,如图 15-63 所示。
STEP 08 切换至"编辑"步骤面板,在素材库中查看输出的视频文件,如图 15-64 所示。

图 15-63　单击"确定"按钮

图 15-64　查看输出的视频文件

本章小结

本章以延时视频——《落日黄昏》为例，对会声会影 2018 进行了讲解，包括导入媒体素材、制作视频片头/片尾效果、调速延迟、色调滤镜处理、添加字幕文件，以及制作视频背景音乐、渲染输出保存视频文件等内容。相信通过本章的学习，读者可以很好地掌握这些知识点，并很好地处理有瑕疵的视频文件。

第 16 章
制作电商视频——《广告宣传》

 章前知识导读

所谓电商视频，是指在各大网络电商贸易平台如淘宝网、当当网、易趣网、拍拍网、京东网上投放的，对商品、品牌进行宣传的视频。本章主要向大家介绍制作电商视频的方法。

 新手重点索引

效果欣赏　　　　　　　　　　　　视频后期处理
视频制作过程

 效果图片欣赏

16.1 效果欣赏

在制作《广告宣传》视频效果之前,首先预览项目效果,并掌握项目技术提炼等内容,希望读者学完以后可以举一反三,制作出更多精彩漂亮的影视短片作品。

16.1.1 效果预览

本实例介绍制作电商视频——《广告宣传》,实例效果如图 16-1 所示。

图 16-1 《广告宣传》效果预览

16.1.2 技术提炼

用户首先需要将电商视频的素材导入到素材库中,然后添加背景视频至视频轨中,将照片添加至覆叠轨中,为覆叠素材添加动画效果,然后添加字幕、音乐文件,最后渲染输出为视频文件。

16.2 视频制作过程

本节主要介绍《广告宣传》视频文件的制作过程,包括导入电商视频素材、制作视频背景动画、制作片头画面特效、制作覆叠动作效果、制作广告字幕效果等内容,希望读者能够学以致用，制作出更具渲染力的视频。

16.2.1 导入电商视频素材

在制作视频效果之前，首先需要导入相应的情景摄影视频素材，导入素材后才能对视频素材进行相应编辑。

素材文件	光盘\素材\第 16 章文件夹
效果文件	无
视频文件	光盘\视频\第 16 章\16.2.1　导入电商视频素材.mp4

【操练+视频】——导入电商视频素材

STEP 01 ❶展开库导航面板，❷单击上方的"添加"按钮，如图 16-2 所示。

STEP 02 执行上述操作后，即可新增一个"文件夹"选项，如图 16-3 所示。

图 16-2　单击"添加"按钮

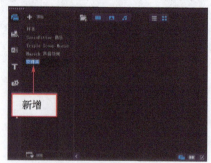

图 16-3　新增一个"文件夹"选项

STEP 03 在菜单栏中，单击❶ 文件(F) | ❷ 将媒体文件插入到素材库 | ❸ 插入视频…命令，如图 16-4 所示。

STEP 04 弹出"浏览视频"对话框，在其中选择需要导入的视频素材，如图 16-5 所示。

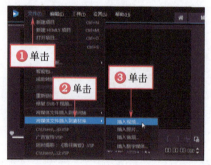

图 16-4　单击"插入视频"命令

图 16-5　选择需要导入的视频素材

STEP 05 单击"打开"按钮，即可将视频素材导入到新建的选项卡中，如图 16-6 所示。

STEP 06 选择相应的电商视频素材，在导览面板中单击"播放"按钮，即可预览导入的视频素材画面效果，如图 16-7 所示。

STEP 07 单击❶ 文件(F) | ❷ 将媒体文件插入到素材库 | ❸ 插入照片…命令，如图 16-8 所示。

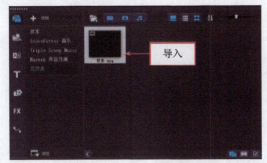

图 16-6 将视频素材导入到新建的选项卡中

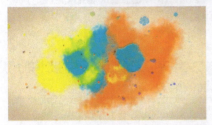

图 16-7 预览导入的视频素材画面效果

STEP 08 执行操作后，弹出"浏览照片"对话框，❶在其中选择需要导入的多张照片素材，❷单击"打开"按钮，如图 16-9 所示。

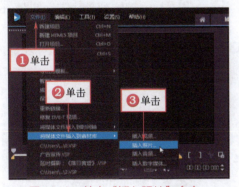

图 16-8 单击"插入照片"命令

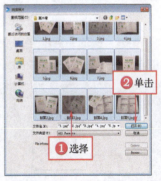

图 16-9 选择需要导入的照片素材

STEP 09 执行以上操作，即可将照片素材导入到"文件夹"选项卡中，如图 16-10 所示。

图 16-10 将照片素材导入到"文件夹"选项卡中

STEP 10 在素材库中选择相应的照片素材，在预览窗口中可以预览导入的照片素材

第 16 章 制作电商视频——《广告宣传》

画面效果，如图 16-11 所示。

图 16-11　预览导入的照片素材画面效果

16.2.2　制作视频背景动画

将电商视频素材导入到"媒体"素材库的"文件夹"选项卡中后，接下来用户可以将视频文件添加至视频轨中，制作电商视频画面效果。

素材文件	无
效果文件	无
视频文件	光盘\视频\第 16 章\16.2.2　制作视频背景动画.mp4

【操练+视频】——制作视频背景动画

STEP 01 将"文件夹"选项卡中的"背景.mpg"素材添加到视频轨中，如图 16-12 所示。

STEP 02 切换至 过渡 转场素材库，选择"淡化到黑色"转场，单击鼠标左键拖曳并添加至视频素材后方，如图 16-13 所示。

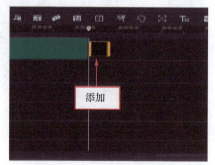

图 16-12　添加到视频轨中　　　　　图 16-13　添加转场效果

16.2.3　制作片头画面特效

在会声会影 2018 中，可以为视频文件添加片头画面效果，增添影片的观赏性。下面向读者介绍制作视频片头画面特效的操作方法。

素材文件	无
效果文件	无
视频文件	光盘\视频\第 16 章\16.2.3　制作片头画面特效.mp4

【操练+视频】——制作片头画面特效

STEP 01 在素材库中,选择"封面1.jpg"素材,并将其添加至覆叠轨中 0:00:01:20 的位置处,如图 16-14 所示。

STEP 02 在预览窗口中,❶调整覆叠素材的大小,如图 16-15 所示,素材居中时,❷窗口中会出现红色虚线。

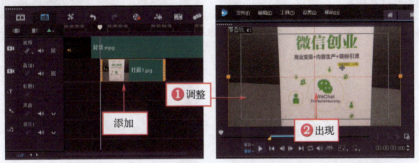

图 16-14 添加"封面1.jpg"素材　　图 16-15 调整覆叠素材的大小

STEP 03 展开"编辑"选项面板,❶选中"应用摇动和缩放"复选框,❷单击"自定义"按钮,如图 16-16 所示。

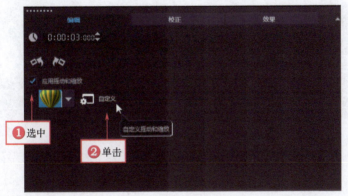

图 16-16 单击"自定义"按钮

STEP 04 在弹出的"摇动和缩放"对话框中,设置开始和结束动画参数,如图 16-17 所示。

图 16-17 设置开始和结束动画参数

第 16 章 制作电商视频——《广告宣传》

STEP 05　展开"效果"选项面板,单击"遮罩和色度键"按钮,如图 16-18 所示。
STEP 06　进入相应选项面板,❶选中"应用覆盖选项"复选框,❷设置"类型"为"遮罩帧",❸然后在右侧选择相应的遮罩样式,如图 16-19 所示。

图 16-18　单击"遮罩和色度键"按钮　　　图 16-19　选择相应的遮罩样式

STEP 07　用与上同样的方法,在"封面 1.jpg"素材后面,继续添加"封面 2.jpg~封面 5.jpg"素材,依次设置素材区间为 0:00:01:18、0:00:01:15、0:00:01:12、0:00:06:00,并设置摇动和遮罩效果,如图 16-20 所示。

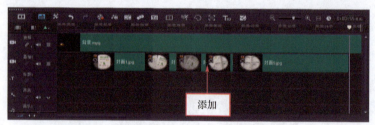

图 16-20　添加并设置素材

STEP 08　单击"播放"按钮,即可预览制作的视频画面效果,如图 16-21 所示。

图 16-21　预览制作的视频画面效果

STEP 09　在时间轴面板中,将时间线移至 00:00:01:20 的位置处,如图 16-22 所示。
STEP 10　切换至"标题"素材库,在预览窗口中的适当位置进行双击操作,为视频添加片头字幕,如图 16-23 所示。
STEP 11　在预览窗口中,选择第一行字幕文件"《微信创业》",在"编辑"选项面板中,❶设置"区间"为 0:00:03:000,设置"字体"为"微软简行楷"、"字体大小"为 120、"色彩"为"黄色",❷单击"边框/阴影/透明度"按钮,如图 16-24 所示。

图 16-22 移动时间线

图 16-23 添加片头字幕

STEP 12 弹出"边框/阴影/透明度"对话框，❶选中"外部边界"复选框，❷设置"边框宽度"为 5.0、❸"线条色彩"为黑色，如图 16-25 所示。

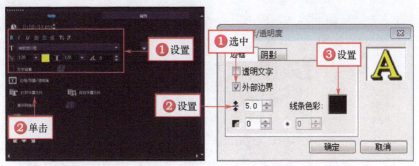

图 16-24 设置字幕参数　　图 16-25 设置边框参数

STEP 13 ❶切换至"阴影"选项卡，❷在其中单击"突起阴影"按钮，❸并设置 X 为 9.0、Y 为 9.0、"突起阴影色彩"为黑色，❹设置完成后单击"确定"按钮，如图 16-26 所示。

STEP 14 用与上同样的方法，设置第二行字幕文件，将"字体大小"更改为 88，如图 16-27 所示。

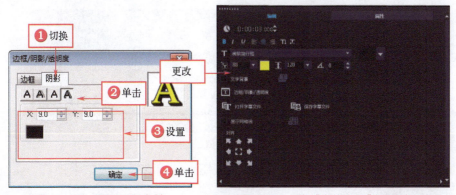

图 16-26 设置阴影参数　　图 16-27 将"字体大小"更改为 88

STEP 15 在标题轨中，❶选择并复制字幕文件，❷粘贴至 00:00:04:020 的位置处，如图 16-28 所示。

STEP 16 在预览窗口中更改字幕内容,如图 16-29 所示,并调整字幕的位置。

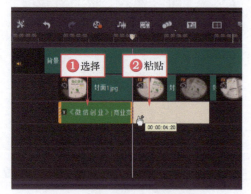

图 16-28 粘贴至相应位置处　　　　图 16-29 更改字幕内容

STEP 17 在"编辑"选项面板中,❶在其中设置字幕区间为 0:00:01:018,❷更改"字体大小"为 94,如图 16-30 所示。

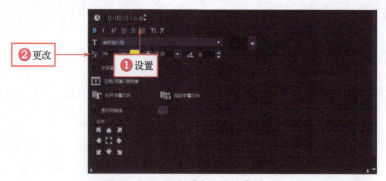

图 16-30 更改"字体大小"为 94

STEP 18 用与上同样的方法,在标题轨中的其他位置添加相应的字幕文字,并设置字幕属性、区间等,时间轴面板如图 16-31 所示。

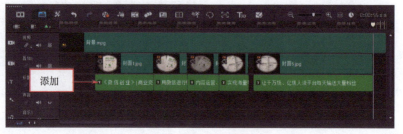

图 16-31 时间轴面板

STEP 19 单击导览面板中的"播放"按钮,即可在预览窗口中预览片头画面效果,如图 16-32 所示。

图 16-32 预览片头画面效果

16.2.4 制作覆叠动作效果

在会声会影 2018 中，用户可以在覆叠轨中添加多个覆叠素材，制作视频的画中画特效，还可以为覆叠素材添加边框效果，使视频画面更加丰富多彩。本节主要向读者介绍制作画面覆叠特效的操作方法。

素材文件	无
效果文件	无
视频文件	光盘\视频\第 16 章\16.2.4　制作覆叠动作效果.mp4

【操练+视频】——制作覆叠动作效果

STEP 01 拖动时间线滑块至 00:00:15:21 的位置处，在素材库中选择 1.jpg 图像素材，单击鼠标左键并将其拖曳至 "叠加 1" 中的时间线位置，如图 16-33 所示。

STEP 02 在预览窗口中，调整覆叠素材的大小，在 "编辑" 选项面板，设置区间为 0:00:06:000，如图 16-34 所示。

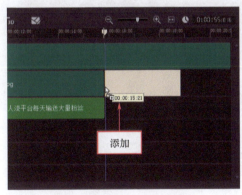

图 16-33　添加图像素材　　　　　　　　图 16-34　设置素材区间

STEP 03 设置完成后，❶选中 "应用摇动和缩放" 复选框，❷单击 "自定义" 按钮，如图 16-35 所示。

STEP 04 在弹出的 "摇动和缩放" 对话框中，设置开始和结束动画参数，如图 16-36 所示。

STEP 05 切换至 "效果" 选项面板，在其中单击 遮罩和色度键 按钮，如图 16-37 所示。

STEP 06 进入相应选项面板，❶选中 ✓ 应用覆叠选项 复选框，❷设置 "类型" 为 "遮罩帧"，❸然后在右侧选择相应的遮罩样式，如图 16-38 所示。

第 16 章　制作电商视频——《广告宣传》

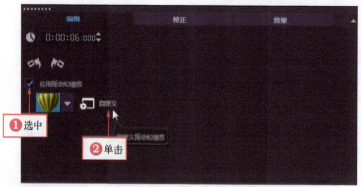

图 16-35 单击"自定义"按钮

图 16-36 设置开始和结束动画参数

图 16-37 单击"遮罩和色度键"按钮　　图 16-38 选择相应的遮罩样式

STEP 07　在视频轨中，❶选择并复制 1.jpg 素材，❷粘贴至 00:00:22:08 的位置处，如图 16-39 所示。

STEP 08　展开"编辑"选项面板，设置素材区间为 00:00:03:000，如图 16-40 所示。

STEP 09　在"文件夹"媒体素材库中，选择 2.jpg 素材，单击鼠标左键并拖曳至覆叠轨中的相应素材上方，如图 16-41 所示。

STEP 10　按【Ctrl】键替换素材，如图 16-42 所示，并设置摇动效果。

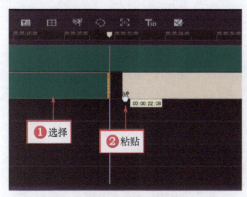

图 16-39 复制粘贴素材

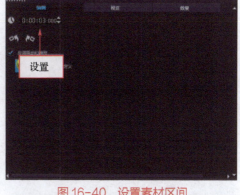

图 16-40 设置素材区间

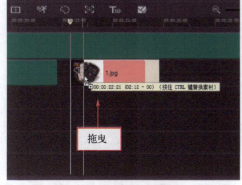

图 16-41 拖曳素材至覆叠轨中

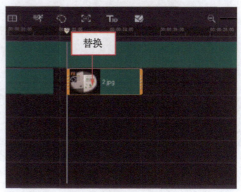

图 16-42 替换素材

STEP 11 用同样的方法，在视频轨中的合适位置处继续添加 3.jpg~7.jpg 素材，并设置素材区间及摇动和遮罩效果，时间轴面板如图 16-43 所示。

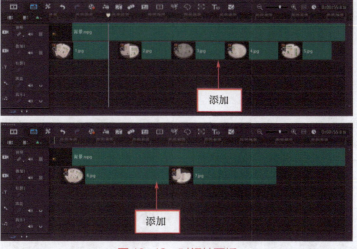

图 16-43 时间轴面板

STEP 12 单击导览面板中的"播放"按钮，即可在预览窗口中预览其他覆叠素材效果，如图 16-44 所示。

第 16 章 制作电商视频——《广告宣传》

图 16-44 预览其他覆叠素材效果

> **专家指点**
>
> 用户在添加覆叠素材时，可根据背景视频，调整素材与素材之间的间距，使覆叠效果更加美观。

16.2.5 制作广告字幕效果

在会声会影 2018 中，单击"标题"按钮，切换至"标题"素材库，在其中用户可根据需要输入并编辑多个标题字幕。

	素材文件	无
	效果文件	无
	视频文件	光盘\视频\第 16 章\16.2.5　制作广告字幕效果.mp4

【操练+视频】——制作广告字幕效果

STEP 01 ❶在标题轨中，选择并复制字幕文件，❷粘贴至 00:00:15:21 的位置处，如图 16-45 所示。

STEP 02 在预览窗口中更改字幕内容，并调整字幕的位置，如图 16-46 所示。

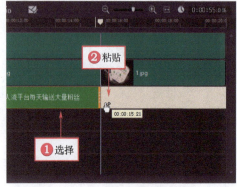

图 16-45 粘贴至相应位置处　　　　　图 16-46 调整字幕的位置

STEP 03 展开"编辑"选项面板，❶在其中设置字幕区间为 00:00:06:000，❷并更改"字体大小"为 85，如图 16-47 所示。

图 16-47　更改"字体大小"为 85

STEP 04 用与上同样的方法，在标题轨中的合适位置处添加相应的字幕文件，如图 16-48 所示。

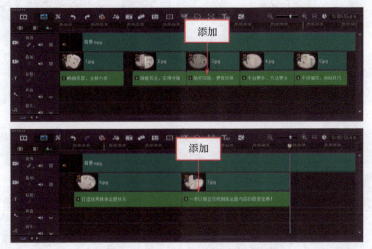

图 16-48　添加相应的字幕文件

STEP 05 ❶在标题轨中选择一个字幕文件，单击鼠标右键，在弹出的快捷菜单中❷选择 复制 选项，如图 16-49 所示。

STEP 06 在标题轨中的合适位置处粘贴字幕文件，如图 16-50 所示。

STEP 07 在预览窗口中，更改字幕内容，并调整字幕的位置，如图 16-51 所示。

STEP 08 切换至"编辑"选项面板，设置字幕"区间"为 0:00:03:012，更改"字体大小"为 94，如图 16-52 所示。

STEP 09 ❶切换至"属性"选项面板，❷在其中选中"动画"单选按钮和"应用"复选框，❸设置"选取动画类型"为"缩放"，❹在下方选择第 1 排第 2 个预设动画样式，如图 16-53 所示。

STEP 10 用与上同样的方法，继续添加一个字幕文件，更改字幕内容并设置字幕区间及字幕参数，如图 16-54 所示。

第 16 章　制作电商视频——《广告宣传》

图 16-49 选择"复制"选项

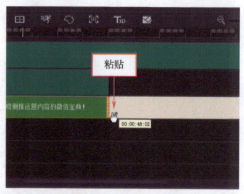

图 16-50 粘贴字幕文件

图 16-51 调整字幕的位置

图 16-52 更改"字体大小"为 94

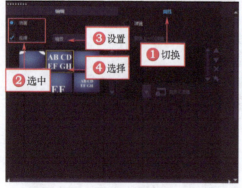

图 16-53 选择预设动画样式

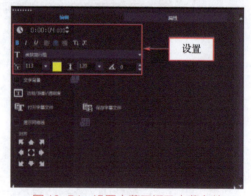

图 16-54 设置字幕区间及字幕参数

STEP 11 ❶切换至"属性"选项面板，在其中选中❷"动画"单选按钮和"应用"复选框，❹设置"选取动画类型"为"淡化"，❺在下方选择第 2 排第 1 个预设动画样式，如图 16-55 所示。

STEP 12 ❶切换至"转场"素材库，❷单击窗口上方的"画廊"按钮，在弹出的列表框中，❸选择 过滤 选项，如图 16-56 所示。

STEP 13 在 过滤 素材库中，选择"交叉淡化"转场，如图 16-57 所示。

STEP 14 单击鼠标左键，拖曳并添加至标题轨中最后的两个字幕文件中间，如图 16-58 所示。

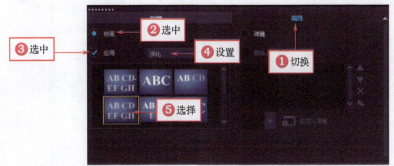

图 16-55 选择预设动画样式

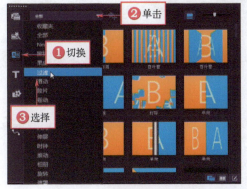

图 16-56 选择"过滤"选项

图 16-57 选择"交叉淡化"转场

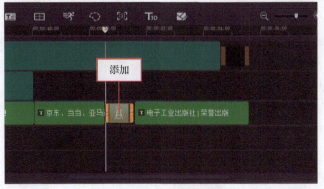

图 16-58 添加转场效果

STEP 15 单击导览面板中的"播放"按钮,即可在预览窗口中预览制作的视频画面效果,如图 16-59 所示。

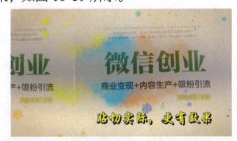

图 16-59 预览制作的视频画面效果

第 16 章 制作电商视频——《广告宣传》

图 16-59　预览制作的视频画面效果（续）

16.3　视频后期处理

通过视频的后期处理，可以为视频添加各种背景音乐及特效，使影片更具珍藏价值。本节主要介绍影片的后期编辑与输出，包括制作视频的背景音乐特效和渲染输出为视频文件的操作方法。

16.3.1　制作视频背景音乐

在会声会影 2018 中，为视频添加一段背景配乐，可以增强视频的感染力，渲染视频氛围，下面介绍制作视频背景音乐的操作方法。

素材文件	光盘\素材\第 16 章\背景音乐.wav
效果文件	无
视频文件	光盘\视频\第 16 章\16.3.1　制作视频背景音乐.mp4

【操练+视频】——制作视频背景音乐

STEP 01　在"媒体"素材库中，❶在导航面板中选择"文件夹"选项，打开"文件夹"选项卡，在右边的空白位置上单击鼠标右键，❷在弹出的快捷菜单中选择 插入媒体文件... 选项，如图 16-60 所示。

STEP 02　执行操作后，弹出"浏览媒体文件"对话框，在其中选择需要添加的音乐素材，如图 16-61 所示。

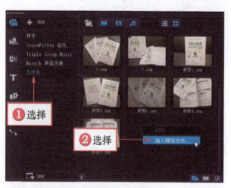 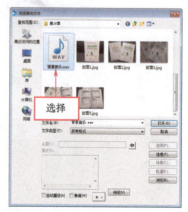

图 16-60　选择"插入媒体文件"选项　　图 16-61　选择需要添加的音乐素材

STEP 03　单击"打开"按钮，即可将选择的音乐素材导入到素材库中，如图 16-62

所示。

STEP 04 在时间轴面板中，将时间线移至视频轨中的开始位置，如图16-63所示。

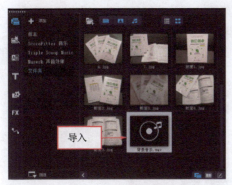

图16-62 导入到素材库中

图16-63 移至视频轨中的开始位置

STEP 05 选择"背景音乐.wav"音频素材，单击鼠标左键并拖曳至音乐轨中的开始位置，为视频添加背景音乐，如图16-64所示。

STEP 06 在时间轴面板中，将时间线移至00:00:55:16的位置处，如图16-65所示。

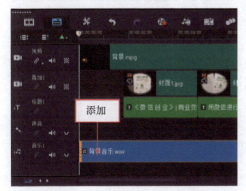

图16-64 为视频添加背景音乐

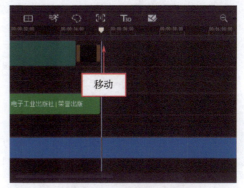

图16-65 移动时间线的位置

STEP 07 ❶选择音乐轨中的素材，单击鼠标右键，❷在弹出的快捷菜单中选择"分割素材"选项，如图16-66所示。

STEP 08 执行操作后，即可将音频素材分割为两段，如图16-67所示。

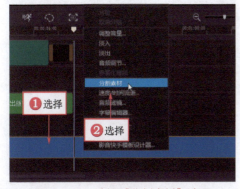

图16-66 选择"分割素材"选项

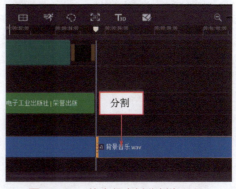

图16-67 将音频素材分割为两段

第16章 制作电商视频——《广告宣传》

STEP 09 选择分割的后段音频素材，按【Delete】键进行删除操作，留下剪辑后的音频素材，如图16-68所示。

STEP 10 在音乐轨中，选择剪辑后的音频素材，打开"音乐和声音"选项面板，在其中单击❶"淡入"按钮和❷"淡出"按钮，如图16-69所示，设置背景音乐的淡入和淡出特效。在导览面板中单击"播放"按钮，预览视频画面并聆听背景音乐的声音。

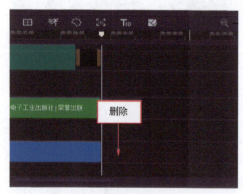

图16-68 删除不需要的片段

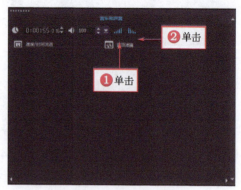

图16-69 单击相应按钮

16.3.2 渲染输出影片文件

创建并保存视频文件后，用户即可对其进行渲染。渲染时间根据编辑项目的长短及计算机配置的高低而略有不同。下面介绍输出情景摄影视频文件的操作方法，希望读者熟练掌握文件的输出方法。

素材文件	无
效果文件	光盘\效果\第16章\广告宣传.mpg
视频文件	光盘\视频\第16章\16.3.2 渲染输出影片文件.mp4

【操练+视频】——渲染输出影片文件

STEP 01 切换至"共享"步骤面板，在其中选择 MPEG-2 选项，如图16-70所示。

STEP 02 在"配置文件"右侧，❶单击下拉按钮，在弹出的下拉列表中，❷选择第3个选项，如图16-71所示。

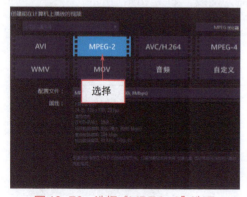

图16-70 选择"MPEG-2"选项

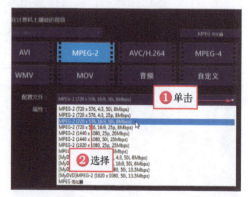

图16-71 选择第3个选项

STEP 03 在下方面板中,单击"文件位置"右侧的"浏览"按钮,如图 16-72 所示。

STEP 04 弹出"浏览"对话框,❶在其中设置文件的保存位置和名称,❷单击"保存"按钮,如图 16-73 所示。

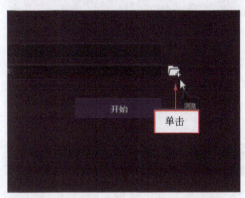

图 16-72 单击"浏览"按钮

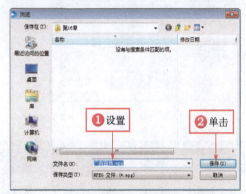

图 16-73 设置文件的保存位置和名称

专家指点

在"配置文件"右侧的下拉列表中,为用户提供了 13 个选项,用户可根据视频的比例尺寸进行选择。

STEP 05 返回会声会影"共享"步骤面板,单击 开始 按钮,如图 16-74 所示。
STEP 06 即可开始渲染视频文件,并显示渲染进度,如图 16-75 所示。

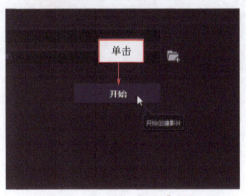

图 16-74 单击"开始"按钮

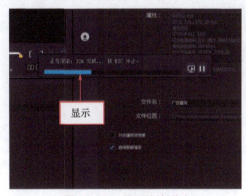

图 16-75 显示渲染进度

STEP 07 稍等片刻,弹出提示信息框,提示渲染成功,单击"确定"按钮,如图 16-76 所示。

STEP 08 切换至"编辑"步骤面板,在素材库中查看输出的视频文件,如图 16-77 所示。

图 16-76 单击"确定"按钮

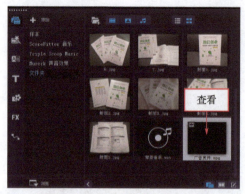

图 16-77 查看输出的视频文件

本章小结

本章以制作电商视频——《广告宣传》为例,对制作视频的步骤过程进行了相应的讲解,包括导入媒体素材、制作丰富美观的背景动画、制作视频片头画面、为覆叠素材添加摇动和遮罩效果、添加广告字幕,以及制作视频背景音乐、渲染输出保存视频文件等操作。希望通过本章的学习,读者可以很好地掌握这些操作技巧,多加应用实践,提高水平能力。

第 17 章

制作儿童相册——《快乐成长》

 章前知识导读

儿时的记忆对每个人来说都非常具有纪念价值，是一生难忘的回忆。想要通过影片记录下这些美好的时刻，除了必要的拍摄技巧外，视频画面的后期处理也很重要。本章主要向读者介绍儿童视频相册的制作方法。

 新手重点索引

效果欣赏　　　　　　　　　　　　视频后期处理
视频制作过程

 效果图片欣赏

17.1 效果欣赏

通过视频画面的后期处理，用户不仅可以对儿时的原始素材进行合理的编辑，而且可以为影片添加各种文字、音乐及特效，使影片更具珍藏价值。在制作《快乐成长》视频效果之前，首先预览项目效果，并掌握项目技术提炼等内容。

17.1.1 效果预览

本实例介绍制作儿童相册——《快乐成长》，实例效果如图 17-1 所示。

图 17-1 《快乐成长》效果预览

17.1.2 技术提炼

首先进入会声会影 2018 编辑器，在视频轨中添加需要的儿童视频素材，制作视频片头画面特效，并为视频制作覆叠画中画特效及视频片尾画面特效，然后根据影片的需要制作儿童视频字幕特效，最后添加背景音频，并将儿童视频渲染输出。

17.2 视频制作过程

本节主要介绍《快乐成长》儿童视频文件的制作过程，如导入儿童媒体素材、制作片头画面特效、制作视频背景画面、制作覆叠遮罩特效、制作片尾画面特效及添加儿童视频字幕等内容。

17.2.1 导入儿童媒体素材

在编辑儿童素材之前，首先需要导入儿童媒体素材。下面介绍导入儿童媒体素材的操作方法。

素材文件	光盘\素材\第 17 章文件夹
效果文件	无
视频文件	光盘\视频\第 17 章\17.2.1 导入儿童媒体素材.mp4

【操练+视频】——导入儿童媒体素材

STEP 01 ❶在界面中单击"媒体"按钮，切换至"媒体"素材库，❷展开库导航面板，❸单击上方的"添加"按钮，如图 17-2 所示。

STEP 02 执行上述操作后，即可新增一个"文件夹"选项，如图 17-3 所示。

图 17-2　单击"添加"按钮　　　　　　图 17-3　新增一个"文件夹"选项

STEP 03 在菜单栏中，单击❶ 文件(F) | ❷ 将媒体文件插入到素材库 | ❸ 插入视频... 命令，如图 17-4 所示。

STEP 04 执行操作后，弹出"浏览视频"对话框，❶在其中选择需要导入的视频素材，❷单击"打开"按钮，如图 17-5 所示。

STEP 05 执行操作后，即可将视频素材导入到新建的选项卡中，如图 17-6 所示。

STEP 06 选择相应的视频素材，在导览面板中单击"播放"按钮，即可预览导入的视频素材画面效果，如图 17-7 所示。

第 17 章　制作儿童相册——《快乐成长》

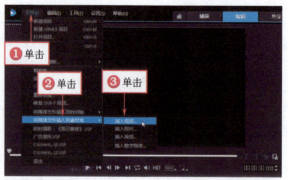

图 17-4 单击"插入视频"命令

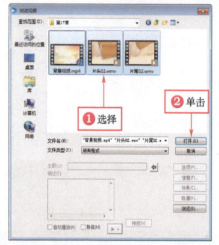

图 17-5 选择需要导入的视频素材

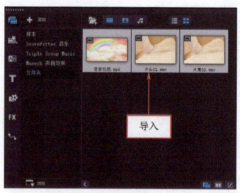

图 17-6 将视频素材导入到新建的选项卡中

图 17-7 预览导入的视频素材画面效果

专家指点

选取照片素材或视频素材时，按【Ctrl+A】组合键，可以快速全选所有照片，如有不需要的照片素材，可按【Ctrl】键，在照片上单击鼠标左键，即可在全选其他照片素材的同时，取消选择该照片。

STEP 07 在菜单栏中，单击❶ 文件(F) | ❷ 将媒体文件插入到素材库 | ❸ 插入照片...命令，如图 17-8 所示。

STEP 08 执行操作后，弹出"浏览照片"对话框，❶在其中选择需要导入的多张照片素材，❷单击"打开"按钮，如图 17-9 所示。

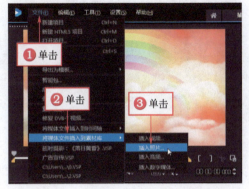 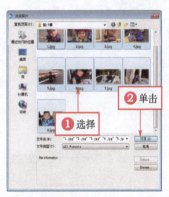

图 17-8　单击"插入照片"命令　　　　　图 17-9　选择需要导入的多张照片素材

STEP 09 执行以上操作，即可将照片素材导入到"文件夹"选项卡中，如图 17-10 所示。

图 17-10　将照片素材导入到"文件夹"选项卡中

STEP 10 在素材库中选择相应的照片素材，在预览窗口中可以预览导入的照片素材画面效果，如图 17-11 所示。

专家指点

视频背景模板在一些网站平台上都可以搜到，用户可以多去找找并下载积累模板素材，避免做效果时素材缺乏的状况。

第 17 章　制作儿童相册——《快乐成长》

图 17-11　预览导入的照片素材画面效果

17.2.2 制作片头画面特效

素材导入完成后，即可开始制作儿童视频片头画面特效，增添影片的观赏性。下面向读者介绍制作视频片头画面特效的操作方法。

素材文件	无
效果文件	无
视频文件	光盘\视频\第 17 章\17.2.2　制作片头画面特效.mp4

【操练+视频】——制作片头画面特效

STEP 01 在"文件夹"选项卡中，选择"片头 02.wmv"视频素材，如图 17-12 所示。

STEP 02 单击鼠标左键并拖曳，将素材添加至视频轨中的开始位置处，如图 17-13 所示。

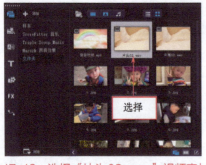

图 17-12　选择"片头 02.wmv"视频素材　　　图 17-13　添加至视频轨中的开始位置处

STEP 03 执行操作后，即可将选择的视频素材插入到视频轨中，进入"编辑"选项面板，设置素材区间为 0:00:07:046，如图 17-14 所示。

图 17-14　设置素材区间

STEP 04　执行操作后，在导览面板中，❶单击"裁剪工具"按钮，❷选择"比例模式"，如图 17-15 所示。

STEP 05　在预览窗口中，拖曳素材四周的控制柄，调整至全屏大小，如图 17-16 所示。

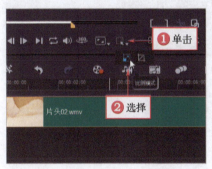

图 17-15　选择"比例模式"

图 17-16　调整至全屏大小

STEP 06　在"文件夹"选项卡中，选择 1.jpg 素材，如图 17-17 所示。

STEP 07　单击鼠标左键并拖曳，将素材添加至覆叠轨中 00:00:03:01 的位置处，如图 17-18 所示。

图 17-17　选择 1.jpg 素材

图 17-18　添加 1.jpg 素材

STEP 08　展开"编辑"选项面板，❶设置素材区间为 0:00:04:023，❷选中"应用摇动和缩放"复选框，❸单击"自定义"按钮，如图 17-19 所示。

STEP 09　执行操作后，弹出"摇动和缩放"对话框，设置"编辑模式"为"动画"，如图 17-20 所示。

STEP 10　在弹出的"摇动和缩放"对话框中，设置开始动画参数，"垂直"为 549、

第 17 章　制作儿童相册——《快乐成长》

"水平"为509、"缩放率"为112,如图17-21所示。

图17-19 单击"自定义"按钮

图17-20 设置"编辑模式"为"动画"

图17-21 设置开始动画参数

STEP 11 ❶将时间线拖曳至最右端,❷并设置结束动画参数,"垂直"为403、"水平"为541、"缩放率"为125,如图17-22所示。

图17-22 设置结束动画参数

STEP 12 设置完成后,单击"确定"按钮,返回会声会影编辑器。在预览窗口中,调整覆叠素材的大小和位置,如图 17-23 所示。

STEP 13 ❶展开"效果"选项面板,❷单击"淡入动画效果"和"淡出动画效果"按钮,设置素材淡入淡出动画特效,如图 17-24 所示。

图 17-23 调整覆叠素材的大小和位置

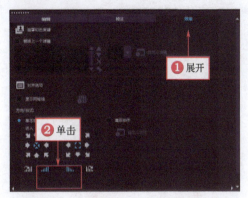
图 17-24 设置素材淡入淡出动画特效

STEP 14 单击预览窗口中的"播放"按钮,即可预览制作的视频动画特效,如图 17-25 所示。

图 17-25 预览制作的视频动画特效

STEP 15 在预览窗口的"时间码"中输入 00:00:03:001,如图 17-26 所示。

STEP 16 切换至"标题"素材库,在预览窗口中的适当位置进行双击操作,为视频添加片头字幕,如图 17-27 所示。

图 17-26 输入相应参数

图 17-27 添加片头字幕

第 17 章 制作儿童相册——《快乐成长》

STEP 17 双击字幕文件，在"编辑"选项面板中，设置区间为 0:00:01:016，设置"字体"为"叶友根毛笔行书 2.0 版"、"字体大小"为 80、"色彩"为"黄色"，如图 17-28 所示。

STEP 18 设置完成后，单击"边框/阴影/透明度"按钮，如图 17-29 所示。

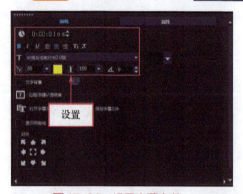

图 17-28　设置字幕参数

图 17-29　单击"边框/阴影/透明度"按钮

STEP 19 弹出"边框/阴影/透明度"对话框，❶选中"外部边界"复选框，设置❷"边框宽度"为 5.0、❸"线条色彩"为红色，如图 17-30 所示。

STEP 20 ❶切换至"阴影"选项卡，❷在其中单击"突起阴影"按钮，❸并设置 X 为 6.3、Y 为 6.3、"突起阴影色彩"为黑色，如图 17-31 所示。设置完成后，❹单击"确定"按钮。

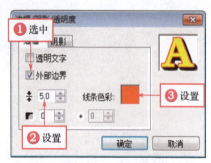

图 17-30　设置边框参数

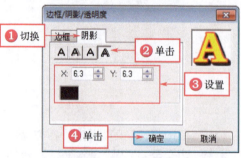

图 17-31　设置阴影参数

STEP 21 选择标题字幕文件，❶打开"属性"选项面板，❷选中"动画"单选按钮和"应用"复选框，如图 17-32 所示。

STEP 22 ❶单击"选取动画类型"下拉按钮，❷在弹出的列表框中选择"下降"选项，如图 17-33 所示。

STEP 23 在下方的列表框中，选择第 1 排第 2 个下降动画样式，如图 17-34 所示。

STEP 24 在标题轨中，❶选择字幕文件，单击鼠标右键，在弹出的快捷菜单中❷选择"复制"选项，如图 17-35 所示。

STEP 25 将复制的字幕文件粘贴至 00:00:04:17 位置处，如图 17-36 所示。

STEP 26 在"编辑"选项面板中，设置字幕区间为 0:00:03:005，如图 17-37 所示。

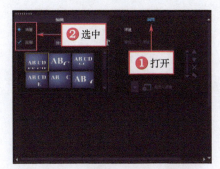

图 17-32 选中"应用"复选框

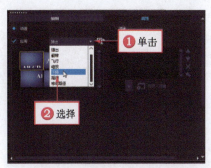

图 17-33 选择"下降"选项

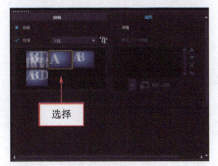

图 17-34 选择下降动画样式

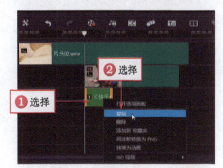

图 17-35 选择"复制"选项

图 17-36 粘贴至相应位置处

图 17-37 设置字幕区间

STEP 27 在"属性"选项面板中，❶选中"动画"单选按钮，❷并取消选中"应用"复选框，如图 17-38 所示。

图 17-38 取消选中"应用"复选框

STEP 28 单击导览面板中的"播放"按钮，即可在预览窗口中预览片头画面效果，如图 17-39 所示。

第 17 章 制作儿童相册——《快乐成长》

图 17-39　预览片头画面效果

17.2.3　制作视频背景动画

将儿童视频片头动画制作完成后,接下来用户可以在视频轨中为儿童视频制作丰富多彩的儿童视频背景动画效果。

	素材文件	无
	效果文件	无
	视频文件	光盘\视频\第 17 章\17.2.3　制作视频背景动画.mp4

【操练+视频】——制作视频背景动画

STEP 01 在"文件夹"选项卡中,将"背景视频.mp4"素材添加到视频轨中 00:00:07:46 的位置处,如图 17-40 所示。

STEP 02 ❶切换至"转场"素材库,❷单击窗口上方的"画廊"按钮,在弹出的列表框中❸选择 过滤 选项,如图 17-41 所示。

图 17-40　添加到视频轨中　　　　图 17-41　选择"过滤"选项

STEP 03 在 过滤 素材库中,选择"淡化到黑色"转场,如图 17-42 所示。

STEP 04 单击鼠标左键拖曳并添加至视频轨中"片头 02.wmv"和"背景视频.mp4"之间,如图 17-43 所示。执行操作后,在预览窗口中单击"播放"按钮,可以查看添加的视频转场效果。

图 17-42　选择"淡化到黑色"转场　　　　图 17-43　添加转场效果

> **专家指点**
> 在两个素材画面切换时，为了不让画面太突兀，在制作时，可以添加转场效果进行过渡，能够使画面更加流畅。

17.2.4 制作覆叠遮罩特效

在会声会影 2018 中，用户可以在覆叠轨中添加多个覆叠素材，制作儿童视频的画中画特效，并添加摇动效果，以及进入退出动作特效，增添影片的观赏性。下面向读者介绍制作儿童视频画中画特效的操作方法。

素材文件	无
效果文件	无
视频文件	光盘\视频\第 17 章\17.2.4　制作覆叠遮罩特效.mp4

【操练+视频】——制作覆叠遮罩特效

STEP 01 ❶在素材库中选择 2.jpg 图像素材，单击鼠标右键，在弹出的快捷菜单中选择❷ 插入到 | ❸ 覆叠轨 #1 选项，如图 17-44 所示。

STEP 02 　在时间轴面板中，单击鼠标左键，拖动素材至 00:00:07:46 的位置处，如图 17-45 所示。

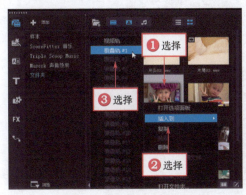
图 17-44　选择相应选项

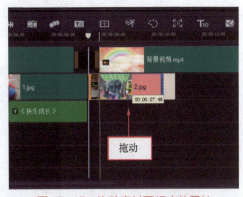
图 17-45　拖动素材至相应位置处

> **专家指点**
> 添加照片素材时，用户也可以直接在素材库中选择相应素材，单击鼠标左键并拖曳，添加至视频轨中的合适位置处。

STEP 03 　展开"编辑"选项面板，❶选中"应用摇动和缩放"复选框，❷单击"自定义"按钮，如图 17-46 所示。

STEP 04 　执行操作后，弹出"摇动和缩放"对话框，❶设置"编辑模式"为"动画"，❷设置开始动画参数，"垂直"为 510、"水平"为 501、"缩放率"为 103，如图 17-47 所示。

STEP 05 ❶将时间线拖曳至最右端，❷并设置结束动画参数，"垂直"为 478、"水平"为 566、"缩放率"为 116，如图 17-48 所示。

第 17 章　制作儿童相册——《快乐成长》

图 17-46 单击"自定义"按钮

图 17-47 设置开始动画参数

图 17-48 设置结束动画参数

STEP 06 设置完成后,单击"确定"按钮,返回会声会影编辑器。❶展开"效果"选项面板,❷在其中设置淡入淡出动画效果,❸并设置"基本动作"为从下进入,如图 17-49 所示。

STEP 07 在导览面板中,可以调整暂停区间,如图 17-50 所示。

STEP 08 暂停区间设置完成后,在"属性"选项面板中单击 遮罩和色度键 按钮,如图 17-51 所示。

STEP 09 进入相应选项面板,❶选中 应用覆叠选项 复选框,❷设置类型为"遮罩帧",❸然后在右侧选择相应的遮罩样式,如图 17-52 所示。

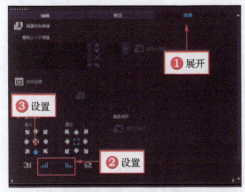

图 17-49 设置"基本动作"

图 17-50 调整暂停区间

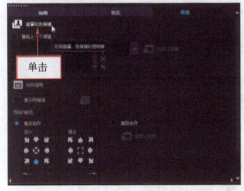

图 17-51 单击"遮罩和色度键"按钮

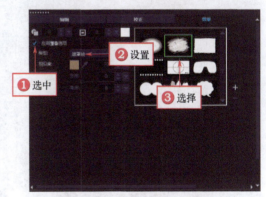

图 17-52 选择相应的遮罩样式

STEP 10 执行操作后,在预览窗口中,调整覆叠素材的大小和位置,如图 17-53 所示。

图 17-53 调整覆叠素材的大小和位置

STEP 11 单击预览窗口中的"播放"按钮,即可预览制作的覆叠遮罩特效,如图 17-54 所示。

STEP 12 用同样的方法,在视频轨中的合适位置处继续添加 3.jpg~8.jpg 素材,并设置进入动作、淡入淡出特效及摇动和遮罩效果,时间轴面板如图 17-55 所示。

STEP 13 单击导览面板中的"播放"按钮,即可在预览窗口中预览其他覆叠素材效果,如图 17-56 所示。

第 17 章 制作儿童相册——《快乐成长》

图 17-54 预览制作的覆叠遮罩特效

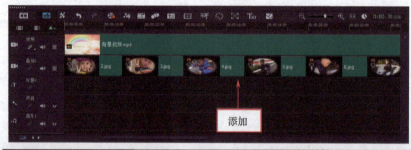

图 17-55 时间轴面板

图 17-56 预览其他覆叠素材效果

图 17-56 预览其他覆叠素材效果（续）

17.2.5 制作片尾画面特效

覆叠遮罩特效制作完成后，接下来可以为儿童视频制作片尾画面特效。

素材文件	无
效果文件	无
视频文件	光盘\视频\第 17 章\17.2.5　制作片尾画面特效.mp4

【操练+视频】——制作片尾画面特效

STEP 01 在"文件夹"选项卡中，❶选择"片尾 02.wmv"视频素材，单击鼠标右键，在弹出的快捷菜单中选择❷ 插入到 | ❸ 视频轨 选项，如图 17-57 所示。

STEP 02 执行操作后，即可将视频素材添加至视频轨中，如图 17-58 所示。

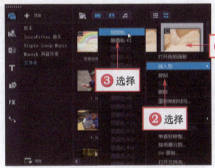

图 17-57　选择相应选项　　　图 17-58　添加至视频轨中

STEP 03 执行操作后，在导览面板中，❶单击"裁剪工具"按钮，❷选择"比例模式"，如图 17-59 所示。

STEP 04 在预览窗口中，拖曳素材四周的控制柄，调整视频至全屏大小，如图 17-60 所示。

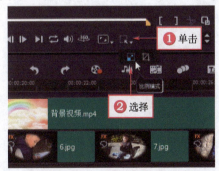
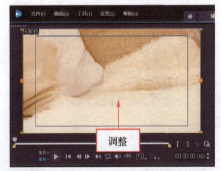

图 17-59　选择"比例模式"　　　图 17-60　调整视频至全屏大小

STEP 05 ❶单击"转场"按钮,如图 17-61 所示,切换至"转场"选项卡,❷打开过滤素材库。

STEP 06 在过滤素材库中,选择"淡化到黑色"转场,如图 17-62 所示。

图 17-61 单击"转场"按钮

图 17-62 选择"淡化到黑色"转场

STEP 07 单击鼠标左键并拖曳,在"背景视频.mp4"与"片尾 02.wmv"两个素材之间,添加"淡化到黑色"转场效果,如图 17-63 所示。

STEP 08 用同样的方法,在"片尾 02.wmv"视频素材的后面,再次添加"淡化到黑色"转场效果,如图 17-64 所示。

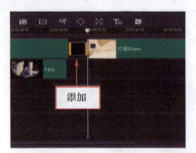
图 17-63 添加"淡化到黑色"转场效果

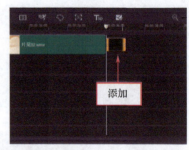
图 17-64 再次添加"淡化到黑色"转场效果

STEP 09 在"文件夹"选项卡中,选择 9.jpg 素材,如图 17-65 所示。

STEP 10 单击鼠标左键并拖曳,将素材添加至覆叠轨中 00:00:33:35 的位置处,如图 17-66 所示。

图 17-65 选择 9.jpg 素材

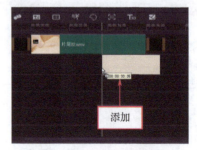
图 17-66 添加至覆叠轨中

STEP 11 展开"编辑"选项面板,❶设置素材区间为 0:00:03:015,❷选中"应用摇动和缩放"复选框,❸单击"自定义"按钮,如图 17-67 所示。

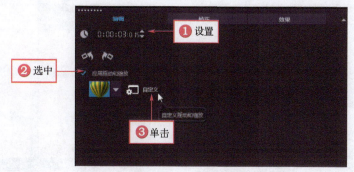

图 17-67 单击"自定义"按钮

STEP 12 执行操作后,弹出"摇动和缩放"对话框,❶设置"编辑模式"为"动画",❷设置开始动画参数,"垂直"为 486、"水平"为 504、"缩放率"为 110,如图 17-68 所示。

图 17-68 设置开始动画参数

STEP 13 ❶将时间线拖曳至最右端,❷并设置结束动画参数,"垂直"为 485、"水平"为 430、"缩放率"为 116,如图 17-69 所示。

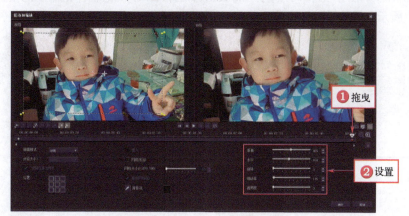

图 17-69 设置结束动画参数

STEP 14 设置完成后,单击"确定"按钮,返回会声会影编辑器。在预览窗口中,调整覆叠素材的大小和位置,如图 17-70 所示。

STEP 15 ❶切换至"转场"素材库,❷单击窗口上方的"画廊"按钮,在弹出的列表框中选择 过滤 选项,在 过滤 素材库中,❸选择"淡化到黑色"转场,如图 17-71 所示。

第 17 章 制作儿童相册——《快乐成长》

图 17-70 调整覆盖素材的大小和位置　　　图 17-71 选择"淡化到黑色"转场

STEP 16 单击鼠标左键并拖曳至 9.jpg 素材上方,如图 17-72 所示。

STEP 17 释放鼠标左键,即可添加"淡化到黑色"转场效果,如图 17-73 所示。

图 17-72 拖曳"淡化到黑色"转场　　　图 17-73 添加"淡化到黑色"转场效果

STEP 18 单击预览窗口中的"播放"按钮,即可预览制作的视频动画特效,如图 17-74 所示。

图 17-74 预览制作的视频动画特效

STEP 19 在预览窗口的"时间码"中输入 00:00:29:047,如图 17-75 所示。

STEP 20 切换至"标题"素材库,在预览窗口中的适当位置进行双击操作,为视频添加片尾字幕,如图 17-76 所示。

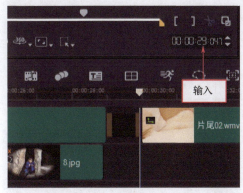
图 17-75 输入相应参数

图 17-76 添加片尾字幕

STEP 21 双击字幕文件,在"编辑"选项面板中设置区间为 0:00:06:030,设置"字体"为"方正大标宋简体"、"字体大小"为 44、"色彩"为"黄色",如图 17-77 所示。

STEP 22 设置完成后,单击 边框/阴影/透明度 按钮,如图 17-78 所示。

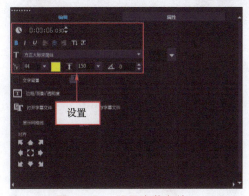
图 17-77 设置字幕参数

图 17-78 单击"边框/阴影/透明度"按钮

STEP 23 弹出"边框/阴影/透明度"对话框,❶选中"外部边界"复选框,设置❷"边框宽度"为 6.3、❸"线条色彩"为红色,如图 17-79 所示。

STEP 24 ❶切换至"阴影"选项卡,❷在其中单击"突起阴影"按钮,❸并设置 X 为 6.3、Y 为 6.3、"突起阴影色彩"为黑色,如图 17-80 所示。设置完成后,❹单击"确定"按钮。

STEP 25 选择标题字幕文件,❶打开"属性"选项面板,❷选中"动画"单选按钮和"应用"复选框,如图 17-81 所示。

STEP 26 ❶单击"选取动画类型"下拉按钮,❷在弹出的列表框中选择 飞行 选项,如图 17-82 所示。

第 17 章 制作儿童相册——《快乐成长》

449

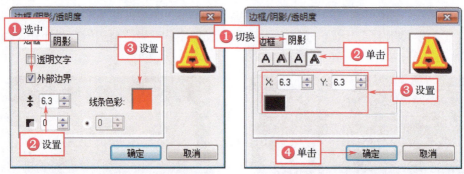

图 17-79 设置边框参数　　　　图 17-80 设置阴影参数

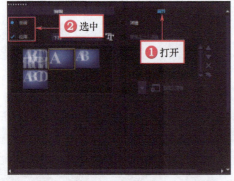

图 17-81 选中"动画"单选按钮和"应用"复选框　　　图 17-82 选择"飞行"选项

STEP 27 在下方的列表框中,选择第 1 排第 1 个飞行动画样式,如图 17-83 所示。

STEP 28 在导览面板中,调整暂停区间,如图 17-84 所示。

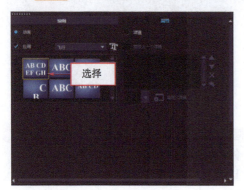

图 17-83 选择飞行动画样式　　　　图 17-84 调整暂停区间

STEP 29 单击预览窗口中的"播放"按钮,即可预览制作的片尾画面效果,如图 17-85 所示。

17.2.6 添加儿童视频字幕

在会声会影 2018 中,为儿童视频制作字幕动画效果,可以通过文字传递用户所要表达的信息。下面介绍制作儿童视频字幕特效的操作方法。

图 17-85 预览制作的片尾画面效果

	素材文件	无
	效果文件	无
	视频文件	光盘\视频\第 17 章\17.2.6　添加儿童视频字幕.mp4

【操练+视频】——添加儿童视频字幕

STEP 01　在预览窗口的"时间码"中输入 00:00:07:046，如图 17-86 所示。

STEP 02　切换至"标题"素材库，在预览窗口中的适当位置进行双击操作，为视频添加字幕，如图 17-87 所示。

图 17-86　输入相应参数　　　　　　图 17-87　为视频添加字幕

专家指点

用户也可以复制之前已经制作完成的片头字幕文件，粘贴至标题轨中的合适位置处，然后再更改字幕内容、区间、属性等。

STEP 03　双击字幕文件，在"编辑"选项面板中，设置"区间"为 0:00:01:000，设置"字体"为"方正大标宋简体"、"字体大小"为 63、"色彩"为"黄色"，如图 17-88 所示。

第 17 章　制作儿童相册——《快乐成长》

451

STEP 04 设置完成后,单击 边框/阴影/透明度 按钮,如图17-89所示。

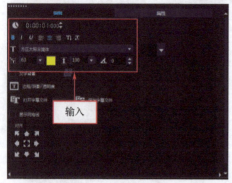
图17-88 设置字幕参数

图17-89 单击"边框/阴影/透明度"按钮

STEP 05 弹出"边框/阴影/透明度"对话框,❶选中"外部边界"复选框,设置❷"边框宽度"为6.3、❸"线条色彩"为红色,如图17-90所示。

STEP 06 ❶切换至"阴影"选项卡,❷在其中单击"突起阴影"按钮,❸并设置X为6.3、Y为6.3、"突起阴影色彩"为黑色,如图17-91所示。设置完成后,❹单击"确定"按钮。

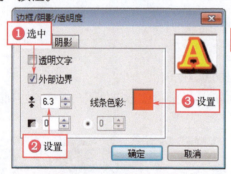
图17-90 设置边框参数

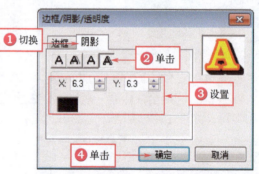
图17-91 设置阴影参数

STEP 07 选择标题字幕文件,❶打开"属性"选项面板,❷选中"动画"单选按钮和"应用"复选框,如图17-92所示。

STEP 08 ❶单击"选取动画类型"下拉按钮,❷在弹出的列表框中选择 下降 选项,如图17-93所示。

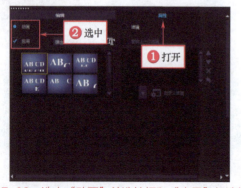
图17-92 选中"动画"单选按钮和"应用"复选框

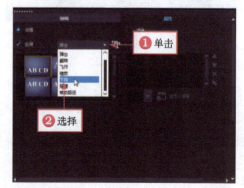
图17-93 选择"下降"选项

STEP 09 在下方的列表框中,选择第1排第2个下降动画样式,如图17-94所示。

STEP 10 在标题轨中,❶选择字幕文件,单击鼠标右键,❷在弹出的快捷菜单中,选择 复制 选项,如图17-95所示。

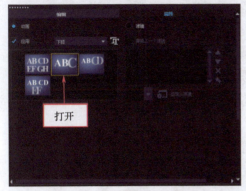

图17-94 选择下降动画样式

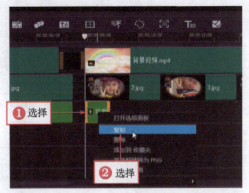

图17-95 选择"复制"选项

专家指点

按【Ctrl+C】组合键,也可以将字幕文件复制粘贴至标题轨中的合适位置处。

STEP 11 将复制的字幕文件粘贴至00:00:08:45的位置处,如图17-96所示。

STEP 12 双击字幕文件,在"编辑"选项面板中,设置字幕区间为0:00:02:000,如图17-97所示。

图17-96 粘贴至相应位置处

图17-97 设置字幕区间

STEP 13 在"属性"选项面板中,❶选中"动画"单选按钮,❷并取消选中"应用"复选框,如图17-98所示。

STEP 14 在标题轨中,选择刚制作完成的两个字幕文件,复制粘贴至标题轨中的合适位置处,并更改字幕内容,时间轴面板如图17-99所示。

STEP 15 单击导览面板中的"播放"按钮,即可在预览窗口中预览添加的儿童视频字幕效果,如图17-100所示。

第17章 制作儿童相册——《快乐成长》

图 17-98 取消选中"应用"复选框

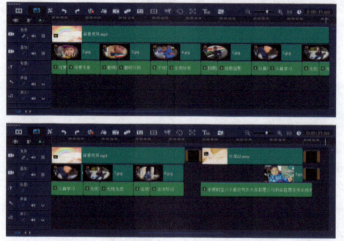

图 17-99 时间轴面板

图 17-100 预览添加的儿童视频字幕效果

图 17-100　预览添加的儿童视频字幕效果（续）

17.3　视频后期处理

通过后期处理，不仅可以对儿童视频的原始素材进行合理编辑，而且可以为影片添加各种音乐及特效，使影片更具珍藏价值。本节主要介绍影片的后期编辑与输出，包括制作儿童视频的音频特效和渲染输出视频文件等内容。

17.3.1　制作视频背景音乐

在会声会影 2018 中，为影片添加音频文件，在音频文件上应用淡入淡出效果，可以增强影片的吸引力。下面介绍制作儿童视频背景音乐特效的操作方法。

素材文件	光盘\素材\第 17 章\背景音乐.wav
效果文件	无
视频文件	光盘\视频\第 17 章\17.3.1　制作视频背景音乐.mp4

【操练+视频】——制作视频背景音乐

STEP 01　在"媒体"素材库中，❶在导航面板中选择"文件夹"选项，打开"文件夹"选项卡，在右边的空白位置上单击鼠标右键，❷在弹出的快捷菜单中选择 插入媒体文件… 选项，如图 17-101 所示。

STEP 02　执行操作后，弹出"浏览媒体文件"对话框，在其中选择需要添加的音乐素材，如图 17-102 所示。

图 17-101　选择"插入媒体文件"选项

图 17-102　选择需要添加的音乐素材

STEP 03 单击"打开"按钮,即可将音频素材导入到素材库中,如图 17-103 所示。

STEP 04 在时间轴面板中,将时间线移至视频轨中的开始位置,如图 17-104 所示。

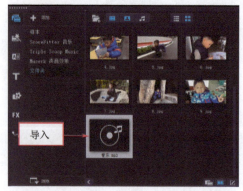
图 17-103　将音频素材导入到素材库中

图 17-104　移至视频轨中的开始位置

STEP 05 选择"音乐.mp3"音频素材,单击鼠标左键并拖曳至音乐轨中的开始位置,为视频添加背景音乐,如图 17-105 所示。

STEP 06 在时间轴面板中,将时间线移至 00:00:37:00 的位置处,如图 17-106 所示。

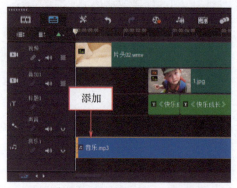
图 17-105　为视频添加背景音乐

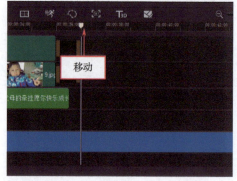
图 17-106　移动时间线的位置

STEP 07 在音乐轨中,❶选择音乐轨中的素材,单击鼠标右键,❷在弹出的快捷菜单中选择 分割素材 选项,如图 17-107 所示。

STEP 08 执行操作后,即可将音频素材分割为两段,如图 17-108 所示。

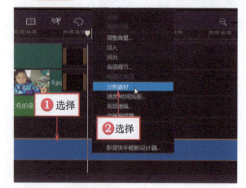
图 17-107　选择"分割素材"选项

图 17-108　将音频素材分割为两段

STEP 09 选择分割的后段音频素材,按【Delete】键进行删除操作,留下剪辑后的音频素材,如图 17-109 所示。

STEP 10 在音乐轨中,选择剪辑后的音频素材,打开"音乐和声音"选项面板,在其中单击❶"淡入"按钮 和❷"淡出"按钮 ,如图 17-110 所示,设置背景音乐的淡入和淡出特效。在导览面板中单击"播放"按钮,预览视频画面并聆听背景音乐的声音。

图 17-109 删除不需要的片段

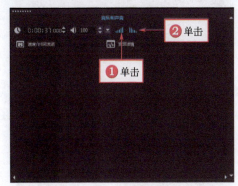

图 17-110 单击相应按钮

17.3.2 渲染输出儿童视频

创建并保存视频文件后,用户即可对其进行渲染输出。渲染时间根据编辑项目的长短及计算机配置的高低而略有不同。下面介绍输出儿童视频文件的操作方法。

素材文件	无
效果文件	光盘\效果\第 17 章\快乐成长.mp4
视频文件	光盘\视频\第 17 章\17.3.2　渲染输出儿童视频.mp4

【操练+视频】——渲染输出儿童视频

STEP 01 切换至 共享 步骤面板,在其中选择 MPEG-4 选项,如图 17-111 所示。

STEP 02 在"配置文件"右侧,❶单击下拉按钮,❷在弹出的下拉列表中选择第 6 个选项,如图 17-112 所示。

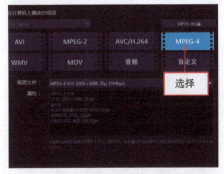

图 17-111 选择"MPEG-4"选项

图 17-112 选择第 6 个选项

STEP 03 在下方面板中,单击"文件位置"右侧的"浏览"按钮,如图 17-113 所示。

STEP 04 弹出"浏览"对话框,❶在其中设置文件的保存位置和名称,❷单击"保存"按钮,如图 17-114 所示。

第 17 章 制作儿童相册——《快乐成长》

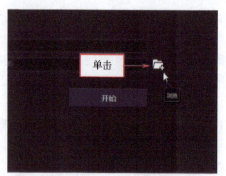
图17-113 单击"浏览"按钮

图17-114 单击"保存"按钮

STEP 05 返回会声会影 共享 步骤面板，单击 开始 按钮，如图17-115所示。

STEP 06 即可开始渲染视频文件，并显示渲染进度，如图17-116所示。

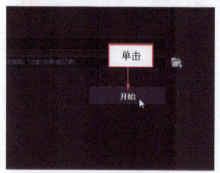
图17-115 单击"开始"按钮
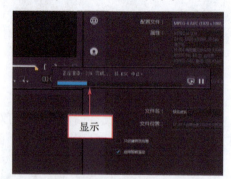
图17-116 显示渲染进度

> **专家指点**
>
> 在"文件名"右侧的文本框中，也可以直接输入视频名称。

STEP 07 稍等片刻，弹出提示信息框，提示渲染成功，单击"确定"按钮，如图17-117所示。

STEP 08 切换至"编辑"步骤面板，在素材库中查看输出的视频文件，如图17-118所示。

图17-117 单击"确定"按钮

图17-118 查看输出的视频文件

> **专家指点**
>
> 本书采用会声会影 2018 软件编写，请用户一定要使用同版本软件。直接打开视频文件中的效果时，会弹出重新链接素材的提示，如音频、视频、图像素材，甚至提示丢失信息等，这是因为每个用户安装的会声会影 2018 及素材与效果文件的路径不一致，发生了改变，这属于正常现象，用户只需将这些素材重新链接素材文件夹中的相应文件，即可链接成功。用户也可以将视频文件复制到计算机中，需要某个 VSP 文件时，第一次链接成功后，就将文件进行保存，后面打开就不需要再重新链接了。

本章小结

　　本章以制作儿童相册——《快乐成长》为例，对制作儿童相册视频的步骤过程进行了详细的讲解，包括导入儿童素材、制作精美的视频片头画面、制作视频的背景动画、制作覆叠遮罩画中画特效并添加摇动效果、添加儿童字幕文件，以及制作视频背景音乐、渲染输出儿童视频等操作。希望通过本章的学习，读者以后可以举一反三，制作出更多漂亮的童年电子相册视频效果。

第18章
制作婚纱影像——《永结同心》

 章前知识导读

婚纱是结婚仪式及婚宴时新娘穿着的西式服饰,现代新人结婚之前,都会拍摄很多漂亮的婚纱照,用来纪念这最重要的时刻,将这些婚纱照制作成影像视频,可以永久地保存起来。本章主要介绍婚纱影像视频的制作方法。

 新手重点索引

效果欣赏　　　　　　　　　　　　　视频后期处理
视频制作过程

 效果图片欣赏

18.1 效果欣赏

在会声会影中，用户可以将摄影师拍摄的各种婚纱照片巧妙地组合在一起，为其添加各种摇动效果、转场效果、字幕效果、背景音乐，并为其制作画中画特效。在制作《永结同心》视频效果之前，首先预览项目效果，并掌握项目技术提炼等内容。

18.1.1 效果预览

本实例介绍的是制作婚纱影像——《永结同心》，实例效果如图 18-1 所示。

图 18-1 《永结同心》效果预览

18.1.2 技术提炼

首先进入会声会影 2018 编辑器，在其中导入需要的婚纱素材，制作婚纱片头动画及婚纱背景画面，然后通过覆叠功能制作视频画中画合成特效，并为覆叠素材添加转场效果；制作字幕内容添加动态效果，可以实现整体画面的形象美观；为音频素材添加淡入淡出效果，可以实现更加美妙的听觉享受，最后渲染输出视频文件。

18.2 视频制作过程

本节主要介绍《永结同心》视频文件的制作过程，如导入婚纱视频素材、制作婚纱片头动画、制作婚纱背景画面、制作婚纱画面合成、制作画面转场效果、制作婚纱字幕效果等内容，希望读者熟练掌握婚纱视频效果的各种制作方法。

18.2.1 导入婚纱视频素材

在编辑婚纱素材之前，首先需要导入婚纱视频素材。下面介绍导入婚纱视频素材的方法。

素材文件	光盘\素材\第 18 章文件夹
效果文件	无
视频文件	光盘\视频\第 18 章\18.2.1　导入婚纱视频素材.mp4

【操练+视频】——导入婚纱视频素材

STEP 01 ❶在界面中单击"媒体"按钮，切换至"媒体"素材库，❷展开库导航面板，❸单击上方的"添加"按钮，如图 18-2 所示。

STEP 02 执行上述操作后，即可新增一个"文件夹"选项，如图 18-3 所示。

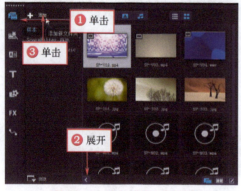
图 18-2　单击"添加"按钮

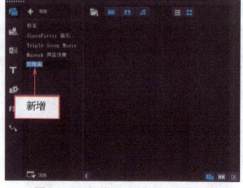
图 18-3　新增一个"文件夹"选项

STEP 03 在菜单栏中，单击❶ 文件(F) | ❷ 将媒体文件插入到素材库 | ❸ 插入视频... 命令，如图 18-4 所示。

STEP 04 执行操作后，弹出"浏览视频"对话框，❶在其中选择需要导入的视频素材，❷单击"打开"按钮，如图 18-5 所示。

STEP 05 执行操作后，即可将视频素材导入到新建的选项卡中，如图 18-6 所示。

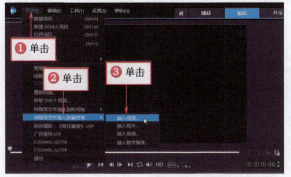

图 18-4 单击"插入视频"命令

图 18-5 选择需要导入的视频素材

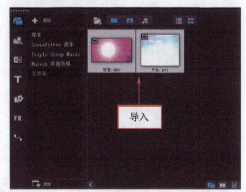

图 18-6 将视频素材导入到新建的选项卡中

> **专家指点**
>
> 在"媒体"素材库中,单击上方的"导入媒体文件",在弹出的对话框中可以选择并导入相应素材。

STEP 06 选择相应的视频素材,在导览面板中单击"播放"按钮,即可预览导入的视频素材画面效果,如图 18-7 所示。

STEP 07 在菜单栏中,单击❶ 文件(F) | ❷ 将媒体文件插入到素材库 | ❸ 插入照片… 命令,如图 18-8 所示。

STEP 08 执行操作后,弹出"浏览照片"对话框,❶在其中选择需要导入的多张照片素材,❷单击"打开"按钮,如图 18-9 所示。

图 18-7 预览导入的视频素材画面效果

第 18 章 制作婚纱影像——《永结同心》

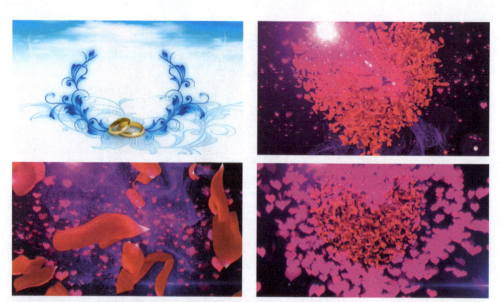

图 18-7 预览导入的视频素材画面效果（续）

图 18-8 单击"插入照片"命令

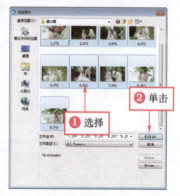

图 18-9 选择需要导入的多张照片素材

STEP 09 执行以上操作，即可将照片素材导入到"文件夹"选项卡中，如图 18-10 所示。

图 18-10 将照片素材导入到"文件夹"选项卡中

STEP 10 在素材库中选择相应的照片素材，在预览窗口中可以预览导入的照片素材画面效果，如图 18-11 所示。

图 18-11　预览导入的照片素材画面效果

18.2.2　制作婚纱片头动画

为婚纱影片制作片头动画效果，可以提升影片的视觉效果。下面介绍制作婚纱片头动画的操作方法。

	素材文件	无
	效果文件	无
	视频文件	光盘\视频\第 18 章\18.2.2　制作婚纱片头动画.mp4

第 18 章　制作婚纱影像——《永结同心》

【操练+视频】——制作婚纱片头动画

STEP 01 在"文件夹"选项卡中，❶选择"片头.avi"素材，单击鼠标右键，在弹出的快捷菜单中选择❷ 插入到 | ❸ 视频轨 选项，如图18-12所示。

STEP 02 执行上述操作后，即可将选择的视频素材文件添加至视频轨中，如图18-13所示。

图18-12 选择"视频轨"选项　　　　　图18-13 添加至视频轨中

专家指点

用户在会声会影中直接选择素材并拖曳至视频轨中，可以更加方便快捷。

STEP 03 在"文件夹"选项卡中选择1.jpg素材，如图18-14所示。

STEP 04 单击鼠标左键拖曳素材，并添加至覆叠轨中00:00:04:20的位置处，如图18-15所示。

 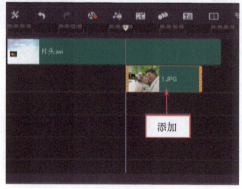

图18-14 选择1.jpg素材　　　　　图18-15 添加至覆叠轨中

STEP 05 添加完成后双击照片素材，展开"效果"选项面板，在其中单击 遮罩和色度键 按钮，如图18-16所示。

STEP 06 进入相应选项面板，❶选中 ✓ 应用覆叠选项 复选框，❷设置"类型"为"遮罩帧"，如图18-17所示。

STEP 07 执行操作后，在右侧选择相应的遮罩样式，如图18-18所示。

STEP 08 设置完成后，在预览窗口中，拖曳素材四周的控制柄，调整覆叠素材的大小和位置，如图 18-19 所示。

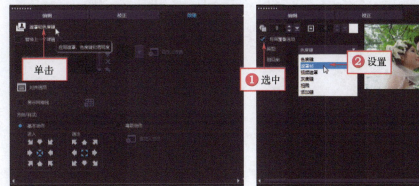

图 18-16　单击"遮罩和色度键"按钮　　　图 18-17　设置"类型"为"遮罩帧"

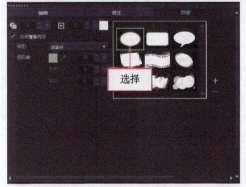

图 18-18　选择相应的遮罩样式　　　图 18-19　调整覆叠素材的大小和位置

STEP 09 切换至"效果"选项面板，单击"淡入动画效果"和"淡出动画效果"按钮，设置素材淡入淡出动画特效，如图 18-20 所示。

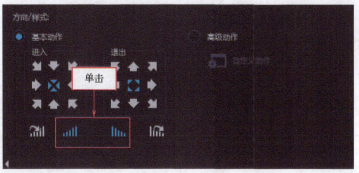

图 18-20　设置素材淡入淡出动画特效

STEP 10 单击导览面板中的"播放"按钮，即可预览制作的视频片头画面，如图 18-21 所示。

STEP 11 在时间轴中，将时间线移动至开始位置处，如图 18-22 所示。

STEP 12 切换至"标题"素材库，在预览窗口中的适当位置进行双击操作，为视频添加片头字幕，如图 18-23 所示。

图 18-21 预览制作的视频片头画面

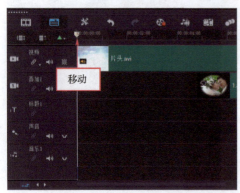

图 18-22 移动至开始位置处　　　　图 18-23 添加片头字幕

STEP 13 双击添加的字幕文件，展开"编辑"选项面板，在其中设置字幕"区间"为 0:00:04:020，设置"字体"为"长城行楷体"、"字体大小"为 150、"色彩"为"红色"，如图 18-24 所示。

STEP 14 设置完成后，单击"边框/阴影/透明度"按钮，如图 18-25 所示。

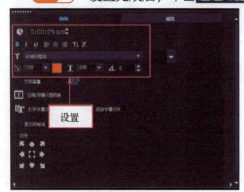

图 18-24 设置字幕参数　　　　图 18-25 单击"边框/阴影/透明度"按钮

STEP 15 执行操作后,弹出"边框/阴影/透明度"对话框,在其中单击"阴影"按钮,如图 18-26 所示。

STEP 16 切换至"阴影"选项卡,❶在其中单击"光晕阴影"按钮,❷并设置强度为 5.6、"光晕阴影色彩"为白色,设置完成后,❸单击"确定"按钮,如图 18-27 所示。

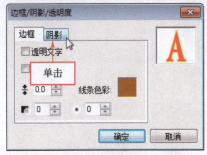

图 18-26 单击"阴影"按钮

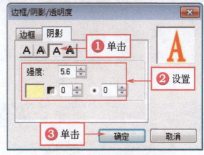

图 18-27 设置相应参数

STEP 17 选择标题字幕文件,❶打开"属性"选项面板,❷选中"动画"单选按钮和"应用"复选框,如图 18-28 所示。

STEP 18 ❶单击"选取动画类型"下拉按钮,❷在弹出的列表框中选择淡化选项,如图 18-29 所示。

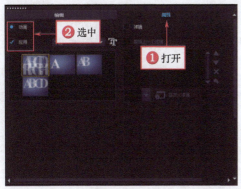

图 18-28 选中"动画"单选按钮和"应用"复选框

图 18-29 选择"淡化"选项

STEP 19 在下方的列表框中,选择第 1 排第 1 个淡化动画样式,如图 18-30 所示。

STEP 20 在导览面板中,可以调整字幕暂停区间,如图 18-31 所示。

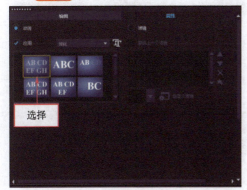

图 18-30 选择淡化动画样式

图 18-31 调整字幕暂停区间

第 18 章 制作婚纱影像——《永结同心》

STEP 21 单击导览面板中的"播放"按钮,即可在预览窗口中预览添加字幕后完整的婚纱片头动画,如图 18-32 所示。

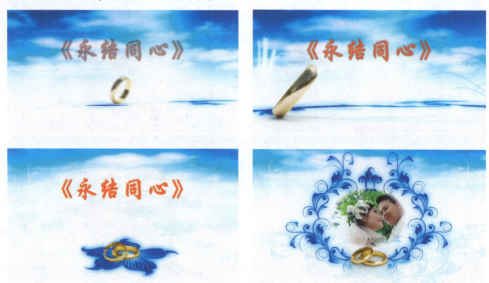

图 18-32 预览完整的婚纱片头动画

18.2.3 制作婚纱背景画面

在会声会影 2018 中,完成视频的片头制作后,即可为婚纱视频添加背景画面,从而使视频画面更具观赏性。

	素材文件	无
	效果文件	无
	视频文件	光盘\视频\第 18 章\18.2.3 制作婚纱背景画面.mp4

【操练+视频】——制作婚纱背景画面

STEP 01 在"文件夹"选项卡中,❶选择"背景.wmv"视频素材,单击鼠标右键,在弹出的快捷菜单中选择❷ 插入到 | ❸ 视频轨 选项,如图 18-33 所示。

STEP 02 执行操作后,即可将视频素材添加到视频轨中 00:00:08:11 的位置处,如图 18-34 所示。

图 18-33 选择"视频轨"选项

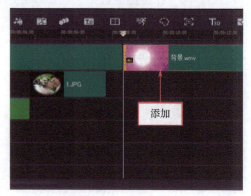

图 18-34 添加到视频轨中

STEP 03 ❶切换至"转场"素材库,❷单击窗口上方的"画廊"按钮,❸在弹出的列表框中选择 过滤 选项,如图 18-35 所示。

STEP 04 在 过滤 素材库中,选择"淡化到黑色"转场,如图 18-36 所示。

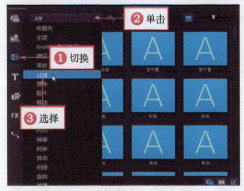

图 18-35 选择"过滤"选项

图 18-36 选择"淡化到黑色"转场

> **专家指点**
> 如果用户有效、合理地使用转场,则可以使制作的影片呈现出专业的视频效果。

STEP 05 单击鼠标左键并拖曳,在"片头.avi"与"背景.wmv"两个素材之间添加"淡化到黑色"转场效果,如图 18-37 所示。

STEP 06 用与上同样的方法,在"背景.wmv"视频素材的后面,再次添加"淡化到黑色"转场效果,如图 18-38 所示。

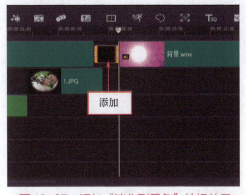

图 18-37 添加"淡化到黑色"转场效果

图 18-38 再次添加"淡化到黑色"转场效果

STEP 07 在预览窗口中单击"播放"按钮,即可预览制作的相应视频效果,如图 18-39 所示。

18.2.4 制作婚纱画面合成

对视频素材进行编辑时,通过在覆叠轨中制作照片的摇动和遮罩效果,可以令视频产生绚丽的视觉效果。下面介绍制作婚纱画面合成特效的操作方法。

第 18 章 制作婚纱影像——《永结同心》

471

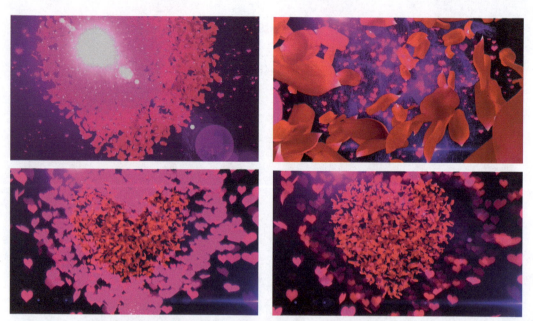

图 18-39 预览制作的相应视频效果

素材文件	无
效果文件	无
视频文件	光盘\视频\第 18 章\18.2.4 制作婚纱画面合成.mp4

【操练+视频】——制作婚纱画面合成

STEP 01 在时间轴面板中单击鼠标左键，将时间线移至 00:00:11:00 的位置处，如图 18-40 所示。

STEP 02 在素材库中选择 2.jpg 图像素材，单击鼠标左键，拖动素材至覆叠轨中时间线的位置处，如图 18-41 所示。

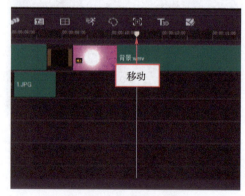

图 18-40 移动时间线

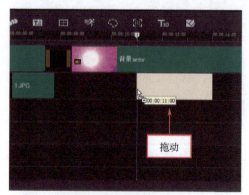

图 18-41 拖动素材至相应位置处

STEP 03 展开"编辑"选项面板，❶设置素材"区间"为 0:00:03:012，❷选中"应用摇动和缩放"复选框，❸单击"自定义"按钮，如图 18-42 所示。

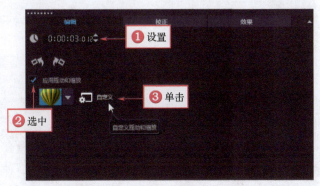

图 18-42 单击"自定义"按钮

STEP 04 执行操作后,弹出"摇动和缩放"对话框,❶设置"编辑模式"为"动画",❷设置开始动画参数,"垂直"为 701、"水平"为 615、"缩放率"为 175,如图 18-43 所示。

图 18-43 设置开始动画参数

STEP 05 ❶将时间线拖曳至最右端,❷并设置结束动画参数,"垂直"为 448、"水平"为 523、"缩放率"为 113,如图 18-44 所示。

图 18-44 设置结束动画参数

第 18 章 制作婚纱影像——《永结同心》

473

STEP 06 设置完成后，单击"确定"按钮，返回会声会影 2018 编辑器。❶展开"效果"选项面板，❷单击 遮罩和色度键 按钮，如图 18-45 所示。

STEP 07 进入相应选项面板，❶选中 应用叠加选项 复选框，❷设置"类型"为"遮罩帧"，如图 18-46 所示。

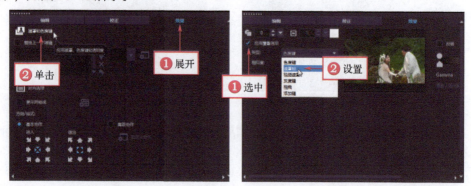

图 18-45　单击"遮罩和色度键"按钮　　　图 18-46　设置"类型"为"遮罩帧"

STEP 08 执行操作后，在右侧选择相应的遮罩样式，如图 18-47 所示。

STEP 09 设置完成后，在预览窗口中的覆叠素材上单击鼠标右键，在弹出的快捷菜单中选择 调整到屏幕大小 选项，如图 18-48 所示。

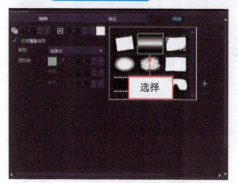 

图 18-47　选择相应的遮罩样式　　　图 18-48　选择"调整到屏幕大小"选项

STEP 10 单击预览窗口中的"播放"按钮，即可预览制作的覆叠遮罩动画特效，如图 18-49 所示。

图 18-49　预览制作的覆叠遮罩动画特效

STEP 11 用同样的方法，在视频轨中的合适位置处继续添加 3.jpg~9.jpg 素材，并设置素材区间、摇动和遮罩效果,时间轴面板如图 18-50 所示。

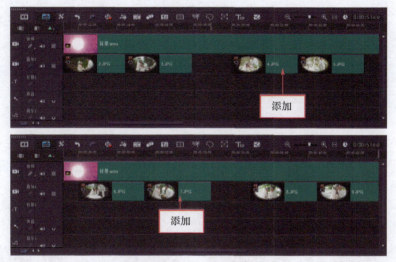

图 18-50 时间轴面板

STEP 12 单击导览面板中的"播放"按钮,即可在预览窗口中预览其他覆叠遮罩动画效果,如图 18-51 所示。

图 18-51 预览其他覆叠遮罩动画效果

第 18 章 制作婚纱影像——《永结同心》

475

18.2.5 制作画面转场效果

在会声会影 2018 中，在素材之间添加转场效果，可以让素材之间的过渡更加完美。下面介绍制作婚纱视频转场效果的操作方法。

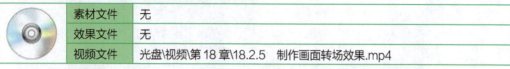

	素材文件	无
	效果文件	无
	视频文件	光盘\视频\第 18 章\18.2.5　制作画面转场效果.mp4

【操练+视频】——制作画面转场效果

STEP 01 在会声会影编辑器的右上方位置，❶单击"转场"按钮，切换至"转场"素材库，❷单击窗口上方的"画廊"按钮，❸在弹出的列表框中选择 过滤 选项，如图 18-52 所示。

STEP 02 执行操作后，即可打开 过滤 转场素材库，在其中选择"交叉淡化"转场效果，如图 18-53 所示。

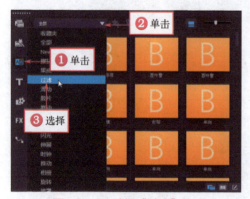

图 18-52　选择"过滤"选项

图 18-53　选择"交叉淡化"转场效果

STEP 03 单击鼠标左键并拖曳至覆叠轨中"2.jpg"照片素材与"3.jpg"照片素材之间，如图 18-54 所示。

STEP 04 释放鼠标左键，即可添加"交叉淡化"转场效果，如图 18-55 所示。

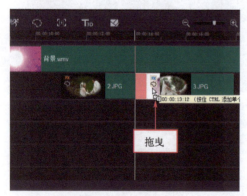

图 18-54　拖曳至覆叠轨

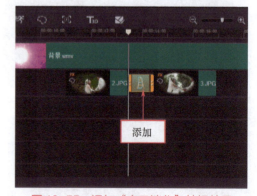

图 18-55　添加"交叉淡化"转场效果

STEP 05 在覆叠轨中，用同样的方法，在每两个照片素材之间添加 1 个"交叉淡化"转场效果，时间轴面板如图 18-56 所示。

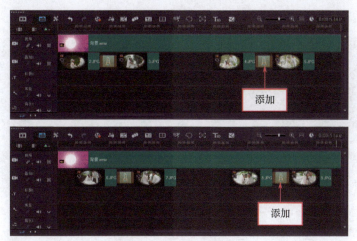

图 18-56 时间轴面板

18.2.6 制作婚纱字幕效果

在会声会影 2018 中,为婚纱视频文件应用字幕动画效果,可以将视频中无法表达的内容清楚直白地传达给观众。下面介绍制作标题字幕动画的操作方法。

素材文件	无
效果文件	无
视频文件	光盘\视频\第 18 章\18.2.6 制作婚纱字幕效果.mp4

【操练+视频】——制作婚纱字幕效果

STEP 01 在预览窗口的"时间码"中输入 00:00:11:000,如图 18-57 所示。

STEP 02 切换至"标题"素材库,在预览窗口中的适当位置进行双击操作,为视频添加字幕,如图 18-58 所示。

图 18-57 输入相应参数

图 18-58 为视频添加字幕

STEP 03 双击字幕文件,在"编辑"选项面板中,设置"区间"为 0:00:06:000,设置"字体"为"方正大标宋简体"、"字体大小"为 70、"色彩"为"白色",如图 18-59 所示。

STEP 04 设置完成后,单击 边框/阴影/透明度 按钮,如图 18-60 所示。

STEP 05 弹出"边框/阴影/透明度"对话框,❶选中"外部边界"复选框,❷设置"边框宽度"为 9.4,❸单击"线条色彩"色块,❹选择第 4 排第 2 个颜色,如图 18-61

第 18 章 制作婚纱影像——《永结同心》

477

所示。

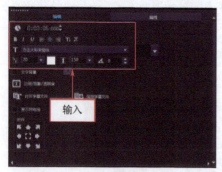

图 18-59 设置字幕参数

图 18-60 单击"边框/阴影/透明度"按钮

STEP 06 ❶切换至"阴影"选项卡，❷在其中单击"突起阴影"按钮，❸并设置 X 为 9.4、Y 为 9.4、"突起阴影色彩"为黑色，如图 18-62 所示。设置完成后，❹单击"确定"按钮。

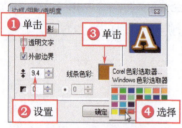

图 18-61 设置边框参数

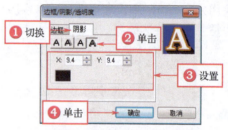

图 18-62 设置阴影参数

STEP 07 选择标题字幕文件，❶打开"属性"选项面板，❷选中"动画"单选按钮和"应用"复选框，如图 18-63 所示。

STEP 08 ❶单击"选取动画类型"下拉按钮，❷在弹出的列表框中选择弹出选项，如图 18-64 所示。

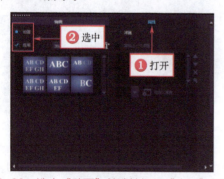

图 18-63 选中"动画"单选按钮和"应用"复选框

图 18-64 选择"弹出"选项

STEP 09 在下方的列表框中，选择第 1 排第 1 个弹出动画样式，如图 18-65 所示。

STEP 10 选择完成后，在导览面板中调整暂停区间，如图 18-66 所示。

STEP 11 在标题轨中，❶选择字幕文件，单击鼠标右键，❷在弹出的快捷菜单中选择复制选项，如图 18-67 所示。

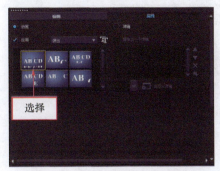

图 18-65 选择弹出动画样式

图 18-66 调整暂停区间

STEP 12 将复制的字幕文件粘贴至 00:00:20:00 的位置处，如图 18-68 所示。

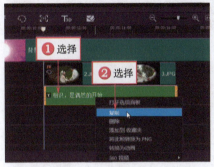

图 18-67 选择"复制"选项

图 18-68 粘贴至相应位置处

STEP 13 双击字幕文件，在预览窗口中更改字幕内容，如图 18-69 所示。

图 18-69 更改字幕内容

STEP 14 用同样的方法，在标题轨中的合适位置处继续添加字幕，并更改字幕内容，时间轴面板如图 18-70 所示。

STEP 15 选择最后一个字幕文件，在"编辑"选项面板中，❶设置字幕"区间"为 00:00:06:012，❷并更改"字体大小"为 77，如图 18-71 所示。

STEP 16 选择标题文件，❶打开"属性"选项面板，❷选中"动画"单选按钮和"应用"复选框，如图 18-72 所示。

第 18 章 制作婚纱影像——《永结同心》

479

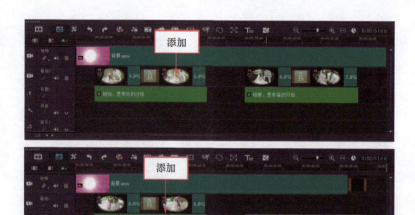

图 18-70 时间轴面板

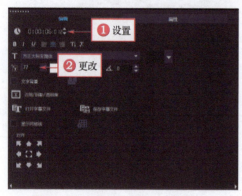

图 18-71 更改"字体大小"为 77　　图 18-72 选中"动画"单选按钮和"应用"复选框

STEP 17 ❶单击"选取动画类型"下拉按钮，❷在弹出的列表框中选择 飞行 选项，如图 18-73 所示。

STEP 18 在下方的列表框中，选择第 1 排第 1 个飞行动画样式，如图 18-74 所示。

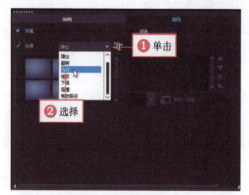 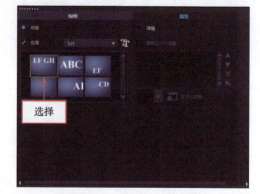

图 18-73 选择"飞行"选项　　图 18-74 选择飞行动画样式

STEP 19 选择完成后，在导览面板中调整暂停区间，如图 18-75 所示。

图 18-75　调整暂停区间

STEP 20 单击导览面板中的"播放"按钮，即可在预览窗口中预览添加的婚纱视频字幕效果，如图 18-76 所示。

图 18-76　预览添加的婚纱视频字幕效果

第 18 章　制作婚纱影像——《永结同心》

18.3 视频后期处理

当用户在会声会影中导入并编辑好视频素材后,接下来本节主要介绍视频的后期编辑与输出。通过为视频添加音频特效,可以使视频效果更具吸引力,使视频画面更加动人;通过对视频进行刻录输出操作,可以将视频场景和回忆永久保存。

18.3.1 制作视频背景音乐

音频是一部影片的灵魂,在后期编辑过程中,音频的处理相当重要,下面主要向读者介绍添加并处理音乐文件的操作方法。

素材文件	无
效果文件	无
视频文件	光盘\视频\第 18 章\18.3.1 制作视频背景音乐.mp4

【操练+视频】——制作视频背景音乐

STEP 01 在"媒体"素材库中,❶在导航面板中选择"文件夹"选项,打开"文件夹"选项卡,在右边的空白位置处单击鼠标右键,❷在弹出的快捷菜单中选择 插入媒体文件... 选项,如图 18-77 所示。

STEP 02 执行操作后,弹出"浏览媒体文件"对话框,在其中选择需要添加的音乐素材,如图 18-78 所示。

图 18-77 选择"插入媒体文件"选项

图 18-78 选择需要添加的音乐素材

STEP 03 单击"打开"按钮,即可将音频素材导入到素材库中,如图 18-79 所示。

STEP 04 在时间轴面板中,将时间线移至视频轨中的开始位置,如图 18-80 所示。

STEP 05 选择"背景音乐.mp3"音频素材,单击鼠标左键并拖曳至音乐轨中的开始位置,为视频添加背景音乐,如图 18-81 所示。

STEP 06 在时间轴面板中,将时间线移至 00:00:51:12 的位置处,如图 18-82 所示。

STEP 07 ❶选择声音轨中的素材,单击鼠标右键,❷在弹出的快捷菜单中选择 分割素材 选项,如图 18-83 所示。

图 18-79　将音频素材导入到素材库中

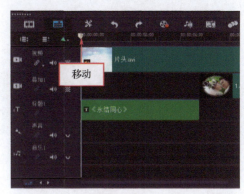

图 18-80　移至视频轨中的开始位置

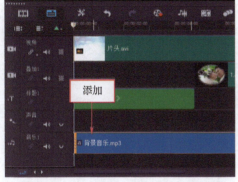

图 18-81　为视频添加背景音乐

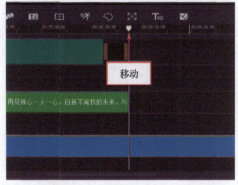

图 18-82　移动时间线的位置

STEP 08　执行操作后，即可将音频素材分割为两段，如图 18-84 所示。

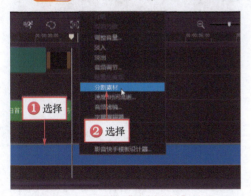

图 18-83　选择"分割素材"选项

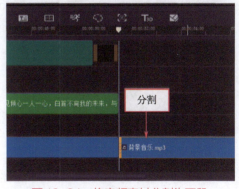

图 18-84　将音频素材分割为两段

STEP 09　选择分割的后段音频素材，按【Delete】键进行删除操作，留下剪辑后的音频素材，如图 18-85 所示。

STEP 10　在声音轨中，选择剪辑后的音频素材，打开"音乐和声音"选项面板，在其中单击❶"淡入"按钮 和❷"淡出"按钮 ，如图 18-86 所示，设置背景音乐的淡入和淡出特效。在导览面板中单击"播放"按钮，预览视频画面并聆听背景音乐的声音。

第 18 章　制作婚纱影像——《永结同心》

483

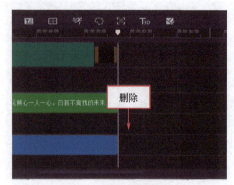
图 18-85　删除不需要的片段

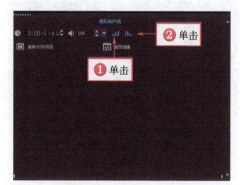
图 18-86　单击相应按钮

18.3.2　渲染输出婚纱视频

为婚纱视频添加音频特效后，接下来需要将制作的婚纱视频文件进行渲染和输出操作。

素材文件	无
效果文件	光盘\效果\第 18 章\永结同心.mov
视频文件	光盘\视频\第 18 章\18.3.2　渲染输出婚纱视频.mp4

【操练+视频】——渲染输出婚纱视频

STEP 01　切换至 共享 步骤面板，在其中选择 MOV 选项，如图 18-87 所示。

STEP 02　在"配置文件"右侧的下拉列表中选择第 5 个选项，如图 18-88 所示。

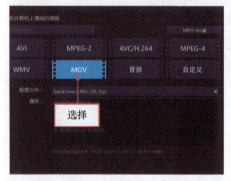
图 18-87　选择"MOV"选项

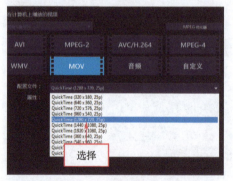
图 18-88　选择第 5 个选项

STEP 03　在下方面板中，单击"文件位置"右侧的"浏览"按钮，如图 18-89 所示。

STEP 04　弹出"浏览"对话框，❶在其中设置文件的保存位置和名称，❷单击"保存"按钮，如图 18-90 所示。

STEP 05　返回会声会影 共享 步骤面板，单击 开始 按钮，如图 18-91 所示。

STEP 06　即可开始渲染视频文件，并显示渲染进度，如图 18-92 所示。

STEP 07　稍等片刻，弹出提示信息框，提示渲染成功，单击"确定"按钮，如图 18-93 所示。

STEP 08 切换至"编辑"步骤面板,在素材库中查看输出的视频文件,如图 18-94 所示。

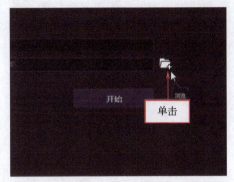

图 18-89 单击"浏览"按钮

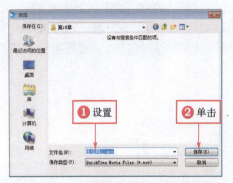

图 18-90 设置文件的保存位置和名称

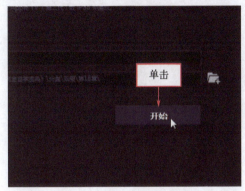

图 18-91 单击"开始"按钮

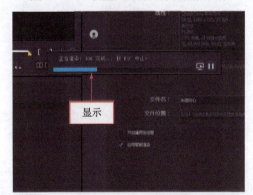

图 18-92 显示渲染进度

图 18-93 单击"确定"按钮

图 18-94 查看输出的视频文件

本章小结

爱情是人与人之间强烈的依恋、亲近、向往,以及无私专一并且无所不尽其心的情感。当爱情上升到一定程度后,相爱的两个人会步入婚姻的殿堂。在婚礼前,将拍摄的婚纱照制作成一段影像视频,珍藏、回味,作为一段感情的见证。

第 18 章 制作婚纱影像——《永结同心》

本章主要介绍了婚纱影像视频的制作，包括如何导入婚纱视频素材、如何制作婚纱片头动画、如何制作婚纱背景画面、如何制作婚纱画面合成、如何制作画面转场效果、如何制作婚纱字幕效果、如何制作视频背景音乐及渲染输出婚纱视频等操作技巧。用户可以将这些技巧融会贯通、学以致用，为自己、亲人、朋友、客户制作一段精美的婚纱视频，在婚礼现场播放，想想都是最浪漫不过的事情了。

附录 A 45 个会声会影问题解答

01. 打开会声会影项目文件时，会提示找不到链接，但是素材文件还在，这是为什么？

答：这是因为会声会影项目文件路径方式都是绝对路径（只能记忆初始的文件路径），移动素材或者重命名文件，都会使项目文件丢失路径。只要用户不去移动素材或者重命名文件，是不会出现这种现象的。如果用户移动了素材或者重命名了文件，只需要找到源素材重新链接就可以了。

02. 在会声会影 2018 中，如何在"媒体"素材库中以列表的形式显示图标？

答：在会声会影 2018 的"媒体"素材库中，软件默认状态下以图标的形式显示各导入的素材文件，如果用户需要以列表的形式显示，此时只需单击界面上方的"列表视图"按钮，即可以列表显示素材。

03. 在会声会影的时间轴面板中，如何添加多个覆叠轨道？

答：只需在覆叠轨图标上单击鼠标右键，在弹出的快捷菜单中选择"轨道管理器"选项，在其中选择需要显示的轨道复选框，然后单击"确定"按钮即可。

04. 如何查看会声会影素材库中的文件在视频轨中是否已经使用了？

答：当用户将素材库中的素材拖曳至视频轨中进行应用后，此时素材库中相应素材的右上角将显示一个对钩符号，表示该素材已经被使用了，可以帮助用户很好地对素材进行管理。

05. 如何添加软件自带的多种图像、视频及音频媒体素材？

答：在以前的会声会影版本中，软件自带的媒体文件都显示在软件中，而当用户安装好会声会影 2018 后，默认状态下，"媒体"素材库中是没有自带的图像或视频文件的。此时用户需要启动安装文件中的 Autorun.exe 应用程序，打开相应面板，在其中单击"赠送内容"超链接，在弹出的列表框中选择"图像素材"、"音频素材"或"视频素材"后，进入相应文件夹，选择素材将其拖曳至媒体素材库中，即可添加软件自带的多种媒体素材。

06. 会声会影 2018 是否适合 Windows 10 系统？

答：到目前为止，会声会影 2018 是完美适配于 Windows 10 系统的版本，会声会影

2018 同时也完美兼容 Windows 8、Windows 7 等系统。

07. 在会声会影 2018 中，系统默认的图像区间为 3s，这种默认设置能修改吗？

答：可以修改，只需单击"文件"|"参数选择"命令，弹出"参数选择"对话框，在"编辑"选项卡的"默认照片/色彩区间"右侧的数值框中输入需要设置的数值，单击"确定"按钮，即可更改默认的参数。

08. 当用户在时间轴面板中添加多个轨道和视频文件时，上方的轨道会隐藏下方添加的轨道，只有滚动控制条才能显示预览下方的轨道，此时如何在时间轴面板中显示全部轨道信息？

答：显示全部轨道信息的方法很简单，用户只需单击时间轴面板上方的"显示全部可视化轨道"按钮，即可显示全部轨道信息。

09. 在会声会影 2018 中，如何获取软件的更多信息或资源？

答：单击"转场"按钮，切换至"转场"素材库，单击面板上方的"获取更多信息"按钮，在弹出的面板中，用户可根据需要对相应素材进行下载操作。

10. 在会声会影 2018 中，如何在预览窗口中显示标题安全区域？

答：只有设置显示标题安全区域，才知道标题字幕是否出界。单击"设置"|"参数选择"命令，弹出"参数选择"对话框，在"预览窗口"选项区中选中"在预览窗口中显示标题安全区域"复选框，即可显示标题安全区域。

11. 在会声会影 2018 中，为什么在 AV 连接摄像机采用会声会影的 DV 转 DVD 向导模式时，无法扫描摄像机？

答：此模式只有在通过 DV 连接（1394）摄像机及 USB 接口的情况下才能使用。

12. 在会声会影 2018 中，为什么在 DV 中采集视频的时候是有声音的，而将视频采集到会声会影界面中后，没有 DV 视频的背景声音？

答：有可能是音频输入设置错误。在小喇叭按钮处单击鼠标右键，在弹出的列表框中选择"录音设备"选项，在弹出的"声音"对话框中调整线路输入的音量，单击"确定"按钮后，即可完成声音设置。

13. 在会声会影 2018 中，怎样将修整后的视频保存为新的视频文件？

答：通过菜单栏中的"文件"|"保存修整后的视频"命令，保存修整后的视频，新生成的视频就会显示在素材库中。在制作片头、片尾时，需要的片段可以用这种方法逐段分别生成后再使用。把选定的视频素材文件拖曳至视频轨上，通过渲染，加工输出为新的视频文件。

14. 当用户采集视频时，为何提示"正在进行 DV 代码转换，按 Esc 键停止"等信息？

答：这有可能是用户的计算机配置过低，比如硬盘转速低、CPU 主频低或者内存太小等原因造成的。还有，用户在捕获 DV 视频时，建议将杀毒软件和防火墙关闭，同时停止所有后台运行的程序，这样可以提高计算机的运行速度。

15. 在会声会影 2018 中，色度键的功能如何正确应用？

答：色度键的作用是指抠像技术，主要针对单色（白、蓝等）背景进行抠像操作。用户可以先将需要抠像的视频或图像素材拖曳至覆叠轨上，在选项面板中单击"遮罩和色度键"按钮，在弹出的面板中选中"覆叠选项"复选框，然后使用吸管工具在需要采集的单色背景上单击鼠标左键，采集颜色，即可进行抠图处理。

16. 在会声会影 2018 中，为什么刚装好的软件自动音乐功能不能用？

答：因为 Quicktracks 音乐必须要有 QuickTime 软件才能正常运行。所以，用户在安装会声会影软件时，最好先安装最新版本的 QuickTime 软件，这样安装好会声会影 2018 后，自动音乐功能就可以使用了。

17. 在会声会影 2018 中选择字幕颜色时，为什么选择的红色有偏色现象？

答：这是因为用户使用了色彩滤镜的原因，用户可以按【F6】键，在弹出的"参数选择"对话框中进入"编辑"选项卡，在其中取消选中"应用色彩滤镜"复选框，即可消除红色偏色的现象。

18. 在会声会影 2018 中，为什么无法把视频直接拖曳至多相机编辑器视频轨中？

答：在多相机编辑器中，用户不能直接将视频拖曳至多相机编辑器中，只能在需要添加视频的视频轨道上单击鼠标右键，在弹出的列表框中选择"导入源"选项，在弹出的对话框中选择需要导入的视频素材，单击"确定"按钮，即可将视频导入多相机编辑器视频轨中。

19. 会声会影如何将两个视频合成一个视频？

答：将两个视频依次导入会声会影 2018 的视频轨上，然后切换至"共享"步骤面板，渲染输出后，即可将两个视频合成为一个视频文件。

20. 摄像机和会声会影 2018 之间为什么有时会失去连接？

答：有些摄像机可能会因为长时间无操作而自动关闭，因此，常会发生摄像机和 Corel 会声会影之间失去连接的情况。出现这种情况后，用户只需重新打开摄像机电源以建立连接即可。无须关闭与重新打开会声会影，因为该程序可以自动检测捕获设备。

21. 如何设置覆叠轨上素材的淡入淡出的时间？

答：首先选中覆叠轨中的素材，在选项面板中设置动画的淡入和淡出特效，然后调整导览面板中两个暂停区间的滑块位置，即可调整素材的淡入淡出时间。

22. 为什么会声会影无法精确定位时间码？

答：在某个时间码处捕获视频或定位磁带时，会声会影有时可能会无法精确定位时间码，甚至可能导致程序自行关闭。发生这种情况时，用户可能需要关闭程序。或者，用户可以通过"时间码"手动输入需要采集的视频位置，进行精确定位。

23. 在会声会影 2018 中，可以调整图像的色彩吗？

答：可以，用户只需选择需要调整的图像素材，在"照片"选项面板中单击"色彩校正"按钮，在弹出的面板中可以自由更改图像的色彩画面。

24. 在会声会影 2018 中，色度键中吸管如何使用？

答：与 Photoshop 中的吸管工具使用方法相同，用户只需在"遮罩和色度键"选项面板中选中吸管工具，然后在需要吸取的图像颜色位置单击鼠标左键，即可吸取图像颜色。

25. 如何利用会声会声 2018 制作一边是图像一边是文字的放映效果？

答：首先拖曳一张图片素材至视频轨，播放的视频放在覆叠轨，调整大小和位置；在标题轨输入需要的文字，调整文字大小和位置，即可制作图文画面特效。

26. 在会声会影 2018 中，为什么无法导入 AVI 文件？

答：可能是因为会声会影不完全支持所有的视频格式编码，所以出现了无法导入 AVI 文件的情况。此时要进行视频格式的转换操作，最好转换为 mpg 或 mp4 的视频格式。

27. 在会声会影 2018 中，为什么无法导入 RM 文件？

答：因为会声会影 2018 并不支持 RM、RMVB 格式的文件。

28. 在会声会影 2018 中，为什么有时打不开 MP3 格式的音乐文件？

答：这有可能是因为该文件的位速率较高，用户可以使用转换软件来降低音乐文件的速率，这样就可以顺利地将 MP3 音频文件导入会声会影中。

29. MLV 文件如何导入到会声会影中？

答：可以将 MLV 的扩展名改为 MPEG，就可以导入到会声会影中进行编辑了。另外，对于某些 MPEG1 编码的 AVI，也是不能导入会声会影的，但是可以将扩展名改成 4MPG，就可以解决该类视频的导入问题了。

30. 会声会影在导出视频时自动退出，这是什么情况？

答：出现此种情况，多数是和第 3 方解码或编码插件发生冲突造成的。建议用户先卸载第 3 方解码或编码插件后，再渲染生成视频文件。

31. 能否使用会声会影 2018 刻录 Blu-ray 光盘？

答：在会声会影 2018 中，用户需要向 Corel 公司购买蓝光光盘刻录软件，才可以在会声会影中直接刻录蓝光光盘，该项功能需要用户额外付费才能使用。

32. 会声会影 2018 新增的多点运动追踪可以用来做什么？

答：很多时候，在以前的会声会影版本中，只有单点运动追踪，新增的多点运动追踪可以用来制作人物面部马赛克等效果，该功能十分实用。

33. 制作视频的过程中，如何让视频、歌词、背景音乐同步？

答：用户可以先从网上下载需要的音乐文件，下载后用播放软件进行播放，并关联 lrc 歌词到本地，然后通过转换软件将歌词转换为会声会影能识别的字幕文件，再插入到会声会影中，即可使用。

34. 当用户刻录光盘时，提示工作文件夹占用 C 盘，应该如何处理？

答：在"参数选择"对话框中，如果用户已经更改了工作文件夹的路径，在刻录光盘时用户仍然需要再重新将工作文件夹的路径设定为 C 盘以外的分区，否则还会提示占用 C 盘，影响系统和软件的运行速率。

35. VCD 光盘能达到卡拉 OK 时原唱和无原唱切换吗？

答：在会声会影 2018 中，用户可以将歌曲文件分别放在音乐轨和声音轨中，然后将音乐轨中的声音全部调成左边 100%、右边 0%，声音轨中的声音则相反，然后进行渲染操作，最好生成 MPEG 格式的视频文件，这样可以在刻录时掌握码率，做出来的视频文件清晰度有所保证。

36. 会声会影 2018 用压缩方式刻录，会不会影响视频质量？

答：可能会影响视频质量，使用降低码流的方式可以增加时长，但这样做会降低视频的质量。如果对质量要求较高可以将视频分段，刻录成多张光盘。

37. 打开会声会影软件时，系统提示"无法初始化应用程序，屏幕的分辨率太低，无法播放视频"，这是什么原因？

答：在会声会影 2018 中，用户只能在大于 1024×768 的屏幕分辨率下才能运行。

38. 如何区分计算机系统是 32 位还是 64 位，以此来选择安装会声会影的版本？

答：在桌面的"计算机"图标上单击鼠标右键，在弹出的快捷菜单中选择"属性"选项，在打开的"系统"窗口中即可查看计算机的相关属性。如果用户的计算机是 32 位系统，则需要选择 32 位的会声会影 2018 进行安装。

39. 有些情况下，为什么素材之间的转场效果没有显示动画效果？

答：这是因为用户的计算机没有开启硬件加速功能。开启的方法很简单，只需在桌面上单击鼠标右键，在弹出的快捷菜单中选择"属性"选项，弹出"显示属性"对话框，单击"设置"选项卡，然后单击"高级"按钮，弹出相应对话框，单击"疑难解答"选项卡，将"硬件加速"右侧的滑块拖曳至最右边即可。

40. 会声会影可以直接放入没编码的 AVI 视频文件进行视频编辑吗？

答：不可以，有编码的才可以导入会声会影中。建议用户先安装相应的 AVI 格式播放软件或编码器，然后再使用。

41. 会声会影默认的色块颜色有限，能否自行修改需要的 RGB 颜色参数？

答：可以。用户可以在视频轨中添加一个色块素材，然后在"色彩"选项面板中单击"色彩选取器"色块，在弹出的列表框中选择"Corel 色彩选取器"选项，在弹出的对话框中可以自行设置色块的 RGB 颜色参数。

42. 在会声会影 2018 中，可以制作出画面下雪的特效吗？

答：用户可以在素材上添加"雨点"滤镜，然后在"雨点"对话框中自定义滤镜的参数值，即可制作出画面下雪的特效。

43. 在会声会影 2018 中，视频画面太暗了，能否调整视频的亮度？

答：用户可以在素材上添加"亮度和对比度"滤镜，然后在"亮度和对比度"对话框中自定义滤镜的参数值，即可调整视频画面的亮度和对比度。

44. 在会声会影 2018 中，即时项目模板太少了，可否从网上下载然后导入使用？

答：用户可以从会声会影官方网站上下载需要的即时项目模板，然后在"即时项目"界面中通过"导入一个项目模板"按钮，将下载的模板导入会声会影界面中，然后再拖曳到视频轨中使用。

45. 如何对视频中的 Logo 标志进行马赛克处理？

答：用户可以通过会声会影 2018 中的"运动追踪"功能，打开该界面，单击"设置多点跟踪器"按钮，然后设置需要使用马赛克的视频 Logo 标志，单击"运动跟踪"按钮，即可对视频中的 Logo 标志进行马赛克处理。